高等教育立体化精品教材

C语言程序设计

C YUYAN CHENGXU SHEJI

邓达平　谢小云　彭　洁　编著

北　京

冶金工业出版社

2024

内 容 简 介

C 语言是一门重要的计算机语言,广泛应用于系统软件、应用软件、嵌入式系统软件、物联网设备相关软件等的开发,是高等院校工科类专业的必修基础课,对学生后续相关课程的学习影响较大。

本书基于 ANSI C 标准,突出基础知识的讲解和应用,内容分为三部分:第一部分(第 1 章和第 2 章)主要介绍计算机基础知识、C 语言发展历史、程序设计方法及 C 语言程序的开发环境;第二部分(第 3～13 章)重点介绍 C 语言的语法,并通过大量实例对重要知识进行说明,是本书的主要内容;第三部分(附录)给出了 C 语言程序设计所需的 ASCII 码、库函数等参考资料,便于读者查阅。

本书内容详细,以实例为主线,适合高等院校工科类专业学生学习使用,也可作为 C 语言程序员的参考手册。

图书在版编目(CIP)数据

C 语言程序设计/邓达平,谢小云,彭洁编著.--
北京:冶金工业出版社,2019.6(2024.1 重印)
ISBN 978-7-5024-6165-2

Ⅰ.①C… Ⅱ.①邓… ②谢… ③彭… Ⅲ.①C 语言—
程序设计—高等学校—教材 Ⅳ.①TP312.8

中国版本图书馆 CIP 数据核字(2019)第 057100 号

C 语言程序设计

出版发行	冶金工业出版社	**电 话**	(010)64027926	
地 址	北京市东城区嵩祝院北巷 39 号	**邮 编**	100009	
网 址	www.mip1953.com	**电子信箱**	service@mip1953.com	

责任编辑 纵晓阳 美术编辑 易 帅 版式设计 刘 芬
责任校对 何立兵 责任印制 禹 蕊
三河市鑫鑫科达彩色印刷包装有限公司印刷
2019 年 6 月第 1 版,2024 年 1 月第 3 次印刷
787mm×1092mm 1/16;21.5 印张;548 千字;334 页
定价 59.80 元

投稿电话 (010)64027932 投稿信箱 tougao@cnmip.com.cn
营销中心电话 (010)64044283
冶金工业出版社天猫旗舰店 yjgycbs.tmall.com
(本书如有印装质量问题,本社营销中心负责退换)

Preface

前　言

习近平总书记在党的二十大报告中强调指出,完善科技创新体系,坚持创新在我国现代化建设全局中的核心地位,健全新型举国体制,强化国家战略科技力量,提升国家创新体系整体效能,形成具有全球竞争力的开放创新生态。加快实施创新驱动发展战略,加快实现高水平科技自立自强,以国家战略需求为导向,集聚力量进行原创性引领性科技攻关,坚决打赢关键核心技术攻坚战。加快实施一批具有战略性全局性前瞻性的国家重大科技项目,增强自主创新能力。

当前,软件技术作为新一代信息技术的灵魂,是数字经济发展的基础,是制造强国、网络强国、数字中国建设的关键支撑。操作系统、编译软件及嵌入式软件等是我国软件发展的突破点,这使得软件研发成为一个非常具有发展前景的技术领域,也是相关专业大学毕业生就业的重要方向。

就本书所介绍的计算机语言——C 语言来说,它是一门应用广泛的计算机语言,已成为很多理工类专业学生必须掌握的基础知识。C 语言具有功能完善、灵活性强、目标程序效率高、可移植性强等优点,因此获得了众多工程师的喜爱。学习 C 语言程序设计入门容易,但要达到精通的程度,就需要进行大量的实际应用,并不断总结应用经验。为帮助读者学好 C 语言及其他计算机语言,作者提出以下几点编程经验,供读者参考。

(1)应当做到"两多",即多读代码、多写代码

C 语言初学者容易陷入对语法的"死记硬背"之中,从而偏离了计算机语言学习必须"以实际编程为重点"的正确思路。正确的学习方法是在掌握初步的语法知识之后,多读代码、多写代码,从而循序渐进

Preface

地进行程序编写；在编写代码的过程中，发现语法错误或者发现遗忘的语法知识后，再回过头去查看相关内容，这样更容易掌握相关知识。

（2）注重培养逻辑思维能力

学习计算机语言还要注重培养自己的逻辑思维能力，学习如何使用计算机语言去描述需要解决的问题，借助一定的工具进行问题建模，最后用 C 语言编写代码。

（3）学习算法及数据结构的相关知识

算法解决的是程序处理问题的思路和方法，数据结构解决的是程序中数据的组织方式。学习算法及数据结构的知识对于编写出优质的程序是非常重要的。此外，即使对于较为简单的问题，所编写的代码也需要不断优化。因此，应当研究如何提升程序的执行效率。

（4）重视程序的分析与设计

有很多初学者面对编程的需求，如编程解答一道题，往往稍加思索就开始动手编程，以致问题考虑不全面，程序无法实现指定功能，甚至出现很多错误。正确的做法是在编写程序之前，首先对问题进行分析，明确需求，然后利用程序流程图等工具进行建模分析，最后按照模型进行代码编写。

（5）按照编程规范养成良好的编程习惯

编程规范是一系列书写代码的原则。与本书配套的《C 语言程序设计实验指导与课程设计》一书的第 1 章中介绍了 C 语言的相关编程规范，读者可以参考。编程就像写应用文，需要按照既定的规范和格式来书写，这样有利于提高代码的可读性，便于与他人交流，也可以避免一些潜在的错误，提升代码的质量。

（6）掌握好程序调试的方法，实现错误的快速定位

编写 C 语言程序，很可能会出现问题，甚至是错误。因此，要求程序员必须掌握好程序调试的方法，能够读懂编译器的报错信息，快速地对错误进行定位，从而完成代码的修改。在调试的过程中多思考、多总结，就能较快地掌握常见错误的调试方法。

Preface

本书全面介绍 ANSI C 的语法规则、开发平台的使用方法等内容，并通过大量的实例对 C 语言程序设计中的重要知识进行说明。书中的例题均使用 Visual C++ 6.0 进行调试，保证了结果的正确性。

全书共 13 章，各章的主要内容如下：

第 1 章：主要介绍程序设计的基本概念、C 语言发展历史、算法的基本概念以及程序设计方法。

第 2 章：主要介绍 C 语言程序的编写与运行、Visual C++ 6.0 的安装与使用方法。

第 3 章：主要介绍 C 语言的标识符、常量、变量、数据类型、表达式、类型转换、赋值运算及逗号运算符等基础知识。

第 4 章：主要介绍 C 语言的 3 种基本结构形式，并介绍 scanf 函数、printf 函数、getchar 函数及 putchar 函数的使用方法。

第 5 章：主要介绍关系运算符及逻辑运算符，重点介绍多种 if 语句的格式及使用方法。此外，还介绍条件运算符的使用方法。

第 6 章：主要介绍 3 种循环结构的语法规则、使用方法等，并对 break、continue 语句进行对比介绍，最后介绍嵌套循环的使用方法。

第 7 章：在介绍数组基本概念的基础上，介绍一维数组、二维数组、字符数组的定义、初始化、引用及使用等内容。

第 8 章：主要介绍模块化设计的思想、函数的基本概念，重点介绍函数的定义及使用方法，最后对 C 语言中的变量类型进行介绍。

第 9 章：主要介绍指针的概念、定义、初始化及引用，重点介绍指针及指针数组的使用方法，最后对动态内存分配的相关操作进行介绍。

第 10 章：主要介绍结构体及共用体的定义及使用方法，重点介绍结构体变量的使用及结构体指针的使用等内容。

第 11 章：主要介绍文件的分类、文件类型及文件指针等基本概念，重点介绍文件打开、关闭、读写、定位及出错检测等函数的使用方法。

Preface

第 12 章：在介绍预编译处理流程的基础上，详细介绍宏定义、文件包含及条件编译等预编译处理方法。

第 13 章：主要介绍位运算的概念及基于字节、字等单位的编程的异同，并对位段的概念、使用方法及使用技巧等进行介绍。

本书由邓达平、谢小云和彭洁编写。其中，第 1～2、8～10 章及附录部分由邓达平编写，第 3～6 章由彭洁编写，第 7、11～13 章由谢小云编写。全书由邓达平统稿。本书在编写过程中得到了江西理工大学应用科学学院信息工程系计算机教研室相关教师的大力支持，在此深表感谢！本书内容所涉及的研究获得江西省高等学校教学改革研究课题（项目编号：JXJG-18-36-1）、江西省教育厅科学技术研究项目（项目编号：GJJ181504）的支持，本书的出版获得江西理工大学应用科学学院的资助，在此一并表示感谢！

由于作者水平所限，书中不妥之处，恳请广大读者批评指正。

作 者

Contents
目　录

第1章 程序设计基础

本章主要内容：

① 计算机发展简史。
② 程序设计的相关概念及步骤。
③ 程序设计语言发展简史。
④ C语言发展简史。
⑤ 算法的概念及算法的五个特性。
⑥ 算法的度量。
⑦ 程序流程图的概念及基本框图。
⑧ 三种基本控制结构。

1.1 C语言概述

1.1.1 从算盘到计算机

　　人类计算工具经历了由简单到复杂、从低级到高级的演化，从最开始的绳结到算筹、算盘、机械计算器等(见图1.1)。它们在不同的历史时期发挥了各自的历史作用，同时也启发了电子计算机的研制和设计思路。它们的计算速度由低速到高速，由几秒一次到每秒上百次，特别是电子计算机的发明，使得计算速度有了质的飞跃。

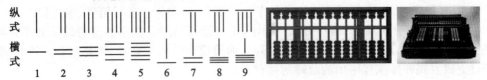

图1.1　算筹、算盘和机械计算器

　　1642年，法国哲学家、数学家布莱士·帕斯卡(Blaise Pascal，1623—1662)发明了世界上第一台手摇式机械计算器，如图1.2(a)所示。它利用齿轮传动原理制成，能做加减法。

　　1889年，美国科学家赫尔曼·何乐礼(Herman Hollerith，1860—1929)研制出以电力为基础的电动制表机[见图1.2(b)]，用于存储计算资料。

　　1930年，美国科学家范内瓦·布什(Vannevar Bush，1890—1974)制造出世界上首台模拟电子计算机，如图1.2(c)所示。

(a)手摇式机械计算器　　　(b)电动制表机　　　(c)模拟电子计算机

图1.2　手摇式机械计算器、电动制表机和模拟电子计算机

1946年2月14日,由美国军方定制的世界上第一台电子计算机——电子数字积分计算机(Electronic Numerical Integrator And Calculator,ENIAC)在美国宾夕法尼亚大学问世。ENIAC是美国奥伯丁武器试验场为了满足计算弹道需要而研制的,这台计算机使用了17 840支电子管,尺寸为80ft(约24.38m)×8ft(约2.438m),重达28t,功耗为170kW,其运算速度为每秒5000次的加法运算,造价约为487 000美元。ENIAC的问世具有划时代的意义,表明了电子计算机时代的到来。

电子计算机在短短的70多年里经历了电子管、晶体管、集成电路和超大规模集成电路四个阶段的发展,体积越来越小,功能越来越强,价格越来越低,应用越来越广泛,目前正朝智能化(第五代)计算机方向发展。

1.1.2　程序设计的相关概念及步骤

程序(Program):指人们事先准备好的、用来指挥计算机工作的、描述工作步骤的指令序列。

计算机程序(Computer Program):按照程序设计语言的规则组织起来的一组计算机指令。

程序设计语言(Programming Language):是计算机能够理解和识别的一种语言体系,它按照特定的规则组织计算机指令,使计算机能够自动进行各种操作处理。

程序设计(Programming):是给出解决特定问题程序的过程,是软件构造活动中的重要组成部分。程序设计往往以某种程序设计语言为工具(如C语言),给出这种语言下的程序。专业的程序设计人员常被称为程序员(Programmer)。

程序设计的步骤包括分析问题、设计算法、编写程序、运行程序、分析结果和编写程序文档等。

① 分析问题:对于接受的任务要进行认真分析,研究所给定的条件,分析最后应达到的目标,找出解决问题的规律,选择解题的方法,解决实际问题。

② 设计算法:指设计出解题的方法和具体步骤。

③ 编写程序:将算法翻译成计算机程序设计语言,对源程序进行编辑、编译和连接。

④ 运行程序、分析结果:运行可执行程序,得到运行结果。能得到运行结果并不意味着程序正确,要对结果进行分析,看它是否合理。如果运行结果不合理,则要对程序进行调试,即通过上机发现并排除程序中的故障的过程。

⑤ 编写程序文档:许多程序是供用户使用的,如同正式的产品应当提供产品说明书一样,正式提供给用户使用的程序,必须向用户提供程序说明书。程序说明书应包括程序名称、程序功能、运行环境、程序的装入和启动、需要输入的数据以及使用注意事项等内容。

1.1.3　程序设计语言发展简史

程序设计语言是用于书写计算机程序的语言。语言的基础是一组记号和一组规则,根据规则由记号构成的记号串的总体就是语言。在程序设计语言中,这些记号串就是程序。程序设计语言有三方面的因素,即语法、语义和语用。语法表示程序的结构或形式,即表示构成语言的各个记号之间的组合规律,但不涉及这些记号的特定含义,也不涉及使用者。语义表示程序的含义,即表示按照各种方法所表示的各个记号的特定含义,但不涉及使用者。

自20世纪60年代以来,世界上公布的程序设计语言已达上千种,但是只有很小一部分得到了广泛应用。从发展历程来看,程序设计语言大致可以分为四代。

1. 第一代:机器语言

机器语言是由二进制0、1代码指令构成的,不同的CPU具有不同的指令系统。机器语言程序难编写、难修改、难维护,需要用户直接对存储空间进行分配,编程效率极低。这种语言已经被淘汰了。

2. 第二代:汇编语言

汇编语言指令是机器指令的符号化,与机器指令存在着直接的对应关系,因此汇编语言同样存在着难学难用、容易出错、维护困难等缺点。但是汇编语言也有自己的优点,即可直接访问系统接口,由汇编语言程序翻译成机器语言程序的效率高。从软件工程的角度看,只有当高级语言不能满足设计要求,或不具备支持某种特定功能的技术性能(如特殊的输入/输出)时,汇编语言才被使用。

3. 第三代:高级语言

高级语言是面向用户的、基本上独立于计算机种类和结构的语言。其最大的优点是形式接近于算术语言和自然语言,概念接近于人们通常使用的概念。高级语言的一个命令可以代替几条、几十条甚至几百条汇编语言指令。因此,高级语言易学易用,通用性强,应用广泛。高级语言种类繁多,从描述客观系统来看,可以分为面向过程语言和面向对象语言。面向过程语言是以"数据结构+算法"程序设计范式构成的程序设计语言,比较有影响力的有FORTRAN、COBOL、BASIC、ALGOL、PASCAL、C、Ada 等;面向对象语言是以"对象+消息"程序设计范式构成的程序设计语言,比较常见的面向对象语言有 Delphi、Visual Basic、Java、C++等。

4. 第四代:非过程化语言

第四代的非过程化语言,编码时只需说明"做什么",而不需描述算法细节。数据库查询和应用程序生成器是它的两个典型应用。用户可以用数据库查询语言(SQL)对数据库中的信息进行复杂的操作。它具有缩短应用开发过程、降低维护代价、最大限度地减少调试过程中出现的问题,以及对用户友好等优点。

1.1.4　C 语言发展简史

C 语言之所以命名为 C,是因为 C 语言源自肯·汤普森(Ken Thompson)发明的 B 语言,而 B 语言源自 BCPL。

1967 年,剑桥大学马丁·理查德(Martin Richards) 对 CPL(Combined Programming Language)进行了简化,于是产生了 BCPL(Basic Combined Programming Language)。

1970 年,美国贝尔实验室的肯·汤普森以 BCPL 为基础,设计出简单且接近硬件的 B 语言(取 BCPL 的首字母)。

1972 年,美国贝尔实验室的丹尼斯·M.里奇(Dennis M. Ritchie)在 B 语言的基础上最终设计出了一种新的语言,他取了 BCPL 的第二个字母作为这种语言的名字,这就是 C 语言。

1977 年,丹尼斯·M.里奇发表了不依赖于具体机器系统的 C 语言编译文本——《可移植的 C 语言编译程序》。

1978 年,布莱恩·W.克尼汉(Brian W. Kernighan)和丹尼斯·M.里奇出版了《C 程序设计语言》(The C Programming Language),从而使 C 语言成为目前世界上流行广泛的高级程序设计语言之一。

1982 年,很多有识之士和美国国家标准协会(ANSI)为了使 C 语言健康地发展下去,决定成立 C 标准委员会,建立 C 语言的标准。C 标准委员会成员包括硬件厂商、编译器及其他软件工具生产商、软件设计师、顾问、学术界人士、C 语言作者和应用程序员。1989 年,ANSI 发布了第一个完整的 C 语言标准——ANSI X3.159—1989,简称 C89,但是人们仍然习惯称其为 ANSI C。C89

在 1990 年被国际标准化组织(International Organization for Standardization,ISO)所采纳,ISO 官方给予的名称为 ISO/IEC 9899,所以 ISO/IEC 9899：1990 也通常被简称为 C90。1999 年,在做了一些必要的修正和完善后,ISO 发布了新的 C 语言标准,命名为 ISO/IEC 9899：1999,简称 C99。2011 年 12 月 8 日,ISO 又正式发布了新的标准,称为 ISO/IEC 9899：2011,简称 C11。

1.1.5 C 语言的特点

C 语言是一种计算机程序设计语言,它既具有高级语言的特点,又具有汇编语言的特点,因而有很多人将其视为一种中间语言。

1. C 语言的主要优点

① 简洁紧凑、灵活方便。C 语言一共只有 32 个关键字、9 种控制语句,程序书写形式自由,区分大小写。它把高级语言的基本结构和语句与低级语言的实用性结合了起来。

② 运算符丰富。C 语言的运算符包含的范围很广泛,共有 34 种运算符。C 语言把括号、赋值和强制类型转换等都作为运算符处理,从而使 C 语言的运算类型极其丰富,表达式类型多样化。灵活使用各种运算符可以实现在其他高级语言中难以实现的运算。

③ 数据类型丰富。C 语言的数据类型有整型、实型、字符型、数组类型、指针类型、结构体类型和共用体类型等,能用来实现各种复杂的数据结构的运算。此外,它还引入了指针概念,使程序效率更高。

④ 表达方式灵活实用。C 语言提供了多种运算符和表达式值的方法,对问题的表达可通过多种途径获得,其程序设计更主动、灵活。其语法限制不太严格,程序设计自由度大,如对整型量与字符型数据及逻辑型数据可以通用等。

⑤ 允许直接访问物理地址,对硬件进行操作。C 语言允许直接访问物理地址,可以直接对硬件进行操作,故它既具有高级语言的功能,又具有低级语言的许多功能,能够像汇编语言一样对位(bit)、字节和地址进行操作,而这三者是计算机最基本的工作单元,可用来编写系统软件。

⑥ 生成目标代码质量高,程序执行效率高。C 语言描述问题比汇编语言迅速,工作量小,可读性好,易于调试、修改和移植,而代码质量与汇编语言相当。C 语言一般只比汇编程序生成的目标代码效率低 10%～20%。

⑦ 可移植性好。C 语言在不同机器上的 C 编译程序,86% 的代码是公共的,所以 C 语言的编译程序便于移植。在一个环境上用 C 语言编写的程序,不改动或稍加改动,就可移植到另一个完全不同的环境中运行。

⑧ 表达力强。C 语言既可用来编写系统软件,又可用来开发应用软件,已成为一种通用程序设计语言。另外,C 语言具有强大的图形功能,支持多种显示器和驱动器,且计算功能和逻辑判断功能强大。

2. C 语言的主要缺点

① C 语言缺少面向对象编程的特性(具体表现在其数据的封装性上),这一点使得 C 语言在数据的安全性上有很大缺陷,这也是 C 和 C++的一大区别。

② C 语言的语法限制不太严格,对变量的类型约束不严格,影响程序的安全性,且不检查数组下标越界问题。从应用的角度看,C 语言比其他高级语言更难掌握。也就是说,使用 C 语言的人,要对程序设计更熟练一些。

③ C 程序的错误更隐蔽。C 语言的灵活性使得用它编写程序时更容易出错,而且 C 语言的编译器不检查这样的错误,因此要求程序员予以重视。与汇编语言类似,这些逻辑错误

需要程序运行时才能发现。比如将比较的"＝＝"写成赋值"＝",这样的逻辑错误就不易被发现,要找出来往往十分费时。

④ C程序有时会难以理解。C语言语法成分相对简单,是一种小型语言。但是,它的数据类型多,运算符丰富且结合性多样,理解起来有一定难度。

1.2　算法

▶ 1.2.1　算法的概念

算法(Algorithm)是对解题方案准确而完整的描述,是一系列解决问题的清晰指令。算法代表用系统的方法描述解决问题的策略机制。也就是说,它能够对一定规范的输入,在有限时间内获得所要求的输出。不同的算法可能用不同的时间、空间或效率来完成同样的任务。一个算法的优劣可以用空间复杂度与时间复杂度来衡量。瑞士著名的计算机科学家尼古拉斯·沃斯(Nicklaus Wirth)提出了一个著名的公式"算法＋数据结构＝程序",这个公式展示了程序的本质,正是凭借这个公式使得他获得了图灵奖。这个公式对计算机科学的影响程度足以媲美物理学中爱因斯坦的能量公式"$E＝MC^2$"。

▶ 1.2.2　算法的特征

一个算法应该具有以下 5 个特征:

(1)有穷性

一个算法必须总是(对任何合法的输入值)在执行有穷步之后结束,且每一步都可在有穷时间内完成。这里的有穷不是数学上的有穷,而是指在实际上是合理的、可接受的。

(2)确定性

算法中每一条指令必须有确切的含义,读者理解时不会产生二义性。并且,在任何条件下,算法只有唯一的一条执行路径,即对于相同的输入只能得出相同的输出。

(3)可行性

一个算法是可行的,即算法中描述的操作都是可以通过已经实现的基本运算执行有限次来实现的。

(4)输入

一个算法可以没有输入,也可以有多个输入,这些输入取自某个特定的对象的集合。

(5)输出

一个算法至少要有一个输出,也可以有多个输出,这些输出是同输入有着某些特定关系的量。

▶ 1.2.3　算法的度量

对于同一个问题,有时可用许多不同的方法来解决,而这些不同方法的时间效率和成本可能相差极大。下面介绍两个生活中数学计算的例子。

【例 1.1】　求 $1+2+3+\cdots+100$ 的值。

解　解决方案一:准备好一支笔和一张白纸,开始计算 $1+2=3$,再算 $3+3=6$,再算 $6+4=10$,再算 $10+5=15\cdots\cdots$最后算 $4950+100=5050$。显然,这一共需要进行 99 次运算。

解决方案二:直接利用公式 $s=100*(1+100)/2=5050$,只需进行一次运算。

【例1.2】 猜价格游戏。主持人展示一件物品,并宣称其价格为1～100元,请你猜价格。如果你猜的价格刚好等于物品的实际价格,则游戏结束;如果你猜的价格比实际价格低,则主持人会告诉你"低了";如果你猜的价格比实际价格高,则主持人会告诉你"高了"。

解 解决方案一:瞎猜法。随意选取1～100中的一个数字作为价格,显然这种方法一方面很难猜对,另一方面也很可能会重复自己已经报过的价格。

解决方案二:顺序法。从1元开始报价格,依次报1元、2元、3元、4元…,主持人都反馈"低了",一直报到物品的实际价格。这种方法一定能猜出价格,但是平均需要猜50次。

解决方案三:折半法。每次都先根据物品的一个价格范围,计算出该范围的中间价(折半数,即最低数和最高数的中位数),再根据主持人的反馈调整这个价格范围并重新计算。假设该物品的实际价格为66元,则具体方法如下:

① 第1次时,物品的价格范围为1～100元,则计算出中间价格=(1+100)/2=50元(取整,不四舍五入,下同),主持人反馈"低了"。显然,其价格必定为51～100元(因为50元已经猜过了,可以剔除,下同)。可以看出,此时所需要猜的范围为原范围的一半。

② 第2次,调整当前范围为51～100元,计算出中间价格=(51+100)/2=75元,主持人反馈"高了"。显然,该价格必定为51～74元。此时所需要猜的范围又缩小为上一次的一半。

③ 第3次,调整当前范围为51～74元,计算出中间价格=(51+74)/2=62元,主持人反馈"低了"。显然,该价格必定为63～74元。

④ 第4次,调整当前范围为63～74元,计算出中间价格=(63+74)/2=68元,主持人反馈"高了"。显然,该价格必定为63～67元。

⑤ 第5次,调整当前范围为63～67元,计算出中间价格=(63+67)/2=65元,主持人反馈"低了"。显然,该价格必定为66～67元。

⑥ 第6次,调整当前范围为66～67元,计算出中间价格=(66+67)/2=66,主持人反馈"猜中",游戏结束。

显然,使用方案一可能需要猜100多次,甚至永远都猜不出来;方案二平均需要猜50次;而方案三最多只需要猜$\log_2 100+1=7$次。其中,$\log_2 100$不四舍五入取整的值为6。如果这个物品的价格范围不是1～100元,而是1～10 000元,则方案二平均需要5000次,方案三最多只需要$\log_2 10\ 000+1=14$次。显然,数字范围越大,方案三的效率优势越明显。

从上面两个实例可以看出,同一个问题不同解决方案,其效率可能会相差很大。同样,对于用计算机编写的程序来解决问题,不同方法(算法)的效率也不同。要度量算法的效率,可以从时间和空间上进行。从时间上度量算法的效率,需要使用"时间复杂度";从空间上度量算法的效率,需要使用"空间复杂度"。

(1)时间复杂度

时间复杂度是指执行算法所需要的计算工作量。一般情况下,算法中基本操作重复执行的次数是问题规模n的某个函数,用$T(n)$表示,若有某个辅助函数$f(n)$,使得当n趋近于无穷大时,$T(n)/f(n)$的极限值为不等于零的常数,则称$f(n)$是$T(n)$的同数量级函数,记作$T(n)=O(f(n))$。$O(f(n))$被称为算法的渐进时间复杂度,简称时间复杂度。

显然,随着规模n的增大,算法执行时间的增长率和$f(n)$的增长率成正比,所以$f(n)$越小,算法的时间复杂度越低,算法的效率越高。

度量算法的时间复杂度常用的$f(n)$函数有$O(1)$、$O(\log_2 n)$、$O(n)$、$O(n\log_2 n)$、$O(n^2)$、$O(n^3)$、$O(2^n)$和$O(n!)$。例如在例1.1中,方案一的计算量显然是与从1加到n

成正比的,所以其时间复杂度 $T(n)=O(n)$。而方案二的计算量在 n 为任意值的情况下都只需要计算一次,所以其时间复杂度 $T(n)=O(1)$。在例 1.2 中,如果要猜 $1\sim n$ 之间的某个价格时,方案一的计算量无法估计;方案二最多次数为 n 次,所以其时间复杂度 $T(n)=O(n)$;方案三最多次数为 $\log_2 n+1$ 次,所以其时间复杂度 $T(n)=O(\log_2 n)$(其中,加一次可以忽略)。

设计一个算法时,应该尽量使用低阶的时间复杂度算法,或者尽量使用高效的算法。

(2)空间复杂度

在一个上机执行的程序需要的存储空间中,除了要存储程序本身所用的指令、常数、变量和数据,还需要一些为实现计算所需信息的辅助空间,也就是额外空间。算法所需额外空间的大小称为算法的空间复杂度,用 $S(n)$ 表示,也表现为与问题规模 n 的一个函数 $f(n)$,记作 $S(n)=O(f(n))$。

在具体的算法中,有时可以牺牲空间换取时间,即为了提高时间效率,可以稍微增加空间复杂度。

1.3 程序流程图

程序流程图又称程序框图,是用统一规定的标准符号描述程序运行具体步骤的图形表示。程序流程图的设计是在处理流程图的基础上,通过对输入/输出数据和处理过程的详细分析,将计算机的主要运行步骤和内容表示出来。程序流程图是进行程序设计的最基本依据,因此它的质量直接关系程序设计的质量。

1.3.1 程序流程图的组成

程序流程图是由一些图框和流程线组成的。其中,图框表示各种操作的类型,图框中的文字和符号表示操作的内容;流程线表示操作的先后次序。程序流程图中主要的图框有五种,如图 1.3 所示。

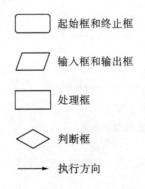

图 1.3 程序流程图中主要的图框

① 起始框和终止框:圆角矩形,表示程序的开始与结束。
② 输入框和输出框:平行四边形,表示程序的输入和输出。
③ 处理框:矩形,表示程序中的处理或操作。
④ 判断框:菱形,表示根据某个条件进行判断。
⑤ 执行方向:用箭头表示处理或语句的执行方向。

1.3.2　3种基本控制结构图

在C语言中,有3种基本的控制结构,即顺序结构、选择结构和循环结构,它们分别对应程序流程图中的3种基本控制结构图,如图1.4所示。

(1)顺序结构图

在C程序中,语句A和语句B按顺序执行,即先执行语句A,然后执行语句B,这就是顺序结构。在程序流程图中,可以使用顺序结构图表示,即两个处理框先后执行,用箭头表示它们的先后关系,如图1.4(a)所示。

(2)选择结构图

程序中经常会对某个条件进行判断,再根据判断的结果"真"(成立)或"假"(不成立)来选择不同的执行路径,这就是选择结构。在程序流程图中,可以使用判断框配合箭头表示,如图1.4(b)所示。

(3)循环结构图

在程序中,经常会重复执行某些语句,在执行过程中会改变某些状态,根据这个状态进行判断,是否要重复执行,这就是循环结构。循环结构又称为重复结构,即反复执行某一部分的操作。在程序流程图中,可以使用判断框配合处理框和箭头表示,如图1.4(c)所示。

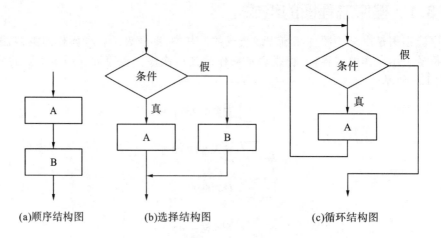

(a)顺序结构图　　　　(b)选择结构图　　　　　　(c)循环结构图

图1.4　三种基本控制结构图

1.3.3　程序流程图应用举例

【例1.3】　在例1.1的基础上,用流程图表示求$1+2+3+\cdots+100$的过程。

解　解决方案一的流程图如图1.5(a)所示,解决方案二的流程图如图1.5(b)所示。

【例1.4】　在例1.2的基础上,用流程图表示猜价格游戏(方案三)的过程。

解　其流程图如图1.6所示。

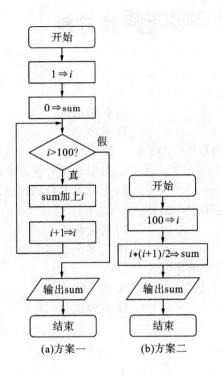

图 1.5　求 $1+2+3+\cdots+100$ 的流程图

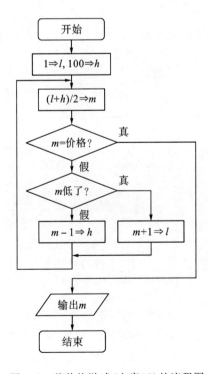

图 1.6　猜价格游戏(方案三)的流程图

练习题

一、选择题

1. C语言是一种（　　　）。
   A. 低级语言　　　　　　　　　B. 汇编语言
   C. 高级语言　　　　　　　　　D. 机器语言

2. 以下不是 C 语言的特点的是（　　　）。
   A. 语言简洁紧凑　　　　　　　B. 可以直接对硬件进行操作
   C. 数据类型丰富　　　　　　　D. 是面向对象的程序设计语言

3. 下列关于算法特点的描述中错误的是（　　　）。
   A. 有穷性　　　　　　　　　　B. 确定性
   C. 有零个或多个输入　　　　　D. 有零个或多个输出

4. 以下选项中不属于算法特征的是（　　　）。
   A. 有穷性　　　　　　　　　　B. 确定性
   C. 简洁性　　　　　　　　　　D. 有效性

二、简答题

1. 简述 C 语言的特点。

2. 算法有哪些特征？

3. 参考例 1.3，用流程图表示求 $1 \times 2 \times 3 \times \cdots \times 10$ 的过程。

第 2 章　C 编程环境

本章主要内容：

① C 程序的编写与运行步骤。

② Visual C++ 6.0 软件的安装步骤。

③ Visual C++ 6.0 开发 C 程序的步骤。

2.1　C 程序的编写与运行步骤

编写出来的 C 语言程序是源程序，它们都是由字符组成的，计算机不能直接识别，必须用编译器把 C 源程序翻译成二进制形式的目标程序，然后将目标程序与系统的函数库以及其他目标程序连接起来，形成可执行程序。

一个 C 程序从编写好之后，到在计算机上运行，一般需要经历以下 4 个阶段：

1.编写源程序

可以在任何文本编辑器（如记事本）中进行编写，并按要求将编写好的源程序保存为相应的文件。

（1）C 源代码文件（简称源文件）

以“.c”或“.C”为扩展名，源文件就是程序的实现部分。

（2）C 头文件

以“.h”或“.H”为扩展名，一般都是程序中函数、全局变量和自定义数据类型的定义，可以用“♯include”指令将头文件包含到 C 源文件中。

2.编译

源程序编写完成之后，就需要使用某款 C 编译软件对 C 程序进行编译。常用的 C 编译软件有 Turbo C、Dev-C++ 和 Visual C++ 6.0。

C 程序的编译分为以下两个阶段：

（1）第一阶段：预处理阶段

C 预处理器在源代码进行编译之前对其进行一些文本性质的操作，它的主要任务如下：

① 删除注释。

② 插入被 ♯include 指令包含的文件内容及定义。

③ 替换由 ♯define 指令定义的符号。

④ 确定代码的部分内容是否应该根据一些条件编译指令进行编译。

（2）第二阶段：正式编译阶段

正式编译是对源程序进行检验，判断有无语法错误，并将源程序编译成目标文件（以“.obj”为扩展名）。

3.连接

连接是指将编译后得到的所有的.obj 目标文件连接装配起来，再与函数库连接成一个整体，生成一个可供计算机执行的可执行程序（以“.exe”为扩展名）。

4.执行

直接运行上面所得到的.exe 文件即可。

编写的程序难免会出现错误,有时是语法错误,有时是逻辑错误,所以在上述步骤中,经常可能要往返几次检查错误、修正错误,再编译、连接、运行。

2.2　搭建 C 程序开发环境

在进行 C 程序开发之前,需要先在操作系统中搭建开发环境。程序员一般在 Windows 操作系统或 Linux 操作系统下开发 C 程序,这两种操作系统下主流的 C 程序开发环境有很多,本节将分别介绍。

▶ 2.2.1　主流 C 程序开发工具简介

1. Windows 下的主流开发工具

（1）Turbo C 2.0

Turbo C 是美国 Borland 公司的产品。Borland 公司是一家专门从事软件开发、研制的大公司。该公司相继推出了一套 Turbo 系列软件,如 Turbo BASIC、Turbo Pascal、Turbo Prolog 等,这些软件很受用户欢迎。

Borland 公司在 1987 年首次推出 Turbo C 1.0 产品,其中使用了全然一新的集成开发环境,即使用了一系列下拉式菜单,将文本编辑、程序编译、连接以及程序运行一体化,大大方便了程序的开发。1988 年,Borland 公司又推出 Turbo C 1.5 版本,增加了图形库和文本窗口函数库等。Turbo C 2.0 则是该公司 1989 年开发的,Turbo C 2.0 在原来集成开发环境的基础上增加了查错功能,并可以在 Tiny 模式下直接生成.COM 文件,还可对数学协处理器(支持 8087/80287/80387 等)进行仿真。

1991 年,为了适用 Microsoft 公司的 Windows 3.0 版本,Borland 公司又将 Turbo C++ 做了更新,即 Turbo C 的新一代产品——Borland C++。

2006 年,Embarcadero Technologies 公司将 Turbo C 与 MS-DOS 版本的 Turbo C++ 释出成为自由软件。

Turbo C 2.0 不仅是一个快捷、高效的编译程序,同时还有一个易学、易用的集成开发环境。使用 Turbo C 2.0 无须独立地编辑、编译和连接程序,就能建立并运行 C 语言程序,因为这些功能都组合在 Turbo 2.0 的集成开发环境内,并且可以通过一个简单的主屏幕使用这些功能。

（2）Dev-C++

Dev-C++是一款用于开发 C 程序和 C++程序的自由软件。它集合了 GCC、MinGW 等众多自由软件,并且可以从工具支持网站上取得最新版本的各种工具支持。

2011 年 6 月 30 日,开源社区发布非官方版本的 Dev-C++(4.9.9.3 版),加入了更新的 GCC 4.5.2 编译器、Windows 的软件开发套件(支持 Win32 和 D3D),修正了许多错误,提高其稳定性。2011 年 8 月 27 日,在官方更新最后一个测试版 4.9.9.2 的 6 年后,开源社区发布非官方版本的 Dev-C++(5.0.0.0 版)。从 5.0.0.5 版起,Dev-C++在开源社区 SourceForge 正式"安家落户",截至 2017 年 7 月,最新版本已发展到 5.11。

Dev-C++开发环境包括多页面窗口、工程编辑器及调试器等,工程编辑器中集合了编辑器、编译器、连接程序和执行程序,提供高亮度语法显示,以减少编辑错误,还有完善的调试功能,能够适合初学者与编程高手的不同需求。

（3）Visual C++ 6.0

Microsoft Visual C++简称 Visual C++、MSVC、VC++或 VC，是 Microsoft 公司推出的开发 Win32 环境程序，面向对象的可视化集成编程系统。它不但具有程序框架自动生成、灵活方便的类管理、代码编写和界面设计集成交互操作、可开发多种程序等优点，而且通过简单的设置就可使其生成的程序框架支持数据库接口、OLE2、WinSock 网络、3D 控制界面。

Visual C++历经许多版本，1992 年推出了 1.0 版本，之后有 2.0、4.0、5.0 等版本，1998 年推出了 6.0 版本。2002 年，微软公司发行了 Microsoft Visual C++ 2002，后来又升级了多个版本，目前最高的版本是 Microsoft Visual C++ 2017。在这些版本中，最适合初学者进行 C/C++编程的是 Visual C++ 6.0 版本。

Visual C++ 6.0 简称 VC 6.0 或 VC，是 Microsoft 公司推出的一款 C/C++编译器。Visual C++ 6.0 是一个功能强大的可视化软件开发工具，是专业 C/C++程序员进行软件开发的首选工具。

Visual C++ 6.0 不仅是一个 C/C++编译器，而且是一个基于 Windows 操作系统的可视化集成开发环境（Integrated Development Environment，IDE）。Visual C++ 6.0 由许多组件组成，包括编辑器、调试器程序向导 AppWizard 及类向导 Class Wizard 等开发工具。这些组件通过一个名为 Developer Studio 的组件集成为一个统一的可视化开发环境。Visual C++ 6.0 有英文版和中文版，两者的功能和使用方法相同，只是中文版在界面上用中文代替了英文。

本书的知识都是以 Visual C++ 6.0 为编译环境的，而且使用的是英文版，但在必要时会注明对应的中文含义。

2.Linux 下的主流开发工具

Linux 的 C 开发环境与 Windows 有所不同，在 Linux 下，一个完整的 C 开发环境包括三个部分：函数库、编译器及系统头文件。

（1）函数库：glibc

要构架一个完整的 C 开发环境，glibc 是必不可少的，它是 Linux 下 C 的主要函数库。

（2）编译器：gcc

gcc(GNU C Compiler)是 GNU 推出的功能强大、性能优越的多平台编译器，gcc 编译器能将 C/C++源程序、汇编程序和目标程序编译、连接成可执行文件。以下是 gcc 支持编译的一些源文件的扩展名及其解释。

① 以".c"为扩展名的文件，C 语言源代码文件。

② 以".a"为扩展名的文件，是由目标文件构成的档案库文件。

③ 以".C"".cc"或".cxx"为扩展名的文件，是 C++源代码文件。

④ 以".h"为扩展名的文件，是程序所包含的头文件。

⑤ 以".i"为扩展名的文件，是已经预处理过的 C 源代码文件。

⑥ 以".ii"为扩展名的文件，是已经预处理过的 C++源代码文件。

⑦ 以".m"为扩展名的文件，是 Objective-C 源代码文件。

⑧ 以".o"为扩展名的文件，是编译后的目标文件。

⑨ 以".s"为扩展名的文件，是汇编语言源代码文件。

⑩ 以".S"为扩展名的文件，是经过预编译的汇编语言源代码文件。

（3）系统头文件：glibc_header

若缺少系统头文件，则很多用到系统功能的 C 程序将无法编译。

2.2.2 开发环境的安装与配置

1.Turbo C 2.0 的安装与配置

在 Windows 7 的 32 位系统中，Turbo C 2.0 不需要安装，下载后通常是一个 RAR 压缩包文件，将其解压到 C 盘下即可（如解压到"C:\TC20"下）。通过命令 CMD 进入 DOS 界面，再进入其目录，运行"tc"即可打开 Turbo C。

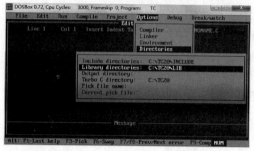

图 2.1　Turbo C 2.0 环境配置

进入 Turbo C 后，需要对其进行环境配置，主要是配置 Options→Directories 菜单下的 Include directories、Library directories 和 Turbo C directory，它们的值是相应的 Turbo C 目录下的 Include 和 Lib 目录，如图 2.1 所示。

需要注意的是，64 位 Windows 7 系统并不支持 Turbo C 2.0，此时需要使用虚拟 DOS 环境。

2.Dev-C++的安装与配置

以 5.4.2 版本为例，下载后得到"2013-09-11_Bloodshed_Dev-C.exe"可执行文件，双击即可开始安装，选择好语言（English），同意其 License Agreement，选择要安装的组件（可以直接单击 Next 按钮），选择（输入）要安装的路径，然后单击 Install 按钮即可开始安装，稍候安装结束单击 Finish 按钮，完成安装，如图 2.2 所示。

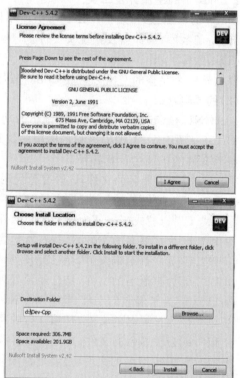

图 2.2　安装 Dev-C++5.4.2

第一次运行 Dev-C++时,会提示选择所需要的语言(一般选择 English)、主题(Theme)、经常使用的头文件(Headers),保持默认设置即可。

3. Visual C++ 6.0 的安装与配置

Visual C++ 6.0 分为中文版和英文版,下载时要注意,本书使用英文版讲解。双击 Setup.exe 文件开始安装,步骤如下:

① 版本信息,如图 2.3 所示。直接单击 Next 按钮,进入下一步。

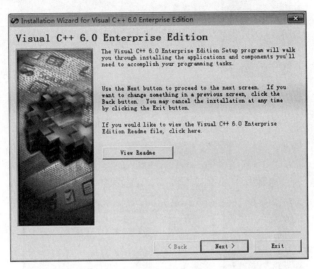

图 2.3　版本信息

② 版权声明,如图 2.4 所示。选择 I accept the agreement,单击 Next 按钮,进入下一步。

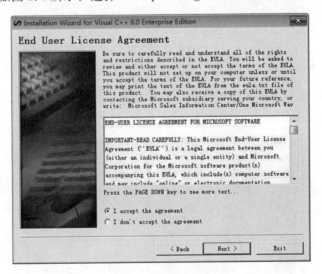

图 2.4　版权声明

③ 产品 ID 信息与用户信息如图 2.5 所示,输入产品 ID、用户名和公司信息,单击 Next 按钮,进入下一步。

④ 选择要安装的服务,如图 2.6 所示。选中 Install Visual C++ 6.0 Enterprise Edition,单击 Next 按钮,进入下一步。

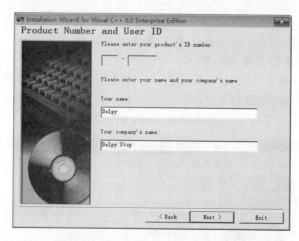

图 2.5　产品 ID 信息与用户信息

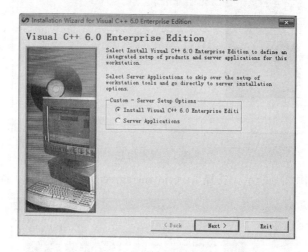

图 2.6　选择要安装的服务

⑤ 选择或输入软件中的"Common"要安装的路径,如图 2.7 所示。这里输入"d:\ Microsoft Visual Studio\Common",单击 Next 按钮,进入下一步。

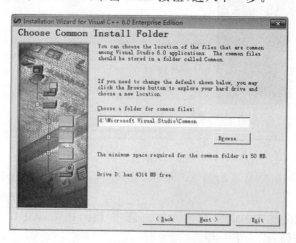

图 2.7　Common 要安装的路径

⑥ 欢迎安装界面,如图 2.8 所示。单击"继续"按钮,进入下一步。

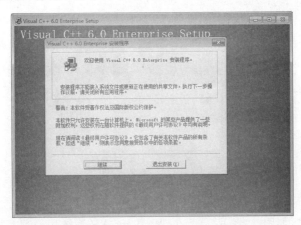

图 2.8　欢迎安装界面

⑦ 显示产品 ID 信息,如图 2.9 所示。单击"确定"按钮,进入下一步。

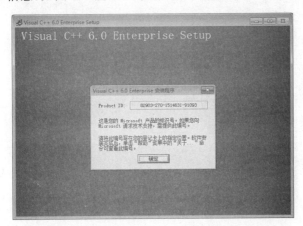

图 2.9　显示产品 ID 信息

⑧ 安装程序开始搜索已安装的组件,如图 2.10 所示。此过程可能需要较长时间,请耐心等待。

图 2.10　安装程序开始搜索已安装的组件

⑨ 提示有一个文件需要覆盖,如图 2.11 所示。单击"是"按钮,程序继续搜索已安装的组件。

图 2.11　需要覆盖一个文件

⑩ 选择安装方式,如图 2.12 所示。在 Windows XP 系统中,可以选择 Typical 选项简化安装;但是在 Windows 7 系统中,必须选择 Custom 选项,否则安装不成功。这里选择 Custom 选项,进入下一步。

图 2.12　选择安装方式

⑪ 选择要安装的项目,如图 2.13 所示。在 Windows 7 系统中,这一步非常重要,必须勾选 Tools 复选框,并单击"更改选项"按钮,进入下一步。

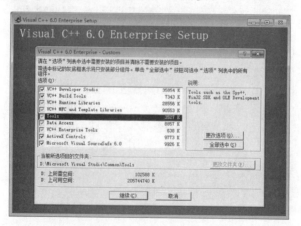

图 2.13　选择要安装的项目

⑫ 选择 Tools 中的组件,如图 2.14 所示。取消 OLE/Com Object Viewer 复选框的勾选,该组件与 Windows 7 会发生冲突,如果不将该组件去掉,则在 Windows 7 中安装不成功。单击"确定"按钮,返回上一个界面,单击"继续"按钮,进入下一步。

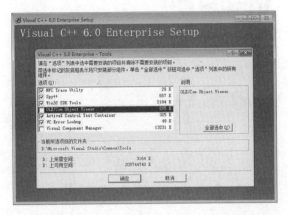

图 2.14 取消 OLE/Com Object Viewer 复选框的勾选

⑬ 询问是否要注册环境变量,如图 2.15 所示。选中其中的复选框,单击 OK 按钮,进入下一步。

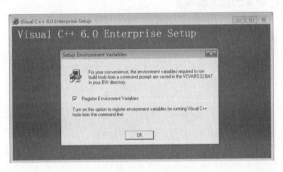

图 2.15 注册环境变量

⑭ 安装程序检查所需的磁盘空间,如图 2.16 所示,稍等片刻即开始安装。

图 2.16 检查所需的磁盘空间

⑮ 在 Windows 7 的 64 位系统中,这一步有时会出现无法打开 REGCLADM.EXE、DEVTLDC.DLL 文件等错误,如图 2.17、图 2.18 所示,单击"忽略"按钮,继续安装。在 Windows 7 的 32 位系统中,一般不会出现这些错误。

⑯ 等待片刻,安装成功,如图 2.19 所示。

图 2.17　无法打开 REGCLADM. EXE 文件

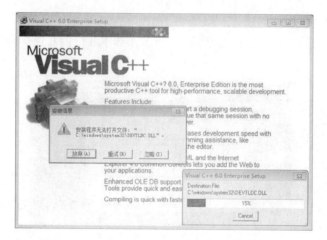

图 2.18　无法打开 DEVTLDC. DLL 文件

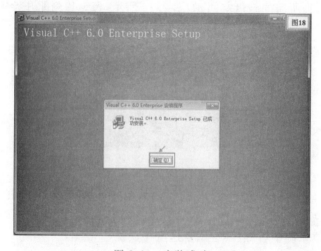

图 2.19　安装成功

2.3 使用 Visual C++ 6.0 开发 C 程序

下面以开发一个最简单的 C 程序"HelloWorld"为例,介绍使用 Visual C++ 6.0 的开发过程,共分以下 5 步。

第一步:新建 HelloWorld 工程,同时创建工作区。

① 选择 File→New 命令,打开 New 对话框,如图 2.20 所示。

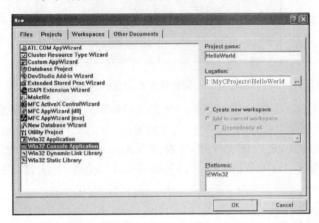

图 2.20 New 对话框

其中包含 Files、Projects、Workspaces 及 Other Documents 四个选项卡,分别用来新建文件、工程、工作区及其他文档,默认显示 Projects 选项卡。

在左边选择 Win32 Console Application(Windows 32 位控制台应用程序),这一步很重要,如果选择错误,则无法创建 C 程序。

单击 Location(位置)文本框右侧的 ... 按钮,选择合适的工程保存位置,这里设为"I:\MyCProjects"。在 Project name 文本框中输入工程名 HelloWorld。可以看到,在输入 Project name 时,Location 中的位置会同步变化,因为 Visual C++会创建对应工程名的文件夹。该工程中所有的文件和资源均会保存在该文件夹下。

单击下方的 OK 按钮(见图 2.20),进入下一步,效果如图 2.21 所示。

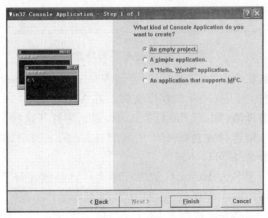

图 2.21 选择要创建工程的类别

② 选择 An empty project(一个空工程)，单击 Finish 按钮(见图 2.21)，进入下一步，显示该工程的应用属性，效果如图 2.22 所示。

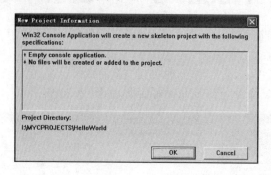

图 2.22 新创建工程的应用属性

③ 单击 OK 按钮(见图 2.22)，则一个名为 HelloWorld 的工程就创建好了。通过 Windows 的资源管理器，可以发现在"I:\MyCProjects"文件夹下已经创建了一个名为 HelloWorld 的新文件夹，进入该文件夹，可看到 Visual C++已经自动创建了 HelloWorld. dsp、HelloWorld. dsw、HelloWorld. ncb、HelloWorld. opt 4 个文件，并创建了一个名为 Debug 的空文件夹。

第二步：创建程序的源文件和头文件。

通过上一步创建好工程后，默认情况下工作区也同时创建好了，现在就可以创建一个新的源程序文件，以便编写程序。

选择 File→New，打开 New 对话框，此时默认显示 Files 选项卡。选择 C++ Source File 选项，并确保选中 Add to project 复选框，在 File 文本框中输入要创建的源程序文件名及扩展名，如输入"Hello.C"，效果如图 2.23 所示。

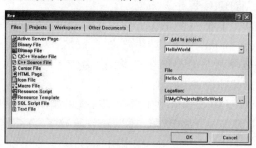

图 2.23 新建 C 源程序文件

注意，这里要输入其扩展名". C"或". c"，否则 Visual C++ 6.0 创建的是"Hello. cpp"文件，它不是 C 源程序文件，而是 C++源程序文件。在 Visual C++ 6.0 中，". cpp"文件可以正常使用，但在其他的编译器(如 Turbo C 2.0)中，则无法打开这样的源程序。

如果要创建头文件，则选择左边的 C/C++ Header File 选项，并在 File 文本框中输入要创建的头文件名，扩展名. h 可以不输入。

单击 OK 按钮，则一个名为 Hello. C 的源程序文件已经创建好了，并且已在编辑区自动打开了该文件，可以向其中输入程序代码，如图 2.24 所示。

选择工作区下方的 FileView 选项卡，再展开 HelloWorld files 树形结构，可以发现它包括以下 3 项：

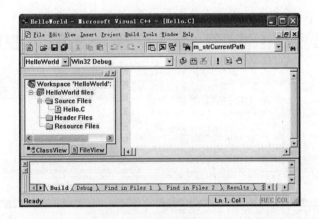

图 2.24 新建的 Hello.C 源程序文件已自动在编辑区打开

① Source Files：源程序文件，后面创建的所有源程序文件都在此处显示。

② Header Files：头文件，后面创建的所有头文件都在此处显示。

③ Resource Files：资源文件，后面创建的所有资源文件都在此处显示。

第三步：编辑源程序代码。

在编辑区中可以输入代码，其中可以使用复制、剪切、粘贴、查找、替换、撤销、重做、保存等功能。这里输入的源程序如图 2.25 所示。

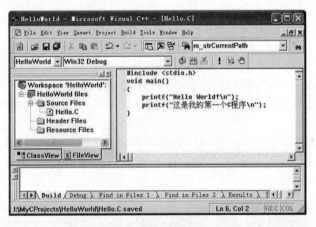

图 2.25 编辑源程序代码

第四步：编译和连接。

源程序代码输入完毕后，可进行编译。单击 Build 或 Build MiniBar 工具栏中的编译按钮■，或按键盘中的＜F7＞键，Visual C++便开始编译并连接程序，同时在输出区中显示编译和连接的结果。如果代码没有错误，则显示内容如图 2.26 所示。

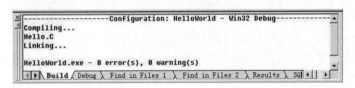

图 2.26 编译、连接的结果

如果代码有错误,将会显示错误的类型及个数,如图 2.27 所示。

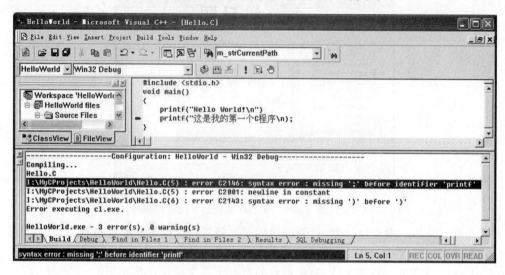

图 2.27　编译时发现代码错误

Visual C++共发现了 3 处错误:第一个错误,错误编号为 C2146,在 printf 前面缺少分号;第二个错误,错误编号为 C2001,在常数中不应该换行;第三个错误,错误编号为 C2143,在"}"前面缺少")"。

实际上,第二个和第三个错误并不准确,真实的错误是第二个 printf 中缺少右边的双引号""。

如果双击某个错误信息,则 Visual C++会自动定位到该错误对应的代码上。如图 2.27 所示,双击第一个错误信息,在第二个 printf 前面自动加了一个蓝色的符号 ████,表明这就是错误点。将这些错误一一排除,重新编译后即可开始运行该程序。

第五步:运行程序。

编译和连接成功后,可以单击 Build 或 Build MiniBar 工具栏中的"运行"按钮 !,或者按键盘中的 Ctrl+F5 键,则将开始运行该程序,并弹出一个 DOS 窗口,其中会显示程序运行的结果,效果如图 2.28 所示。

图 2.28　程序运行效果图

其中,第一行和第二行是程序输出的结果,第三行是 Visual C++自动加上的,表示程序暂停在这里,按任意键可以关闭该窗口并返回 Visual C++。这是为了方便程序员观察程序输出的结果。本书仅介绍使用 Visual C++ 6.0 开发 C 程序的步骤,有关 Visual C++ 6.0 的更多操作,请参考本书配套的实验指导教材。

练习题

一、选择题

1. 下列选项中,( )是命名正确的 C 语言源程序文件。

    A. first. C   B. first. h

    C. first. txt   D. first. obj

2. 将 C 语言源程序文件经过( )后,生成了.obj 目标文件。

    A. 调试   B. 编译

    C. 装配   D. 链接

3. 下列软件中,( )不是 C 语言程序的开发环境。

    A. Turbo C 2.0   B. Visual C++ 6.0

    C. De-C++   D. Word

二、应用题

使用 Visual C++ 6.0 开发环境编写并调试运行下列程序:

```
void main( )
{
    int i, n;
    n=0;
    for(i=1; i<=100; i++)
       n += i;
    printf("1+2+3+…+100= %d\n", n );
}
```

第 3 章　C 编程基础

本章主要内容：
① 标识符、常量及变量的基本概念。
② 基本数据类型。
③ 算术运算符及算术表达式。
④ 类型转换。
⑤ 赋值运算符及赋值表达式。
⑥ 逗号运算符及逗号表达式。
C 程序设计的基础内容是数据类型、运算符和表达式，只有掌握这些基础内容才能对数据进行处理。本章将详细介绍 C 语言中的基本数据类型及它们的取值范围、简单的运算符和表达式。

3.1　程序设计概述

一个程序包括对数据的描述和对数据处理的描述。对数据的描述就是数据结构，在 C 语言中，系统提供的数据结构是以数据类型表示的；对数据处理的描述就是计算机算法，算法是为解决一个问题而采取的方法和步骤。

计算机科学家尼古拉斯·沃斯提出：数据结构＋算法＝程序。实际上，程序除了数据结构和算法，还必须包括程序设计方法和一种计算机语言。

3.2　C 语言的数据类型

C 语言中的数据类型如图 3.1 所示。

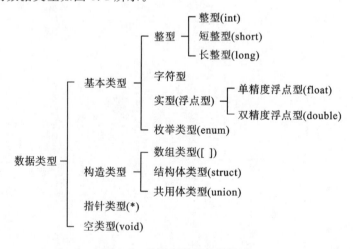

图 3.1　C 语言中的数据类型

C 语言中的数据有常量和变量之分，它们均属于上述数据类型。本章将介绍基本类型中的整型、实型和字符型。

3.3　常量和变量

3.3.1　常量与符号常量

1. 常量

在程序运行过程中,其值不能被改变的量称为常量。根据数据类型,常量分为:整型常量,如 -3、0、45;实型常量,如 3.12、-6.7;字符常量,如 'a''2''E';字符串常量,如 "CHINA""This is a c program."。

2. 符号常量

用一个标识符代表一个常量的,称为符号常量。

符号常量定义的格式如下:

＃define 标识符 常量或常量表达式　　　//注意行末没有分号

【例 3.1】　已知圆半径 r 等于 5,求它的面积 area。

【编写程序】

```
# include <stdio.h>
# define PI 3.14
void main()
{
  float r=5.0f,area;
  area =PI * r * r;
  printf("area = % f\n",area);
  //PI= PI+5;       //错误,不能修改符号常量的值
  r=r+5;            //对 r 重新赋值
  area= PI * r * r;
  printf("area = % f\n",area);
}
```

【运行结果】

```
area=78.500000
area=314.000000
```

【程序分析】

用＃define 命令行定义 PI 为符号常量,它在程序中代表常量 3.14。

💡**知识拓展**

　　符号常量是一个临时符号,不占内存,它仅代表一个常量或常量表达式,编译后符号常量不存在,所以不能对符号常量重新赋值。符号常量通常采用大写字母表示。

3.3.2　变量

在程序运行过程中,其值可以被改变的量称为变量,也称内存变量。变量由变量名和变量值组成。变量名应遵循用户标识符的命名规则,变量值是指存储在内存中的值。在程序

中,通过变量名来使用变量的值。

在 C 语言中,所用到的变量必须"先定义,后使用"。在定义变量的同时对变量赋初值称为变量的初始化。

变量定义的一般格式如下:

数据类型 变量名[,变量名 2…];

变量初始化的一般格式如下:

数据类型 变量名[=初值][,变量名 2[=初值]…];

例 3.1 程序中的"float r=5,area;"语句定义变量 r 和 area,并对 r 赋初值 5,内存分配如图 3.2 所示。变量 r 和 area 可以重新赋值,每次赋值,新值就会覆盖旧值。

图 3.2　变量 r 和 area 的内存分配

3.3.3　标识符

在 C 语言中,用来标识变量名、符号常量名、函数名、数组名、类型名和文件名的有效字符序列,称为标识符。标识符分为系统标识符和用户标识符。系统标识符也称为关键字,C 语言中定义了 32 个关键字,如 if、else、for 等。它们已经有专门的含义,所以不能使用关键字来定义变量名。用户标识符的命名规则是只能由字母、数字和下划线组成,且第一个字符必须为字母或下划线。

说明如下:

① 用户标识符的有效长度随系统而异,但至少前 8 个字符有效。如果超出 8 个,则超出部分被舍弃。例如,student_name 和 student_number 的前 8 个字符相同,系统会认为它们是同一个变量。

② C 语言区分大小写。变量 SUM、变量 Sum 和变量 sum 是不同的变量。

③ 用户标识符命名应"见名知意"。见名知意是指通过变量名就知道变量值的含义。通常选择能代表数据含义的英文单词、英文缩写或汉语拼音做变量名,如 name 或 xm(姓名)、salary 或 gz(工资)。

3.4　整型数据

3.4.1　整型常量

整型常量即整型常数,C 语言中有以下 3 种表示形式:

① 十进制(基数 0~9),如 123、70。

② 八进制(基数 0~7,以数字 0 开头),如 0123 对应十进制数 83。

③ 十六进制(基数 0~9、a/A~f/F,以 0x 开头),如 0x123 对应十进制数 291。

说明如下:

① 在 C 语言中,以 0 开头的数就是八进制数。

② 只有十进制数有正数和负数,八进制和十六进制只有正数。

3.4.2　整型变量

根据整型变量占用内存字节数的不同,整型变量分为以下4种:

① 基本整型,类型关键字为int,在TC中占2个字节,在VC 6.0中占4个字节(本书使用VC 6.0环境)。

② 短整型,类型关键字为short [int],占2个字节。

③ 长整型,类型关键字为long [int],占4个字节。

④ 无符号整型,只能存储无符号整数。它又分为无符号整型(类型关键字为unsigned int)、无符号短整型(类型关键字为unsigned short [int])和无符号长整型(类型关键字为unsigned long [int])。

在VC 6.0中,整型变量所占字节数及数的范围见表3.1。

表 3.1　整型变量所占字节数及数的范围

类　　型	字节数	数的范围
[signed] int	4	$-2\,147\,483\,648 \sim +214\,748\,364$,即$-2^{31} \sim (2^{31}-1)$
[signed] short [int]	2	$-32\,768 \sim +32\,767$,即$-2^{15} \sim (2^{15}-1)$
[signed] long [int]	4	$-2\,147\,483\,648 \sim +214\,748\,364$,即$-2^{31} \sim (2^{31}-1)$
unsigned int	4	$0 \sim 429\,496\,729$,即$0 \sim (2^{32}-1)$
unsigned short [int]	2	$0 \sim 65\,535$,即$0 \sim (2^{16}-1)$
unsigned long [int]	4	$0 \sim 429\,496\,729$,即$0 \sim (2^{32}-1)$

说明如下:

① 表中"[]"中的内容为可选,如signed int与int效果一致。

② 一个整型常量的值后面加字母"L"(或"l"),则编译器把该整型常量作为long类型处理,如123L、0123L、0x123L。一个整型常量的值后面加字母"U"(或"u"),则编译器把该整型常量作为unsigned类型处理,如123U、0x123u。一个整型常量的值后面加字母"L"(或"l")和字母"U"(或"u"),则编译器把该整型常量作为无符号长整型处理,如0x123LU、0123Lu。

3.4.3　整型数据的存储

在计算机中,所有数据都是以二进制形式存储的,而且是以数据的补码形式存储的。正数的补码和原码相同,负数的补码是该数的绝对值按位取反后末尾加1。

【例3.2】　已知short int i=6,j=−10,求i,j的存储形式。

【解题思路】

变量i和j为有符号短整数。根据表3.1可知,short int占2个字节,即16位($D_{15} \sim D_0$)。其中,最高位D_{15}为符号位,其他位为数值位。

解　i是正数,其补码和原码相同,i的原码为0000 0000 0000 0110,所以i的存储形式为0000 0000 0000 0110。

对于变量j,则需要求−10的补码。10的原码为0000 0000 0000 1010,按位取反后的值为1111 1111 1111 0101,末尾加1(−10的补码)后的值为1111 1111 1111 0111。所以j的存储形式为1111 1111 1111 0111。

【例3.3】　已知short int i=32 767,i=i+1,求i的值。

解　32 767的补码为0111 1111 1111 1111,加1后的值为1000 0000 0000 0000。对应的十进制值为−32 768,所以i的值为−32 768。

> **知识拓展**
>
> short int 数的范围是−32 768～+32 767。i 加 1 后的值为 32 768，显然超出了其范围。从表 3.1 可以知道，任何一种整型数据都有它的数值范围，超出此范围称为"溢出"。出现数值的溢出，结果显然不正确。
>
> 所以定义变量的数据类型时，应考虑其取值范围。

3.5 实型数据

3.5.1 实型常量

实型常量即实数，在 C 语言中又称为浮点数。它有 2 种表示形式：十进制形式和指数形式。

1.十进制形式

它由数字和小数点组成（注意必须有小数点），如 12.34、0.12、0.0。

2.指数形式

其格式为 <尾数>E/e<指数>，但字母 E/e 之前必须有数字，字母 E/e 后面的指数必须为整数。例如，123000.0 可以表示为 0.123E6、1.23e5、12.3e4、123E3 等，它们均代表同一个值。一个实数可以有多种指数表示形式，但实数在计算机内存中按照标准化指数形式存储。标准化指数形式是指其数值部分是一个小数，小数点前的数字是零，小数点后的第一位数字不是零。123000.0 的标准化指数形式为 0.123E6。

3.5.2 实型变量

实型变量分为单精度型（float）、双精度型（double）和长双精度（long double）三类，其中常用的是前两类。一般单精度型占 4 个字节，提供 7 位有效数字；双精度型占 8 个字节，提供 15 或 16 位有效数字。VC 6.0 中各实型变量的情况见表 3.2。

表 3.2 实型变量的情况

类　型	字节数	有效数字	数的范围（绝对值）
float	4	6	0 以及 $1.2 * 10^{-38} \sim 3.4 * 10^{38}$
double	8	15	0 以及 $2.3 * 10^{-308} \sim 1.7 * 10^{308}$
long double	8	15	0 以及 $2.3 * 10^{-308} \sim 1.7 * 10^{308}$
	16	19	0 以及 $3.4 * 10^{-4932} \sim 1.1 * 10^{4932}$

注意：在 C 语言中，编译系统将实型常量看作双精度型，如 3.4、12.8 等。如果在数的后面加字母"F"或"f"，如 3.4f、12.8F 等，则编译系统就会将它看作单精度型。例如：

```
double y=6.4;      //定义 y 为双精度型变量，并赋初值 3.4
float x=2.6f;      //定义 x 为单精度型变量，并赋初值 2.6
```

3.6 字符型数据

3.6.1 字符常量

在 C 语言中,字符在计算机内部的编码为 ASCII(美国标准信息交换码),占 1 个字节。字符常量的值就是该字符所对应的 ASCII 码值。在 C 语言中,字符常量分为两类:普通字符和转义字符。

1.普通字符

普通字符是用单引号引起来的单个字符,如'1'、's'、'#'。注意:字符'1'和整数 1 是不同的概念。常用字符的 ASCII 码值见表 3.3。

表 3.3 常用字符的 ASCII 码值

字　符	ASCII 码值
换行	10
'\r'(回车)	13
' '(空格)	32
'0'	48
'A'	65
'a'	97

2.转义字符

C 语言中存在一种特殊的字符常量,即以反斜杠'\'开头的转义字符。转义字符及其功能见表 3.4。

表 3.4 转义字符及其功能

转义字符	功　能
\n	换行
\t	水平制表符,光标跳到下一个 Tab 位置
\b	退一格,将光标后退一个字符
\r	回车,将光标移到本行的开头
\f	换页,将光标移到下一页开头
\\	输出反斜杠字符
\'	输出单引号字符
\"	输出双引号字符
\ddd	输出 1~3 位八进制数所代表的字符
\xhh	输出 1~2 位十六进制数所代表的字符

说明如下:

① 表 3.4 中列出了常用的转义字符,一个转义字符占 1 个字节。例如,\n 表示换行,对应的 ASCII 值为 10,计算机存储形式为 0000 1010。

② '\ddd'是一个以八进制数表示的字符。例如,'\104'代表八进制数 104 的 ASCII 字符,即'D'(八进制数 104 对应的十进制数为 68),从附录 A 可以查出 68 对应的字符为'D'。

③ '\xhh'是一个以十六进制数表示的字符。例如,'\x44'代表十六进制数 44 的 ASCII 字符,即'D'(十六进制数 44 对应的十进制数为 68)。

【例 3.4】 转义字符的使用。

【编写程序】

```
# include <stdio.h>
void main()
{
    printf("ab\t\101cde\bfg\n");
    printf("---\\ab\x41G\rcd\n");
}
```

【运行结果】

```
ab    Acdfg
cd-\abAG
```

【程序分析】

第一步输出 ab,普通字符原样输出;遇到'\t',光标跳到下一个 Tab 位置,输出 6 个空格;'\101'属于输出 1~3 位八进制数所代表的字符(即'A');cde 是普通字符,原样输出;'\b'表示退格符,将字符 e 删除了;fg 是普通字符,原样输出;'\n'表示换行,光标移到下一行行首。所以第一行输出"ab   Acdfg"。

在第二个 printf 语句中,首先输出---,普通字符原样输出;'\\ 输出反斜杠字符\;ab 是普通字符,原样输出;'\x41'属于输出 1~2 位十六进制数所代表的字符(即'A');'\r'将光标移到本行的开头;cd 是普通字符,原样输出,替换了开头的"--"。所以第二行输出"cd-\abAG"。

▶ 3.6.2 字符变量

字符变量的类型关键字为 char,占用 1 个字节。字符变量用来存放字符常量。将一个字符常量存放到一个字符变量中,实际上并不是把该字符本身存放到存储单元中,而是将该字符对应的 ASCII 码值存放到存储单元中。在 VC 6.0 中,字符变量所占的字节数及数的范围见表 3.5。

表 3.5 字符变量所占的字节数及数的范围

类　　型	字节数	数的范围
[signed] char	1	$-128 \sim 127$,即 $-2^7 \sim (2^7 - 1)$
unsigned char	1	$0 \sim 255$,即 $0 \sim (2^8 - 1)$

一个字符型变量可以以字符形式输出,也可以以整数形式输出。由于字符是以 ASCII 码值存储的,所以允许字符和整数之间进行算术运算。

【例 3.5】 将大写字母转换成小写字母。

【解题思路】

通过表 3.3 可知,大写字母比小写字母的 ASCII 码值小 32。

【编写程序】

```
# include <stdio.h>
void main()
{
    char c1='A';              //定义 c1 为字符变量,并赋初值为字符'A'
```

```
        c1=c1+32;
        //分别以字符形式%c和整数形式%d输出c1
        printf("c1=%c,c1=%d\n",c1,c1);
    }
```

【运行结果】

```
c1=a,c1=97
```

3.6.3 字符串常量

字符串常量是由一对双引号括起来的零个或多个字符序列,如"CHINA""how"。字符串中的字符个数称为字符串长度。字符串常量中的每一个字符均以其 ASCII 码存放,而且系统会在字符串末尾自动加字符\0作为字符串结束标志。

例如,字符串常量"How"存放在内存中的情况如下:

H	o	w	\0

由于系统为它自动加上了字符\0',所以它的长度为 4。

注意:'a'与"a"的区别。

> **知识拓展**
>
> 如果要将反斜杠和单引号作为字符串中的有效字符,则应该使用转义字符。
>
> 例如,D:\hello.c 对应的字符串为"D:\\hello.c";'Y' or 'N' 对应的字符串为"\'Y\' or\'N\'"。

3.7 算术运算与算术表达式

3.7.1 基本的算术运算符

C 语言中有 5 个基本的算术运算符:+(加法)、-(减法)、*(乘法)、/(除法)、%(求余数)。说明如下:

① 运算符的结合性:指运算对象两侧的运算符优先级相同时运算符的结合方向。结合方向为从左至右时,称为左结合;反之,称为右结合。算术运算符为左结合。除了单目运算符、赋值运算符和条件运算符是右结合,其他运算符都是左结合。

② /(除法):当两个操作数都为整数时,商为整数,小数部分舍去。例如,5/2=2。当两个操作数中有一个为实数时,商为实数。例如,5.0/2=2.5;-5/3 = -1(余-2)或-2(余+1),VC 6.0 中取-1,结果向零取整。

③ %(求余数):要求两个操作数都为整数,结果也为整数。

3.7.2 算术表达式

算术表达式是指用算术运算符和括号将操作数(如常量、变量或函数等)连接起来的符合 C 语法规则的式子。表达式的值先按照运算符优先级的先后次序执行。例如,先括号、再乘除。如果操作数两侧的运算符优先级相同,则按照运算符的结合性进行运算。

3.7.3　各类数据混合运算

在 C 语言中,整型、实型和字符型数据之间可以混合运算。如果一个运算符两侧的操作数的数据类型不同,则系统会根据"先转换、后运算"的原则,先将数据转换成同一种数据类型,然后进行运算。转换规则如图 3.3 所示。

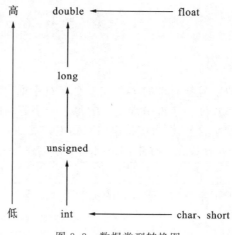

图 3.3　数据类型转换图

说明如下:

① 从右向左的箭头:表示无条件转换。char、short 类型一定转换成 int 型,float 类型一定转换成 double 类型。

② 从下向上的箭头:不同类型之间按照最上面的类型转换。例如,3+3.4,先将 int 类型的 3 直接转换成 double 型,然后两个同类型的数据之间进行计算,结果为 double 类型的值 6.4。

【例 3.6】　求表达式 '0'−6+1.5f−'b'/7 的值的数据类型。

解　① 进行 '0'−6 运算。先将 '0' 转换为整数 48,运算结果为整数 42。

② 进行 42+1.5f 运算。先将整数 42 转换为 double 类型,然后将单精度数 1.5f 转换为双精度数,相加的结果为 43.5(double 型)。

③ 由于"/"比"−"的优先级高,先进行 'b'/7 运算。先将 'b' 转换为整数 98,运算结果为整数 14。

④ 双精度数 43.5 与整数 14 相减。先将整数 14 转换为双精度数,运算结果为 29.5(double 型)。

注意:上述转换过程是由系统自动完成的。

3.7.4　强制类型转换

除自动转换外,C 语言中还可以将数据类型强制转换。强制类型转换的一般形式:(要转换成的数据类型)(表达式)。当表达式是一个简单的数据时,表达式中的括号可以省略。例如:

(int)a 等价于(int)(a)　　　　//将 a 转换为 int 类型
(float)(7/2)　　　　　　　　//将 7 整除 2 的结果转换为 float 型,结果为 3.000000
(float)7/2　　　　　　　　　//将 7 转换成 float 型,再除以 2,结果为 3.500000

说明如下：

① 强制类型转换的优先级高于算术运算符。

② 强制类型转换得到的是一个所需类型的中间量，原来的表达式类型不发生变化。例如，(int)a ，假设 a＝3.4f，只是结果变成 3，但 a 的数据类型未发生变化。

3.7.5　自加自减运算符

表达式 i＝i＋1 可以简写成 i+＝1,还可以利用自加运算符简写成 i++或++i。C 语言中有四种形式的自加自减运算符：++i 表示变量 i 先加 1,后使用；i++表示先使用,后变量 i 加 1；－－i 表示先变量 i 减 1,后使用；i－－表示先使用,后变量 i 减 1。

说明如下：

① 其优先级高于算术运算符。

② 其操作数一般为单个操作数,此操作数必须为变量,不能用于常量和表达式。例如,表达式 5++、(x+y)++都是错误的。

③ 其结合性为自右至左参与运算。

④ 自加自减运算常用于循环语句中,使循环控制变量加(或减)1。此外,自加自减运算还可用于指针变量中,使指针指向下一个(或上一个)地址。例如：

```
j＝3;
j＝i++;   //先把 i 赋给 j,再将 i 加 1,执行后 j＝3,i＝4
```

【例 3.7】　++i 和 i++的使用。

【编写程序】

```
# include <stdio.h>
void main()
{
    int   i＝3,n＝3,j,m;
    j＝++i;
    m＝n++;
    printf("j＝%d,m＝%d,i＝%d,j＝%d\n",j,m,i,n);
}
```

【运行结果】

```
j＝4,m＝3,i＝4,j＝4
```

【程序分析】

由于自加运算符的优先级高于赋值运算符,所以先执行++i,先使 i 加 1,再赋给 j,执行后 j＝4,i＝4;而执行 n++,先使用 n,再赋值,执行后 m＝3,n＝4。

3.8　赋值运算与赋值表达式

3.8.1　赋值运算

赋值运算符为"="。赋值运算符的一般形式如下：

> 变量＝赋值表达式

赋值运算符的作用是将运算符右侧表达式的值赋给左侧的变量。

3.8.2　复合赋值运算

C语言中有10个复合赋值运算符：复合算术运算符包括＋＝、－＝、＊＝、/＝、％＝；复合位运算符包括＆＝、＾＝、|＝、<<＝、>>＝。

复合赋值运算的一般形式如下：

> 变量　复合赋值运算符　表达式

它等价于：

> 变量＝变量　复合赋值运算符（表达式）

注意：当表达式为单个数据时，括号才可以省略。例如：

> a/＝3　　　/* 等价于a＝a/3 */
> a*＝5－3　 /* 等价于a＝a*（5－3），而不是a＝a*5－3 */

【例3.8】 a是int型变量，且a的初值为6，计算表达式a＋＝a－＝a*a后a的值。

解　表达式从右向左运算，先计算表达式a＝a－a*a，即a＝a－36，此时a为－30；再计算表达式a＝a＋a，此时a的值为－60。

3.9　逗号运算符与逗号表达式

3.9.1　逗号运算符的基本形式及功能

逗号表达式的一般形式如下：

> 表达式1，表达式2，…，表达式n

逗号表达式的求解过程：从左至右，依次计算各表达式的值，整个逗号表达式的值为表达式n的值。

3.9.2　逗号运算符的优先级

逗号运算符是所有运算符中级别最低的。例如，逗号表达式"（a＝3*5，a*4），a－5"，先计算a＝3*5，结果为a＝15；再计算a*4＝60，最后计算a－5＝10。所以逗号表达式的值为10。

说明:逗号既可以作为运算符,也可以作为分隔符。

```
printf("%d %d %d",a,b,c);    // 逗号作为分隔符
printf("%d %d %d",(a ,b,c),b,c);//(a,b,c)中的逗号是运算符,其余的是分隔符
```

练习题

一、选择题

1. 在 C 语言中,下列类型属于基本数据类型的是( )。
   A. 整型、实型、字符型   B. 空类型、枚举型
   C. 结构体类型、实型   D. 数组类型、实型

2. 下列字符串属于用户标识符的是( )。
   A. _HJ   B. 9_student
   C. long   D. LINE 1

3. 下列选项中不合法的八进制数是( )。
   A. 012   B. 028
   C. 077   D. 065

4. 在 C 语言中,反斜杠字符是( )。
   A. \n   B. \t
   C. \v   D. \\

5. 若有说明语句"char c=\72';",则变量 c( )。
   A. 包含 1 个字符   B. 包含 2 个字符
   C. 包含 3 个字符   D. 说明不合法,c 的值不确定

6. 字符串"\n\\\407as1\"\xabc"的长度为( )。
   A. 6   B. 7
   C. 8   D. 9

7. 下列常数中,合法的 C 常量是( )。
   A. \n'   B. e-310
   C. 'DEF'   D. '1234'

8. 下列选项中,均是不合法浮点数的是( )。
   A. 160.、0.12 、e3   B. 123 、2e4.2、.e5
   C. -.18 、123e4 、0.0   D. .-e3 、.234 、1e3

9. 在 C 语言中,要求操作数必须是整型的运算符是( )。
   A. /   B. ++
   C. !=   D. %

10. 10+'a'+1.5-567.345/'b'的结果是( )型数据。
    A. long   B. double
    C. int   D. unsigned float

11. 如果 int i=3,则 k=(i++)+(++i)+(i++),执行后 k 的值为( ),i 的值为( )。
    A. 12,6   B. 12,5
    C. 18,6   D. 15,5

12. 若有"int a=7;float x=2.5,y=4.7;",则表达式"x+a%3*(int)(x+y)%2/4"的结果是(   )。

    A. 2.500000   B. 2.750000

    C. 3.500000   D. 0.000000

13. 已知字母 A 的 ASCII 码值为 65,下列程序的输出结果为(   )。

```
#include <stdio.h>
void main()
{
    char c='A';int i=10;
    c=c+10;
    i=c%i;
    printf("%c,%d\n",c,i);
}
```

    A. 75,7   B. 75,5

    C. K,5   D. 因存在非图形字符,无法直接显示出来

二、填空题

1. C 语言的数据类型有四大类,分别为_____、_____、_____和_____。

2. 在 C 语言中,要求对所有用到的变量遵循"先定义、后_____"的原则。

3. 在 C 语言中,字符串常量是用_____括起来的字符序列。

4. 在 C 语言中,系统在每一个字符串的结尾自动加一个字符串结束标志,即_____,以便系统据此判断字符串是否结束。

5. 表达式"10+'a'+1.5-0.5*'B'"的结果是_____。

6. 下列程序的执行结果是_____。

```
#include <stdio.h>
#define sum 10+20
void main()
{
    int a=0,b=0,c=0;
    a=sum;
    b=5;
    c=sum*b;
    printf("c=%d\n",c);
}
```

7. 下列程序运行后,i,j,m,n 的值是_____。

```
#include <stdio.h>
void main()
{
```

```
int i,j,m,n;
i=8;
j=10;
m=++i;
n=j++;
printf("%d,%d,%d,%d\n",i,j,m,n);
}
```

8.表达式"x=(a=3,6*3)"和表达式"x=a=3,6*a"分别是_____表达式和_____表达式,2个表达式执行后的结果是_____和_____;2个表达式执行完后,x 的值是_____和_____。

第4章　C语言程序与顺序结构

本章主要内容：

① C语句的分类。

② C语言的3种基本结构。

③ scanf()和printf()函数的使用。

④ getchar()和putchar()函数的使用。

⑤ 顺序结构程序设计思想。

4.1　C语言程序构成

一个完整的C程序是由一个或多个源程序文件组成的，如图4.1所示。一个源程序是由预处理命令、全局声明和若干个函数组成的。一个函数由函数首部和函数体组成，函数体是由声明部分和执行部分组成的，执行部分是由C语言语句组成的。

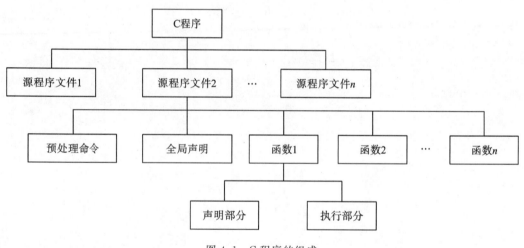

图4.1　C程序的组成

4.2　C语句分类

C语言中的语句是以分号结束的，它用来向计算机发出操作指令。C语句可以分为6类。

1. 说明语句

用来说明变量的类型和给变量赋初值。例如：

```
int a,b;        //变量a、b定义为整型
float c,d=4.5;  //变量c、d定义为浮点型,并给d赋初值为4.5
```

2．表达式语句

表达式后加一个分号构成。例如："a＝3"是一个赋值表达式；"a＝3；"是一个赋值语句。

3．控制语句

完成程序流程控制功能。C语言中有9条控制语句(见表4.1)。

表 4.1　C 语言中的 9 条控制语句

语　句	功　能
if()…else…	条件语句
switch	多分支选择语句
while()…	循环语句
do…while()	循环语句
for()…	循环语句
continue	结束本次循环
break	结束本层循环或中止 switch
goto	跳转语句
return	返回语句

4．函数调用语句

由函数调用加一个分号构成。例如：

```
printf("China"); //该语句调用 printf()函数
```

5．空语句

仅由一个分号构成。显然,空语句什么操作也不执行。它的作用是使程序的结构更清楚,可读性更好,方便以后扩充新功能。

6．复合语句

也称为语句块,由大括号{ }括起来的一条或多条语句构成。例如：

```
{
  z = x+y;
  t = z / 100;
  printf("%f",t);
}
```

注意:在复合语句中,右大括号"}"后不需要加分号。

4.3　C 语言程序的 3 种基本结构

C语言程序设计中采用结构化程序设计方法,使程序结构清晰、层次分明、便于阅读和维护,能提高程序设计的效率。结构化程序设计方法由3种基本结构组成:顺序结构、选择结构和循环结构。这3种基本结构可以处理任何复杂的问题。

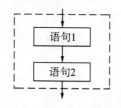

图 4.2　顺序结构流程图

4.3.1　顺序结构

顺序结构的程序设计是最简单的,它按照解决问题时程序执行的顺序写出相应的语句。它的执行顺序是自上而下、依次执行,每条语句都会被执行。其流程图如图 4.2 所示,先执行语句 1,再执行语句 2,两者是顺序执行的。

4.3.2　选择结构

选择结构用于对条件进行判断,根据判断的结果来控制程序的流程。其流程图如图 4.3 所示,判断表达式 P_1,当它为"真"时,执行语句 1,否则执行语句 2。

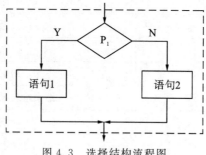

图 4.3　选择结构流程图

4.3.3　循环结构

循环结构用于在程序中需要反复执行某个功能的情况,它根据循环体中的条件,判断是否继续执行某个功能。根据判断条件,循环结构分为两种形式:当型循环结构和直到型循环结构。

1.当型循环结构

当型循环结构流程图如图 4.4 所示,当表达式 P_1 为"真"时,执行循环体语句 1,直到表达式 P_1 为"假"时才停止循环。

当型循环结构的特点是语句 1 可能一次也不执行。

2.直到型循环结构

直到型循环结构流程图如图 4.5 所示,先执行循环体语句 1,再判断表达式 P_1,若表达式 P_1 为"真",则执行循环体语句 1,直到表达式 P_1 为"假"时才停止循环。

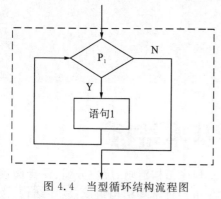

图 4.4　当型循环结构流程图

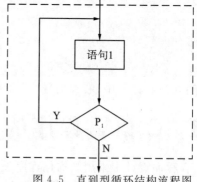

图 4.5　直到型循环结构流程图

直到型循环结构的特点是语句 1 至少被执行一次。

4.4 数据的输入/输出语句

数据的输入是指从外部输入设备向计算机输入数据;数据的输出是指从计算机向外部输出设备输出数据。在 C 语言程序设计中,数据的输入/输出是最基本的语句。C 语言不提供数据的输入/输出语句,输入/输出操作是通过调用 C 语言的库函数来实现的。C 语言函数库中提供了一批标准的输入/输出函数,标准输入的外部输入设备通常是指键盘,标准输出的外部输出设备通常是指显示器(也称控制台)。本节介绍四个最基本的输入/输出函数:格式输出函数 printf()、格式输入函数 scanf()、字符输出函数 putchar()及字符输入函数 getchar()。

使用 C 语言的库函数时,要用预编译命令"♯include"将相应的头文件包含到用户源程序中,因为头文件中包含了与用到的函数有关的信息。故使用标准的输入/输出函数时,应在源程序的开头使用如下语句:

```
♯include <stdio.h>
```

说明如下:

① ♯include 指令一般放在程序的开头,所以这类文件称为头文件。定义文件的扩展名为".h"(header file)。

② ♯include 指令是一个预编译命令,它将有关的头文件包含到用户源程序中。

③ 使用标准的输入/输出库函数时,需要将 stdio.h(standard input and output)文件包含到源程序中。

开发系统提供了很多函数,它们的原型在不同的头文件中定义,因此程序开头总是包含需要的头文件。常用的头文件见表 4.2。

表 4.2 常用的头文件

头文件名	作 用
stdio.h	输入/输出函数
string.h	字符串操作函数
math.h	abs、sin 等数学函数
stdlib.h	动态存储分配函数

4.4.1 格式输出函数 printf()

printf()函数可以输出任意类型的多个数据。

1. printf()函数的一般格式

printf()函数的一般格式如下:

```
printf(格式控制[,输出列表]);
```

说明如下:

① 格式控制是用双引号括起来的字符串,也称"转换控制字符串"。它包括三种信息:格式说明、转义字符和普通字符。

a. 格式声明:由"%"和格式字符组成,如"%d""%f"等。它的作用是将输出的数据转换为指定的格式输出。格式说明总是由"%"字符开始的。

b. 转义字符:是一种特殊的字符常量。例如,printf("\n")在输出时产生一个换行操作。

c. 普通字符:指需要原样输出的字符。

② 输出列表是可选的。它可以是一些数据,也可以是表达式,若有多个输出项,则它们之间用逗号分隔。

【例 4.1】 printf()函数的使用。

【编写程序】

```
#include <stdio.h>
void main()
{
    int x,y;
    x=30;
    y=20;
    printf("x-y= %d\n",x-y);
}
```

【运行结果】

```
x-y=10
```

【程序分析】

x 的值是 30,y 的值是 20,在"printf("x-y=%d\n",x-y);"中,"x-y="是普通字符,需原样输出。输出列表是一个表达式,它的结果以整型输出。

2. 格式声明

格式声明的一般形式如下:

%[标志][宽度][.精度][长度]类型

printf()函数常用的类型格式符见表 4.3。

表 4.3 printf()函数常用的类型格式符

格式符	说　明
d	输出一个带符号的十进制整数(正数不输出符号)
o(字母)	输出一个无符号的八进制整数(不输出前导符 o)
x 或 X	输出一个无符号的十六进制整数(不输出前导符 ox),用 x 则输出十六进制数的 a~f 的小写形式,用 X 则输出大写形式
u	输出一个无符号的十进制整数
f	输出一个小数形式的单、双精度数,默认输出 6 位小数
e 或 E	输出一个指数形式的单、双精度数,用 e 时指数以"e"表示,如 3.4e-003;用 E 时指数以"E"表示,如 3.4E-003
g 或 G	输出一个%f 或%e 中较短的一种形式,用 G 时,若以指数形式输出,则指数以大写表示
c	以字符形式,输出一个字符
s	输出字符串

【例 4.2】 格式符 d、o、x 的使用。

【编写程序】

```
#include <stdio.h>
void main()
{
    int a=-1;
    printf("%d,%o,%x\n",a,a,a);
}
```

【运行结果】

```
-1,37777777777,ffffffff
```

【程序分析】

-1 在内存单元中(以补码形式存放)为(1111 1111 1111 1111 1111 1111 1111 1111)$_2$,转换为八进制数为(37777777777)$_8$,转换为十六进制数为(ffffffff)$_{16}$。

注意:无符号是指输出的数据无论是正数还是负数,系统一律当作无符号整数输出。

【例 4.3】 格式符 c、d 的使用。

【编写程序】

```
#include <stdio.h>
void main()
{
    char c='a';
    int i=97;
    printf("c=%c,c=%d\n",c,c);
    printf("i=%c,i=%d\n",i,i);
}
```

【运行结果】

```
c=a,c=97
i=a,i=97
```

【程序分析】

在 C 语言中,整数可以用字符形式输出,字符也可以用整数形式输出。由于字符的范围是 0~255,所以当一个整数超过 255 时,系统首先求该数与 256 的余数,然后将余数对应的字符输出。

常用的宽度、精度和长度字符见表 4.4。

表 4.4 常用的宽度、精度和长度字符

字 符	说 明
m(代表一个正整数)	输出 m 位,不足补空格,大于 m 位按实际长度输出
n(代表一个正整数)	对实数,表示输出 n 位小数;对字符串,表示截取的字符个数
l	用于长整型数据,可添加到 d、o、x、u 类型转换字符前

常用的标志字符见表4.5。

表 4.5　常用的标志字符

标志字符	说　明
－	输出的数据或字符左对齐,右边补空格
＋	输出数据的符号(＋或－)
空格	当数据为正时,输出空格;为负时,输出负号
♯	对 c、s、d、u 格式符无影响;对 o 格式符,输出时加前缀 o;对 ox 格式符,输出时加前缀 ox;对 e、g、f 类,当结果有小数时才给小数点

【例 4.4】 格式符 d 结合宽度字符 m、标志字符的使用。

【编写程序】

```
# include <stdio.h>
void main()
{
    int x=321;
    printf("%d\n",x);
    printf("%2d\n",x);
    printf("%8d\n",x);
    printf("%-8d\n",x);
}
```

【运行结果】

```
321
321
     321        //□表示空格
321
```

【程序分析】

格式符 d 用来输出十进制整数。其中,%d 按整型数据的实际长度输出。在 %md 中,m 为指定的输出字段的宽度。如果数据的位数小于 m,则左端补以空格;若大于 m,则按实际位数输出。

"printf("%d\n",x);"把 x 的值按原样输出:321。"printf("%2d\n",x);"的结果占 2 列,但 321 占 3 列,大于 2 列,所以按实际位数输出:321。"printf("%8d\n",x);"的结果占 8 列,但 321 占 3 列,小于 8 列,所以左端补 5 个空格。"printf("%-8d\n",x);"的结果占 8 列,"－"表示把数值放到左端,321 占 3 列,小于 8 列,所以右端补 5 个空格。

【例 4.5】 格式符 f 结合宽度字符 m、精度字符 n、标志字符的使用。

【编写程序】

```
# include <stdio.h>
void main()
```

```
{
    float x=123.5f;
    printf("%f\n",x);
    printf("%e\n",x);
    printf("%8.1f\n",x);
    printf("%10.3f\n",x);
    printf("%-10.3f\n",x);
}
```

【运行结果】

```
123.5000000
1.2350000e+002
□□□123.5          //□表示空格
□□□123.500
123.500□□□
```

【程序分析】

格式符 f 用来输出实数,以小数形式输出,小数点后输出 6 位。所以"printf("%f\n", x);"的输出结果为 123.500000。格式符 e 以规范化指数形式输出,小数位数为 6 位,指数部分占 5 列,所以"printf("%e\n",x);"的输出结果为 1.235000e+002。

"%m.nf"是指要输出的数占 m 列,同时小数点保留 n 位(四舍五入),如果输出的数大于 m,则原样输出,同时小数点保留 n 位(四舍五入);如果输出的数小于 m,则左端补空格,同时小数点保留 n 位(四舍五入)。"printf("%8.1f\n",x);"的输出结果为□□□123.5;"printf("%10.3f\n",x);"的输出结果为□□□123.500;"printf("%-10.3f\n",x);"的输出结果为 123.500□□□。

【例 4.6】 格式符 s 结合宽度字符 m、标志字符的使用。

【编写程序】

```
#include <stdio.h>
void main()
{
    printf("%s\n","China");
    printf("%3s\n","China");
    printf("%8s\n","China");
    printf("%-8s\n","China");
}
```

【运行结果】

```
China
China
□□□China
China□□□
```

【程序分析】

格式符 s 用来输出一个字符串,输出字符串不包括双引号。"printf("％s\n", "China");"输出 China,它等价于"printf("China");"。

"％ms"是指要输出的字符串所占的列数,字符串本身大于 m,则原样输出;若字符串本身小于 m,则左端补空格。在"printf("％3s\n","China");"中,字符串"China"的字符数大于 3,输出结果为 China。在"printf("％8s\n","China");"中,字符串"China"的字符数小于 8,输出结果为□□□China。"printf("％−8s\n","China");"输出时向左靠齐,输出结果为 China□□□。

说明如下:

① printf()输出时,类型格式符与输出列表中每个数据的数据类型及个数应一致,否则会出错。例如,"printf("x=％d,y=％c","student",380.6);"是错误的。

② 类型格式符 x、e、g 既可以用小写字母,也可以用大写字母。其他类型格式符必须用小写字母。例如,％d 不能写成％D。

③ 在"％"后面的类型格式符就作为类型格式符,否则类型格式符作为普通字符使用。例如,"printf("d=％dc=％c",d,c);"中,第一个 d 和第一个 c 都是普通字符,将原样输出。

④ 如果想输出字符"％",应该在格式字符串中使用两个"％"。例如,"printf("％f％％",10.0/3);"的结果为 3.333333％。

4.4.2 格式输入函数 scanf()

scanf()函数可以用来输入任意类型的多个数据。

1.scanf()函数的一般格式

scanf()函数的一般格式如下:

> scanf(格式控制,地址列表)

说明如下:

① 格式控制包括三种信息:格式说明、空白字符(空格、<Tab>键、<Enter>键)和普通字符。格式说明的含义同 printf()函数,空白字符作为相邻两个输入数据的分隔符,普通字符必须原样输入。

② 地址列表是指由若干个地址组成的列表,相邻两个输入项用逗号分隔。地址可以是变量的首地址、数组名或指针变量。变量首地址的表示方法:＆变量名。

2.格式声明

格式声明的一般形式如下:

> ％[＊][宽度][长度]类型

scanf()函数常用的类型格式符见表 4.6。

表 4.6　scanf()函数常用的类型格式符

格式符	说　明
d	输入一个带符号的十进制整数(正数不输出符号)
o(字母)	输入一个无符号的八进制整数(不输出前导符 o)
x 或 X	输入一个无符号的十六进制整数(大写与小写作用相同)

格式符	说　明
u	输入一个无符号的十进制整数
f	输入一个小数形式的单精度数,如果要输入双精度数,需用 lf 格式符
e、E、g、G	与 f 相同,e 与 f,g 可以相互替换(大写与小写作用相同)
c	输入一个字符
s	输入字符串

格式的附加说明符见表 4.7。

表 4.7　格式的附加说明符

字　符	说　明
l	表示输入长整型数据(%ld、%lo、%lx)或 double 型实数(%lf、%le)
h	表示输入短整型数据(%hd、%ho、%hx)
n(代表一个正整数)	指定输入数据所占的列数
*	表示本输入项在读入后不赋给相应的变量

3. 数据输入操作举例

① 如果相邻两个格式符之间不指定数据分隔符(如逗号、冒号或分号等),则相应的两个输入数据之间至少要用一个空格或<Tab>键分开,或输入一个数据并按<Enter>键后再输入另一个数据。例如,"scanf("%d%d",&a,&b);"正确的输入为

1□2↙

或者

1↙
2↙

② 当 scanf()函数的格式控制中出现普通字符(包括转义字符)时,必须原样输入。例如:

scanf("a=%d,b=%f,c=%f",&a,&b,&c);

正确的输入如下:

a=56,b=8.7,c=12.3↙

③ 可以指定输入数据所占的列宽,系统将自动根据列宽截取所需数据。

例如,对于"scanf("%3d%3d",&a,&b);",假设输入为"123456",则系统自动将 123 赋给变量 a,456 赋给变量 b。

对于"scanf("%3c%3c",&a,&b);",假设输入为"cdefgh",则系统自动将字符 c 赋给变量 a,f 赋给变量 b。

④ "%"后的"*"附加说明符,用来表示跳过相应的数据。例如:

scanf("%2d%*2d%3d",&a,&b);

假设输入"1234567",则将12赋给a,567赋给b,第二个数据"34"被跳过,不赋给任何变量。

⑤ 用"%c"输入时,空格和转义字符均作为有效字符。例如:

```
scanf("%c%c%c",&c1,&c2,&c3);
```

假设输入为"a□ b□ c✓",则将a赋给c1,□赋给c2,b赋给c3(其余被丢弃)。

【例4.7】 编写一个程序,输入小写英文字母,输出对应的大写字母。

【解题思路】

c2(小写字母)= c1(大写字母)+32。

【编写程序】

```
#include <stdio.h>
void main()
{
    char c1;
    scanf("%c",&c1);
    c1=c1-32;
    printf("c1=%c\n",c1);
}
```

【运行结果】

如果输入a,则输出

```
c1=A
```

【程序分析】

在"scanf("%c",&c1);"中,由于格式字符是"%c",所以将键盘上输入的字符a赋值给c1。说明如下:

① scanf()函数中的变量必须使用地址。

```
int a,b;
scanf("%d,%d",a,b);       //错误
scanf("%d,%d",&a,&b);
```

② scanf()函数中不使用%u说明符,对unsigned型数据以%d、%o或%x格式输入。

③ 输入数据时不能规定精度。例如,"scanf("%5.2f",&a);"是不合法的,不能输入"123.45",而使a的值为123.45。

④ 输入数据时,遇到以下情况,系统认为该数据结束。

a.遇到空格、<Enter>键、<Tab>键或非法字符(字母等非数值字符)。

b.遇到输入域宽度结束。例如,"%5d",只取5列。

▶ 4.4.3 字符输出函数 putchar()

该函数的一般形式为putchar(ch)。其中,ch可以是一个字符变量或常量,也可以是整型变量或常量,还可以是一个转义字符。

putchar()函数的作用是向终端输出一个字符。从功能的角度看,printf()函数可以完全代替putchar()函数。

【例4.8】　编写一个程序,在显示器上输出 OK,并要求每行输出一个字符。

【解题思路】

定义两个字符变量,分别对它们赋初值为'O'和'K',然后用 putchar()函数输出。

【编写程序】

```
#include <stdio.h>
void main()
{
    char ch1= 'O',ch2 = 'K';
    putchar(ch1);
    putchar('\n');   /* 输出 ch1 的值并换行 */
    putchar(ch2);
    putchar('\n');
}
```

【运行结果】

```
O
K
```

【程序分析】

putchar()函数的作用是向终端输出一个字符。"putchar('\n');"的作用是换行,将光标移到下一行的开头。

4.4.4　字符输入函数 getchar()

函数的一般形式为 getchar()。

getchar()函数的作用是从输入设备(如键盘)输入一个字符。从功能的角度看,scanf()函数可以完全代替 getchar()函数。

【例4.9】　编写一个程序,从键盘上输入一个字符并输出。

【编写程序】

```
#include <stdio.h>
void main()
{
    char ch;
    printf("please input a character:");
    ch = getchar();    /* 从键盘上输入一个字符,并赋给字符变量 ch */
    putchar(ch);
}
```

【运行结果】

如果输入 a,则输出

```
a
```

【程序分析】

getchar()函数的作用是从终端输入一个字符,现在从键盘上输入字符 a,并用 putchar()函数输出。此外,还可将"ch = getchar();putchar(ch);"改写为"putchar(getchar());",它们实现的功能是一样的。

【例 4.10】 用 getchar()和 putchar()函数改写例 4.6 中的程序。

【解题思路】

使用 getchar()函数从键盘上输入一个小写字母,转换成大写字母后,用 putchar()函数输出。

【编写程序】

```c
#include <stdio.h>
void main()
{
    char c1;
    c1=getchar();
    c1=c1-32;
    putchar(c1);
}
```

【运行结果】

如果输入 a,则输出

```
A
```

【程序分析】

从键盘上输入 a 后,按<Enter>键,getchar()函数获得字符'a',赋值给 c1,c1-32 将输入的小写 a 转换成大写 A,然后用 putchar()函数输出。

4.5 顺序结构程序设计实例

在顺序结构程序设计中,按照语句的先后次序执行,每条语句都会被执行。顺序结构程序一般包括 2 个部分:

① 编译预处理命令。在程序中使用的库函数,必须使用编译预处理命令。

② 顺序结构程序的函数体。它是完成一定功能的语句块,主要由变量定义、数据输入、数据处理和数据输出组成。

下面介绍 3 个顺序程序设计的例子。

【例 4.11】 编写一个程序,输入两个整数 x 和 y,将其值交换。

【解题思路】

两个整数的交换不能相互直接赋值,需借助第三个变量 t。先将 x 赋给 t,t 临时保存 a 的值;再将 y 赋给 x,这时 x 就得到 y 的值;最后将 t 的值赋给 y,这时 y 就得到 x 的值。

【编写程序】

```c
#include <stdio.h>
void main()
```

```
{
    int x,y,t;
    printf("please input x,y:\n");
    scanf("%d,%d",&x,&y);
    t=x;
    x=y;
    y=t;
    printf("x=%d,y=%d\n",x,y);
}
```

【运行结果】

如果输入 3,5,则输出

```
x=5,y=3
```

如果输入 5,3,则输出

```
x=3,y=5
```

【程序分析】

输入两个整数,通过交换,最后输出变量的值。"t=x;x=y;y=t;"三条语句的顺序不能随意交换。

【例 4. 12】　　求方程 $ax^2 + bx + c = 0$ 的实数根。a, b, c 由键盘输入,$a! = 0$,且 $b^2 - 4ac > 0$。

【解题思路】

首先要知道求方程式的根的方法。由数学知识可知,如果 $b^2 - 4ac > 0$,则一元二次方程有两个实根:$x_1 = \dfrac{-b + \sqrt{b^2 - 4ac}}{2a}$,$x_2 = \dfrac{-b - \sqrt{b^2 - 4ac}}{2a}$,所以只要知道 a, b, c 的值,就能顺利求出方程的两个根。

【编写程序】

```
#include <stdio.h>
#include <math.h>
void main()
{
    double a,b,c,disc,x1,x2;
    printf("please input a,b,c\n");
    scanf("%lf,%lf,%lf",&a,&b,&c);  //输入双精度型变量的值要用格式声明"%lf"
    disc=b*b-4*a*c;
    x1=(-b+sqrt(disc))/(2*a);
    x2=(-b-sqrt(disc))/(2*a);
    printf("x1=%10.4f,x2=%10.4f\n",x1,x2);
}
```

【运行结果】

如果输入 2,6,1,则输出

```
please input a,b,c
2,6,1
x1=-0.1771,x2=-2.8229
```

【程序分析】

disc 用来存放判别式"b * b-4 * a * c"的值,程序中对 disc 求二次方根,所以通过 #include <math.h>引入 sqrt()函数。用 scanf()函数输入双精度实数时,应当用格式声明"%lf"。用 printf()函数输出时用"%10.4f"格式声明,保留 4 位小数,对小数点后第五位自动四舍五入,并且左对齐。

【例 4.13】 输入一个 3 位十进制整数,分别输出百位、十位及个位上的数。

【解题思路】

一个 3 位十进制整数,将它除以 100,可获取百位;将它除以 100 取得的余数再除以 10,可获得十位;将它除以 10 的余数就是个位。

【编写程序】

```
#include <stdio.h>
void main()
{
    int num;
    int a,b,c;
    scanf("%d",&num);
    a = num/100;
    b = (num%100)/10;
    c = num%10;
    printf("百位=%d,十位=%d,个位=%d\n",a,b,c);
}
```

【运行结果】

如果输入 345,则输出

```
百位=3,十位=4,个位=5
```

【程序分析】

从键盘上输入一个 3 位整数,通过计算分别将百位、十位、个位赋值给整型变量 a、b、c,然后输出 a、b、c 的值。十位上的数还可以通过"b=(num-a * 100)/10"获得。

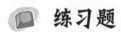 练习题

一、选择题

1.以下程序的输出结果是(   )。

```
void main()
{
    char c1='6',c2='0';
    printf("%c,%c,%d,%d\n",c1,c2,c1-c2,c1+c2);
}
```

A. 因输出格式不合法,输出出错信息　　B. 6,0,6,102

C. 6,0,7,6　　　　　　　　　　　　　D. 6,0,5,7

2. 设 a、b、c 为整型变量,若从键盘给 a、b、c 输入数据,则正确的输入语句是(　　)。

A. scanf("%f%f%f",&a,&b,&c);　　B. scanf("%d%d%d",&a,&b,&c);

C. scanf("%d%d%d",a,b,c);　　　　D. scanf("%d%d%d",&a;&b;&c);

3. 若变量已正确说明为 float 型,要通过语句"scanf("%d%d%d",&a,&b,&c);"给 a 赋予 10、b 赋予 22、c 赋予 33,下列不正确的输入形式是(　　)。

A. 10<Enter>22<Enter>33<Enter>　　B. 10,22,33<Enter>

C. 10<Enter>22 33<Enter>　　　　　D. 10 22<Enter>33<Enter>

4. 在 scanf() 函数的格式控制中,格式说明的类型与输入项的类型应该一一对应。如果类型不匹配,系统将(　　)。

A. 不予接收

B. 并不给出出错信息,但不可能得到正确数据

C. 能接收到正确输入

D. 给出出错信息,不予接收输入

5. 根据题目中已给出的数据输入/输出形式,程序中输入/输出语句的正确内容是(　　)。

```
void main()
{
    int a;
    float x;
    printf("input a,x:");
    输入语句
    输出语句
}
    输入形式 input a,x:3 2.1
    输出形式 a+x=5.10
```

A. scanf("%d,%f",&a,&x);　　printf("\na+x=%4.2f",a+x);

B. scanf("%d%f",&a,&x);　　 printf("\na+x=%4.2f",a+x);

C. scanf("%d%f",&a,&x);　　 printf("\na+x=%6.1f",a+x);

D. scanf("%d%3.1f",&a,&x);　printf("\na+x=%4.2f",a+x);

6. 下列说法正确的是(　　)。

A. 输入项可以是一个实型常量,如 scanf("f%",4.8)

B. 只有格式控制,没有输入项,也能进行正确输入,如 scanf("a=%d,b=%d")

C. 当输入一个实型数据时,格式控制部分应规定小数点后的位数,如 scanf("%5.3f",&f)

D. 当输入数据时,必须指明变量的地址,如 scanf("%f",&f)

7.以下程序的输出结果是( )。

```
# include <stdio.h>
void main()
{
    int a=2,b=5;
    printf("a=%%d,b=%%d\n",a,b);
}
```

A.a=%2 ,b=%5　　　　　　　　B.a=2 ,b=5

C.a=%%d ,b=%%d　　　　　　　D.a=%d ,b=%d

8.下列程序段的输出结果是( )。

```
int a=1234;
float b=123.456;
printf("%d,%8.2f,%-8.2f",a,b,b);
```

A.无输出　　　　　　　　　　B.1234,□□123.46,123.46□□

C.1234,□□□123.46,123.46□□□　　D.1234,□123.46,123.46□

9.以下程序的输出结果是( )。

```
# include <stdio.h>
void main()
{
    int a;
    char c=10;
    float f=100.0;
    double x;
    a=f/=c*=(x=6.5);
    printf("%d,%d,%3.1f,%3.1f\n",a,c,f,x);
}
```

A.1,65,1,6.5　　　　　　　　B.1,65,1.5,6.5

C.1,65,1.0,6.5　　　　　　　D.2,65,1.5,6.5

10.若变量已正确定义,要将 a 和 b 中的数进行交换,下面不正确的语句组是( )。

A.a=a+b ,b=a−b ,a=a−b ;　　B.t=a ,a=b,b=t;

C.a=t ;t=b;b=a;　　　　　　D.t=b;b=a ;a=t

二、填空题

1.在 C 语言中,语句的最后用_____结束。

2.printf()函数的格式控制包括两部分,分别是_____和_____。

3.不同类型的数据有不同的格式字符。例如,_____格式字符用来输出十进制整数,_____格式字符用来输出一个字符,_____格式字符用来输出一个字符串。

4."%−ms"表示如果字符串长_____m,则在 m 列范围内,字符串向_____靠,_____补空格。

5.若想通过以下输入语句使 a＝5.0,b＝4,c＝3,则输入数据形式应该是_____。

```
int b,c;
float a;
scanf("%f,%d,c=%d",&a,&b,&c);
```

6.当输入为 56789 12345a72 时,下列程序的输出结果是_____。

```
#include <stdio.h>
void main()
{
  int i,j;
  float x,y;
  char c;
  scanf("%2d%f%f%c%d",&i,&x,&y,&c,&j);
  printf("i=%d,x=%f,y=%f,c=%c,j=%d\n",i,x,y,c,j);
}
```

7.下列程序的输出结果是_____。

```
#include <stdio.h>
void main()
{
  int i=-200 ,j=2500 ;
  printf("%d %d\n",i,j);
  printf("i=%d,j=%d\n",i,j);
  printf("i=%d\nj=%d\n ",i,j);
}
```

8.下列程序的输出结果是_____。

```
#include <stdio.h>
void main()
{
  float d,f;
  long k;
  int i;
  i=f=k=d=20/3;
  printf("%3d%3ld%5.2f%5.2f\n",i,k,f,d);
}
```

9.下列程序的输出结果是_____。

```
#include <stdio.h>
#define BL "ahpu.edu.cn!"
void main()
```

```
    {
        printf(" % 2s\n",BL);
        printf(" % 15s\n",BL);
        printf(" % 15.4s\n",BL);
        printf(" % —15.4s\n",BL);
    }
```

三、编程题

1. 输入任意 3 个整数,求它们的和及平均值。

2. 输入一个华氏温度,要求输出摄氏温度(结果保留 2 位小数)。公式为 c＝5/9 * (f－32)。

3. 设圆的半径 r＝1.5,求圆的周长和面积。要求用 scanf() 函数输入数据,输出时取小数点后 2 位。

4. 用 getchar() 函数读入 2 个字符,然后分别用 putchar() 函数和 printf() 函数输出这 2 个字符。

第5章 选择结构

本章主要内容：

① 关系运算符及关系表达式。

② 逻辑运算符及逻辑表达式。

③ 短路规则。

④ if 语句的几种格式。

⑤ switch 语句。

⑥ 条件运算符及条件表达式。

⑦ 选择结构程序设计思想。

在现实生活中，很多情况下需要根据某些条件进行选择。例如，今天上午第 3、4 节的体育课，若不下雨，则在户外上课；若下雨，则在室内上课。C 语言中提供选择结构来实现这一功能。选择结构用于对条件进行判断，并根据判断的结果来控制程序的流程。在设计选择结构程序时，一般用关系表达式或逻辑表达式表示条件，用 if 语句或 switch 语句实现选择结构。

5.1 关系运算符与关系表达式

5.1.1 C 关系运算符

在 C 语言中，关系运算符也称为比较运算符。关系运算符为双目运算符，对两个操作数进行比较，判断其结果是否符合给定的条件。若符合，则结果为"真"，否则为"假"。例如，表达式"5<3"的结果为"假"，表达式"5>3"的结果为"真"。

C 语言提供的关系运算符如下：

> ＞（大于）　　＞＝（大于或等于）
> ＜（小于）　　＜＝（小于或等于）
> ＝＝（等于）　！＝（不等于）

说明如下：

① 优先级：前四个运算符的优先级相同，后两个的优先级相同，且小于前四个。关系运算符的优先级低于算术运算符，高于赋值运算符。例如：

> a＝＝b＞＝c 等价于 a ＝＝(b＞＝c)
> a－b＞＝c－d 等价于(a－b)＞＝(c－d)
> c ＝ a＞b 等价于 c ＝(a＞b)

② 结合性：关系运算符的结合方向为自左至右。例如，a＞b＜＝c 等价于(a＞b)＜＝c。

③ 操作数：关系运算符是双目运算符，操作数可以为整型、实型和字符。字符按其 ASCII 码值进行计算。例如，表达式'a'＞99，a 字符的 ASCII 码值为 98，因此表达式的结果为"假"。

④ "＝＝"和赋值"＝"的区别。例如，"a＝3"表示将右边的 3 赋值给变量 a；"a＝＝3"是将关系运算符"＝＝"两边的操作数进行比较，如果 a 的值是 3，条件表达式的值为"真"，否则为"假"。

5.1.2 关系表达式

用关系运算符连接起来的式子称为关系表达式,如 $4<7$、$1+4>2+5$、$'a'<'f'$、$(x=4)>$ $(y=2)$。关系表达式的值是一个逻辑值,即"真"或"假"。由于 C 语言没有逻辑型数据,所以用整数"1"表示"真",用"0"表示"假"。例如,$4<7$ 的值为"真",即为 1;$1+4>2+5$ 的值为"假",即为 0;$x=3>2>1$,x 的值为"假",即为 0。

5.2 逻辑运算符与逻辑表达式

5.2.1 逻辑运算符

如果说关系运算符用来表示简单的条件,那么逻辑运算符就是将几个简单条件组合成复合条件。例如,将 $70\sim85$ 分的成绩(score)设为"良",先用关系表达式"score$>=70$"和"score<85"表示简单条件,再用逻辑运算符将简单条件组合成复合条件"(score$>=70\&\&$score<85)"来表示。

C 语言提供的逻辑运算符如下:

!	逻辑非(相当于"否定")
&&	逻辑与(相当于"同时")
||	逻辑或(相当于"或者")

表 5.1 为逻辑运算的真值表。

表 5.1 逻辑运算的真值表

a	b	! a	a&&b	a||b
真	真	假	真	真
真	假	假	假	真
假	真	真	假	真
假	假	真	假	假

说明如下:

① 逻辑非(!):单目运算符,当操作数为"真"时,结果为"假";当操作数为"假"时,结果为"真"。例如,! 5 的结果为"假";! 0 的结果为"真"。

② 逻辑与(&&):双目运算符,当两个操作数都为"真"时,结果才为"真",否则为"假"。例如,5 && 0,结果为"假";3&&4,结果为"真"。

③ 逻辑或(||):双目运算符,当两个操作数都为"假"时,结果才为"假",否则为"真"。例如,5 || 0,结果为"真";3||4,结果为"真"。

④ 优先级:逻辑非的优先级最高,其次是逻辑与,逻辑或最低。与其他种类运算符的优先关系:逻辑非(高)→算术运算→关系运算→逻辑与→逻辑或→赋值运算(低)。例如,$5>$ $4\&\&4==3$ 等价于 $(5>4)\&\&(4==3)$;$a=3+4\&\&5>1$ 等价于 $a=((3+4)\&\&(5>1))$;! 5||5$>$4 等价于 $(! 5)||(5>4)$。

⑤ 结合性:逻辑与和逻辑或运算符的结合方向为自左至右,逻辑非的结合方向为自右至左。

⑥ 操作数:操作数可以为整型、实型和字符等任何类型的数据。例如,表达式"5<'a'||3.4+1.2"的结果为"真"。

5.2.2 逻辑表达式

用逻辑运算符连接起来的式子称为逻辑表达式。在 C 语言中,用逻辑表达式表示多个条件的组合。例如,逻辑表达式 age>=0&&age<=100 表示成绩的范围。在 C 语言中,判断一个数据的"真"或"假",是以"非 0"和"0"为根据的,但是表示逻辑表达式的结果是以数值"1"代表"真",数值"0"代表"假"。

例如,5||0 结果为"真",即为 1;3>4&&5 结果为"假",即为 0。

编译器在求解逻辑表达式的值时,采用"短路规则"。当逻辑表达式是同一种逻辑运算符时,自左至右求表达式的值;当需要执行下一个逻辑运算时继续运算,否则就结束求解。

说明如下:

① (表达式 1)&&(表达式 2)&&…&&(表达式 n),如图 5.1 所示,只有表达式 1 为真时,才判别表达式 2 的值;只有表达式 1 和表达式 2 都为真时,才判别表达式 3 的值;依此类推,只有从表达式 1 到表达式 n-1 都为真时,才判别表达式 n 的值。如果表达式 1 为假,则表达式 2 以及后面的表达式都不会进行运算,即表达式 2 以及后面的表达式"被短路"。

② (表达式 1)||(表达式 2)||…||(表达式 n),如图 5.2 所示,只有表达式 1 为假时,才判别表达式 2 的值;只有表达式 1 和表达式 2 都为假时,才判别表达式 3 的值;依此类推,只有从表达式 1 到表达式 n-1 都为假时,才判别表达式 n 的值。如果表达式 1 为真,则表达式 2 以及后面的表达式都不会进行运算,即表达式 2 以及后面的表达式"被短路"。

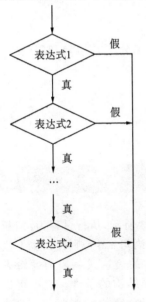

图 5.1 逻辑与的短路图   图 5.2 逻辑或的短路图

【例 5.1】 逻辑运算符的使用。

【编写程序】

```
#include <stdio.h>
void main()
```

```
{
    int x=1,y=1;
    int a1=3,a2=4,a3=5,a4=6;
    (x=a1>a2)&&(y=a3<a4);
    printf("x=％d,y=％d\n",x,y);
    (x=a1<a2)||(y=a3<a4);
    printf("x=％d,y=％d\n",x,y);
}
```

【运行结果】

```
x=0,y=1
x=1,y=1
```

【程序分析】

表达式"(x=a1>a2)&&(y=a3<a4)"中,由于条件运算符的优先级高于赋值运算符,所以先计算 a1>a2 的值为 0,将 0 赋值给 x,由逻辑与的短路规则可得,(y=a3<a4)不会进行运算,所以 y 的值不变,第一行输出为 x=0,y=1。表达式"(x=a1<a2)||(y=a3<a4)"中,先计算 a1<a2 的值为 1,将 1 赋值给 x,由逻辑或的短路规则可得,(y=a3<a4)不会进行运算,所以 y 的值不变,第二行输出为 x=1,y=1。

5.3　if 语句

f 语句又称为条件语句,C 语言中的 if 语句可以分为单分支 if 语句、双分支 if 语句和多分支 if 语句。

5.3.1　if 语句的三种形式

1.单分支 if 语句

单分支 if 语句的一般形式如下:

if(表达式 P_1)　语句 1;

说明如下:

① 其流程图如图 5.3 所示,执行过程为:判断表达式 P_1 的值,如果为真,则执行"语句 1",否则什么也不执行。

② 表达式:if 语句中的表达式一般为逻辑表达式或关系表达式,用来描述选择结构的条件。它也可以是任意的数值类型(包括整型、实型、字符型和指针类型)。例如,if ('c')printf("％d",score);字符'c'的 ASCII 码值为 99,非 0,所以输出 score 的值。表达式必须用小括号括起来。

③ 语句:可以只含一条操作语句,也可以有多条操作语句,当是多条语句时,用大括号括起来,作为一个复合语句。

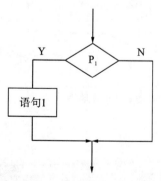

图 5.3　单分支 if 语句流程图

【例 5.2】 输入两个整数,将其按从小到大的顺序输出。

【解题思路】

输入任意两个整数 a、b;用单分支 if 语句实现。如果 a>b,则将两个数进行交换。

【编写程序】

```c
#include <stdio.h>
void main()
{
   int a,b,temp;
   scanf("a=%d,b=%d",&a,&b);
   if(a>b)
   {
      temp=a;
      a=b;
      b=temp;
   }
   printf("a=%d,b=%d",a,b);
}
```

【运行结果】

如果输入 a=4,b=1,则输出

```
a=1,b=4
```

如果输入 a=1,b=4,则输出

```
a=1,b=4
```

【程序分析】

"scanf("a=%d,b=%d",&a,&b);"中的普通字符需要原样输入。如果输入 a=4, b=1,由于条件表达式 a>b 为"真",执行 if 语句,将 a、b 的值进行交换后输出。如果输入 a=1,b=4,由于条件表达式 a>b 为"假";不执行 if 语句,原样输出。

【例 5.3】 输入三个整数,将其按从小到大的顺序输出。

【解题思路】

采用两个数依次比较的方法,对 3 个数按从小到大的顺序排序。

【编写程序】

```c
#include <stdio.h>
void main()
{
   int a,b,c,temp;
   scanf("a=%d,b=%d,c=%d",&a,&b,&c);
   if(a>b)
   {
      temp=a;a=b;b=temp;
```

```
    }
    if(a>c)
    {
      temp = a;a = c;c = temp;
    }
    if(b>c)
    {
      temp = b;b = c;c = temp;
    }
    printf("a=%d,b=%d,c=%d",a,b);
}
```

【运行结果】
如果输入 a＝4,b＝1,c＝3,则输出

a＝1,b＝3,c＝4

如果输入 a＝3,b＝4,c＝1,则输出

a＝1,b＝3,c＝4

如果输入 a＝4,b＝3,c＝1,则输出

a＝1,b＝3,c＝4

【程序分析】
第一次 a 与 b 比较,a 存放两个数中的最小数;第二次 a 与 c 比较,a 存放两个数中的最小数,此时的 a 存放的是 a、b、c 中的最小数;第三次 b 与 c 比较,b 存放两个数的最小数。比较三次后,a、b、c 存放从小到大的数。

2.双分支 if 语句

双分支 if 语句的一般形式如下:

```
if(表达式 P₁)  语句 1;
else 语句 2;
```

说明如下:

① 其流程图如图 5.4 所示,执行过程:判断表达式 P₁ 的值,如果为真,则执行语句 1,否则执行语句 2。

② 语句:分号是语句的结束标志。

③ if 和 else 后面可以只含一个内嵌的操作语句,也可以有多个操作语句,此时用大括号将几个语句括起来成为一个复合语句。

【例 5.4】 输出一个整数的绝对值。

【解题思路】

输入任意一整数 x,如果 $x>=0$,原样输出,否则输出 $-x$,所以使用双分支 if 语句实现。

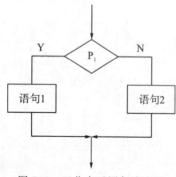

图 5.4 双分支 if 语句流程图

【编写程序】

```
#include <stdio.h>
void main()
{
    int x;
    scanf("%d",&x);
    if(x>=0)
    printf("%d\n",x);
    else
    printf("%d\n",-x);
}
```

【运行结果】

如果输入 3,则输出

```
3
```

如果输入 -3,则输出

```
3
```

【程序分析】

输入的数大于或等于 0 时,原样输出,否则输出其负数。

3.多分支 if 语句

多分支 if 语句的一般形式如下:

```
if(表达式 P₁)        语句 1;
else if(表达式 P₂)   语句 2;
else if(表达式 P₃)   语句 3;
…
else if(表达式 Pₙ)   语句 n;
else                 语句 n+1;
```

说明如下:

① 其流程图如图 5.5 所示,执行过程:首先判断表达式 P_1 的值,当表达式 P_1 的值为"真"时,执行语句 1,否则,判断表达式 P_2 的值;当表达式 P_2 的值为"真"时,执行语句 2,否则执行下一个判断,依此类推,当所有的表达式都为假时,执行语句 n+1。

② if 和 else 后面可以只含一个内嵌的操作语句,也可以有多个操作语句,此时用大括号将几个语句括起来成为一个复合语句。

③ 多分支 if 语句实际上是 else 部分又嵌套了多层的 if 语句。

【例 5.5】 编程实现以下分段函数。

$$y=\begin{cases} -1 & x<0 \text{ 时} \\ 0 & x=0 \text{ 时} \\ 1 & x>0 \text{ 时} \end{cases}$$

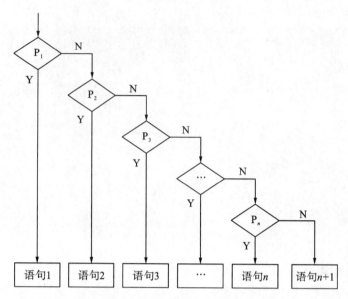

图 5.5　多分支 if 语句流程图

【解题思路】

输入任意一整数 x，使用多分支 if 语句判断 x 的三种情况，对应输出 y 的值。

【编写程序】

```c
#include <stdio.h>
void main()
{
    int x,y;
    scanf("%d",&x);
    if(x>0)
    y=1;
    else
    if(x==0)
    y=0;
    else
    y=-1;
    printf("y=%d\n",y);
}
```

【运行结果】

如果输入 5，则输出

```
y=1
```

如果输入 0，则输出

```
y=0
```

如果输入−5,则输出

y=−1

【程序分析】

输入 5 时,满足第一个 if 的条件表达式,执行第一个分支;输入 0 时,满足第二个 if 的条件表达式,执行第二个分支;输入−5 时,执行第三个分支。

5.3.2 if 语句的嵌套

if 语句的嵌套:在 if 语句中又包含一个或多个 if 语句。

if 语句嵌套的一般形式如下:

If(表达式 P_1)
if(表达式 P_2)语句 1;
else 语句 2;
else
if(表达式 P_3)语句 3;
else 语句 4;

说明如下:

① 其流程图如图 5.6 所示,执行过程:首先判断表达式 P_1,当表达式 P_1 的值为"真"时,判断表达式 P_2,如果表达式 P_2 为"真",执行语句 1,否则执行语句 2;如果表达式 P_1 的值为"假",判断表达式 P_3,如果表达式 P_3 为真,执行语句 3,否则执行语句 4。

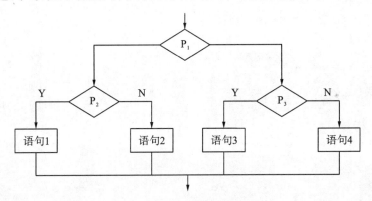

图 5.6 if 语句的嵌套流程图

② 注意:if 和 else 的配对原则,else 总是和离它最近的没有被配对的 if 进行配对。建议内嵌的 if 语句用大括号括起来。

【例 5.6】 用 if 语句的嵌套来实现例 5.5。

【解题思路 1】

在 if 语句中嵌套一个 if-else 语句。

【编写程序 1】

```
#include <stdio.h>
void main()
```

```
{
    int x,y;
    scanf("%d",&x);
    if(x>=0)
    if(x>0)  y=1;
    else  y=0;
    else
    y=-1;
    printf("y=%d\n",y);
}
```

【运行结果 1】

如果输入 5,则输出

```
y=1
```

如果输入 0,则输出

```
y=0
```

如果输入 -5,则输出

```
y=-1
```

【解题思路 2】

在 else 语句中嵌套一个 if-else 语句。

【编写程序 2】

```
#include <stdio.h>
void main()
{
    int x,y;
    scanf("%d",&x);
    if(x>0)y=1;
    else
    if(x==0)  y=0;
    else  y=-1;
    printf("y=%d\n",y);
}
```

【运行结果 2】

如果输入 5,则输出

```
y=1
```

如果输入 0,则输出

```
y=0
```

如果输入−5,则输出

```
y=−1
```

5.3.3 条件运算符

条件运算符是 C 语言中唯一的三目运算符。

在 C 语言中,条件运算符的一般形式如下:

<表达式 1> ? <表达式 2> : <表达式 3>

条件运算符的流程图如图 5.7 所示,首先对表达式 1 进行判断,如果为真,则返回表达式 2 的值;如果为假,则返回表达式 3 的值。

说明如下:

① 优先级:低于算术运算、逻辑运算和关系运算,高于赋值运算。

例如:

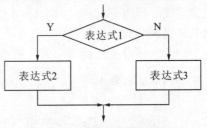

图 5.7 条件运算符的流程图

```
min=(a<b)? a:b        等价于 min=a<b? a:b
(a>b)? (a+3):b        等价于 a>b? a+3:b
```

② 表达式:表达式 1 一般为算术表达式、关系表达式或逻辑表达式,表达式 2 和表达式 3 可以是任意类型的表达式。

③ 结合性:自右至左运算。例如,条件表达式"k<a? k:c<b? c:a"等价于"k<a? k:(c<b? c:a)"。

由于条件表达式是从右向左运算的,所以先计算表达式"c<b? c:a"的值,假设 k=4,a=3,b=2,c=1,把各数值代入此表达式的值为 1。再计算表达式"k<a? k:1"的值,因为"k<a"为假,所以整个表达式的值为 1。

【例 5.7】 用条件运算符实现例 5.4。

【解题思路】

条件运算符相当于双分支 if 语句。

【编写程序】

```c
#include <stdio.h>
void main()
{
    int x;
    scanf("%d",&x);
    x=(x>=0)? x : −x;
    printf("%d\n",x);
}
```

【运行结果】

如果输入 3,则输出

3

如果输入－3,则输出

3

5.4 switch 语句

使用 C 语言编写程序时,经常会碰到按不同情况分转的多路问题,这时可用嵌套 if 语句来实现。但当分支超过四个时,if 语句使用不方便,并且容易出错。C 语言提出了 switch 语句来实现多分支选择语句。

switch 多分支选择语句的一般形式如下:

```
switch(表达式)
{
    case 常量表达式 1:语句 1;break;
    case 常量表达式 2:语句 2;break;
    …
    case 常量表达式 n:语句 n;break;
    default:语句 n+1;
}
```

说明如下:

① 其流程图如图 5.8 所示,执行过程:当表达式的值与某一个 case 后面的常量表达式的值相等时,就执行此 case 后面语句;若所有的 case 中的常量表达式的值都没有与表达式的值匹配的,就执行 default 后面的语句。

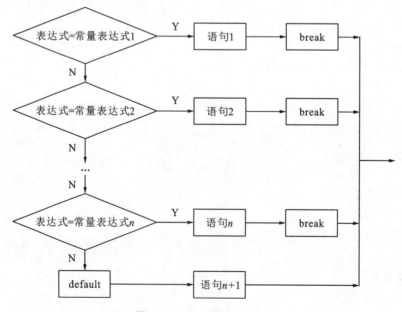

图 5.8　switch 语句流程图

② switch 后面括号内的"表达式",可以是整型表达式、字符型表达式或枚举型数据。

③ 每一个 case 的常量表达式的值应互不相同,否则就会出现互相矛盾的现象。

④ 执行完一个 case 后面的语句后,流程控制转移到下一个 case 继续执行,直到遇到 break 语句或执行完为止。

例如:

```
switch(c)
{
  case 'A':putchar('A');
  case 'B':putchar('B');
  case 'C':putchar('C');
}
```

当 c='A'时,输出结果为"ABC"。由于每个 case 子句中没有 break 语句,执行完一个 case 后自动转到后一个 case 继续执行。

⑤ 多个 case 可以共用一组执行语句。

例如:

```
switch(c)
{
  case 'A':
  case 'B':
  case 'C':putchar('C');
}
```

当 c 的值为'A'、'B'、'C'时都执行同一个"putchar('C');"语句,输出结果为"C"。

⑥ default 的位置任意,可以放在 case 语句的后面,也可以放在 case 语句的前面。default 子句可以省略不用,如果省略,程序将什么都不做。

⑦ 每个 case 或 default 后的语句可以是语句体,但不需要使用花括号括起来。

【例 5.8】 编写一个四则运算程序。用户输入两个操作数及一个运算符,输出其结果。

【解题思路】

输入任意两个数和任意一个"+""-""*""/"运算符。使用 switch 语句实现将输入的运算符和"+""-""*""/"运算符进行比较,相等就执行相应的运算。

【编写程序】

```
#include <stdio.h>
void main()
{
  float x,y,z=0;
  int flag=0;
  char op;
  printf("x op y=");
  scanf("%f%c%f",&x,&op,&y);
  switch(op)
```

```
{
    case '十': z=x+y;break;
    case '一': z=x-y;break;
    case '*': z=x*y;break;
    case '/': z=x/y;break;
    default:
    printf("Input error! \n");
    flag=1;
    }
    if(! flag)printf("The result:%6.2f\n",z);
}
```

【运行结果】

如果输入 4.5+3,则输出

The result:7.50

如果输入 4.5-3,则输出

The result:1.50

如果输入 4.5*3,则输出

The result:13.50

如果输入 4.5/3,则输出

The result:1.50

如果输入 4.5♯3,则输出

input error!

5.5 选择结构程序设计实例

【例 5.9】 编写一个程序,判断某一年是否为闰年。

【解题思路】

闰年的条件:能被 4 整除但不能被 100 整除,如 1996、2008;或者能被 400 整除,如 2000。设标识变量 leap,它代表是否闰年,初值设为 0,表示非闰年,仅当输入的年份 year 为闰年时,将 leap 置为 1。

【编写程序】

```
#include <stdio.h>
void main()
{
    int year,leap;
    printf("请输入年份:");
```

```
scanf("%d",&year);
if(year%4==0&&year%100!=0)
leap=1;
else if(year%400==0)
leap=1;
else leap=0;
if(leap)
printf("%d是闰年\n",year);
else
printf("%d不是闰年\n",year);
}
```

【运行结果】

如果输入 2000,则输出

2000 is a leap year.

如果输入 2051,则输出

2051 is not a leap year.

【程序分析】

变量 year 表示年份,变量 leap 用来表示输入的年份是否是闰年,如果是闰年,leap=1;否则 leap=0。最后检查 leap 的值。

在此例中,还可以用一个逻辑表达式包括所有的闰年条件,如:

```
if((year%4==0 &&(year%100!=0))||(year%400==0))
leap=1;
else
leap=0;
```

【例 5.10】 编写一个程序,一个学生的成绩分成五等,超过 90 分的为"A",80～89 分的为"B",70～79 分的为"C",60～69 分的为"D",60 分以下的为"E"。现在输入一个学生的成绩,输出他的等级。

【解题思路】

学生的成绩等级流程图如图 5.9 所示,有 5 个分支,可以用多分支 if 语句来实现。

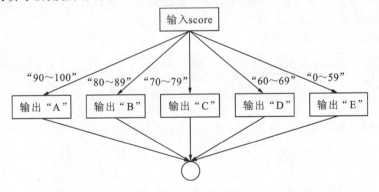

图 5.9　学生的成绩等级流程图

【编写程序】

```
#include <stdio.h>
void main()
{
  int score;
  char grade;
  scanf("%d",&score);
  if(score>=90)
    grade='A';
  else if(score>=80&& score<=89)
    grade='B';
  else if(score>=70&& score<=79)
    grade='C';
  else if(score>=60&& score<=69)
    grade='D';
  else grade='E';
  printf("%c\n",grade);
}
```

【运行结果】

如果输入 88,则输出

```
B
```

如果输入 45,则输出

```
E
```

【程序分析】

从键盘上输入一个 0~100 的整数,赋值给 score,score 满足哪个 if 分支就执行对 grade 的赋值语句,最后输出 grade 的值。

【例 5.11】 编写一个程序,用 switch-case 语句实现例 5.10,判断成绩等级。

【解题思路】

一个学生成绩的范围为 0~100,将 100 个数都列举出来,程序变得非常繁杂,可以利用 score/10 取整的办法,将 switch 语句化简。

【编写程序】

```
#include <stdio.h>
void main()
{
  int   score;
  char grade;
  scanf("%d",&score);
  switch(score/10)
```

```
    {
        case 10：
        case 9：grade＝'A';break；
        case 8：grade＝'B';break；
        case 7：grade＝'C';break；
        case 6：grade＝'D';break；
        default：grade＝'E';
    }
    printf("%c\n",grade);
}
```

【运行结果】

如果输入 100,则输出

A

如果输入 34,则输出

E

【程序分析】

switch 语句执行的顺序是从第一个 case 开始判断,如果正确,就往下执行,直到 break；如果不正确,就执行下一个 case。所以在这里,当输入 100 时,执行"case 10"：然后往下执行"case 9：grade＝'A';break；"退出,输出 A;当输入 34 时,score/10;得 score 为 3,常量表达式的值都不匹配,执行的 default 语句,输出 E。

 练习题

一、选择题

1.下列运算符中优先级最高的是( )。

A. ＞   B. ＋

C. ＆＆   D. ! ＝

2.判断字符型变量 ch 为大写字母的表达式是( )。

A. 'A'＜＝ ch ＜＝'Z'   B. (ch＞＝'A')＆(ch＜＝'Z')

C. (ch＞＝'A')＆＆(ch＜＝'Z')   D. (ch＞＝'A')AND(ch＜＝'Z')

3.以下程序的运行结果是( )。

```
#include <stdio.h>
void main()
{
    int c,x,y;
    x=1;
    y=1;
    c=0;
```

```
    c=x++||y++;
    printf("%d %d %d\n",x,y,c);
}
```

A. 1 1 0　　　　　　　　　　　　B. 2 1 1
C. 0 1 1　　　　　　　　　　　　D. 0 0 1

4. 下列程序的运行结果是(　　　)。

```
#include <stdio.h>
void main()
{
    int a=1,b=2,c=3;
    if(a++==1&&(++b==3&&c++==3))
    printf("%d,%d,%d\n",a,b,c);
}
```

A. 1,2,3　　　　　　　　　　　　B. 2,3,5
C. 2,2,3　　　　　　　　　　　　D. 2,3,4

5. 分析以下程序：

```
#include <stdio.h>
void main()
{
    int x=5,a=0,b=0;
    if(x=a+b)
    printf("* * * *\n");
    else
    printf("# # # #\n");
}
```

以上程序(　　　)。

A. 有语法错,不能通过编译　　　　B. 通过编译,但不能连接
C. 输出 * * * *　　　　　　　　　D. 输出 # # # #

6. 写出下面程序的执行结果(　　　)。

```
#include <stdio.h>
void main()
{
    int x,y=1;
    if(y! =0)  x=5;
    printf("%d ",x);
    if(y==0)  x=3;
    else        x=5;
```

```
    printf("%d\n",x);
  }
```

A. 1   3   B. 1   5
C. 5   3   D. 5   5

7. 假定所有变量均已正确说明,下列程序段运行后 x 的值是(   )。

```
a=b=c=0;x=35;
if(! a)x=-1;
else if(b);
if(c)x=3;
else x=4;
```

A. 34   B. 4
C. 35   D. 3

8. 写出下面程序的执行结果(   )。

```
#include <stdio.h>
void main()
{
  int x=1,y=1,z=0;
  if(z<0)
    if(y>0)        x=3;
    else           x=5;
  printf("%d   ",x);
  if(z=y<0)        x=3;
  else if(y==0)    x=5;
  else             x=7;
  printf("%d   ",x);
  printf("%d\n",z);
}
```

A. 1 7 0   B. 3 7 0
C. 5 5 0   D. 1 5 1

9. 若有以下变量定义:float x;int a,b;则正确的 switch 语句是(   )。

A. switch(x)
   { case 1.0:printf(" * \n");
     case 2.0:printf(" * * \n");}

B. switch(x)
   { case 1,2:printf(" * \n");
     case .3:printf(" * * \n");}

C. switch(a+b)
   { case 1:printf(" * \n");
     case 2 * a:printf(" * * \n");}

D. switch(a+b)

{ case 1:printf(" * \n");

case 1+2:printf(" * * \n");}

二、填空题

1. 能正确表述逻辑关系 $20<x<30$ 或 $x<-100$ 的 C 语言表达式是_____。

2. 下列程序的运行结果是_____。

```
#include <stdio.h>
void main()
{
  int x=10,y=20,t=0;
  if(x==y)
  t=x;
  x=y;
  y=t;
  printf("%d,%d\n",x,y);
}
```

3. 下列程序的运行结果是_____。

```
#include <stdio.h>
void main()
{
  int x=10,y=20,t=0;
  if(x==y)
  {
    t=x;
    x=y;
    y=t;
  }
  printf("%d,%d\n",x,y);
}
```

4. 当 int a=1,b=3,c=5,d=4 时,执行下列一段程序后,x 的值为_____。

```
if(a<b)
  if(c<d)  x=1;
  else if(a<c)
    if(b<d)  x=2;
    else x=3;
    else  x=6;
else  x=7;
```

5. 设有程序片段如下：

```
switch(class)
{ case'A':printf("GREAT! \n");
  case'B':printf("GOOD! \n");
  case'C':printf("OK! \n");
  case'D':printf("NO! \n");
  default:printf("ERROR! \n");}
```

若 class 的值为'C'，则输出结果是_____。

若 class 的值为'c'，则输出结果是_____。

6. 以下程序段的运行结果是_____。

```
int x=1,y=0;
switch(x)
{
case 1 :
    switch(y)
    {
      case 0:printf("x=1 y=0\n");break;
      case 1:printf("y=1\n"); break;
    }
    case 2': printf("x=2\n");
}
```

三、编程题

1. 要求输入 3 个数，输出其中的最大值。

2. 由键盘输入 3 个数，若输入的这 3 个数可以构成三角形，则计算以这 3 个数为边长的三角形周长；如果不能，则输出错误信息。

3. 输入圆的半径 r 和一个整型数 k，当 $k=1$ 时，计算圆的面积；当 $k=2$ 时，计算圆的周长；当 $k=3$ 时，求出圆的面积及圆的周长。编程实现以上功能。

4. 要求按照考试成绩的等级输出百分制成绩，要求输出成绩等级 A、B、C、D、E。A 等为 90 分及以上，B 等为 $80\sim89$ 分，C 等为 $70\sim79$ 分，D 等为 $60\sim69$ 分，E 等为 60 分以下。分别用 switch 语句和 if 语句来实现。

5. 编程计算下列分段函数，x 的值由键盘上输入。

$$y = \begin{cases} 4x-3 & x \leqslant -10 \\ x & -10 < x \leqslant 0 \\ x+3 & 0 < x \leqslant 10 \\ 2x-1 & x > 10 \end{cases}$$

第6章 循环结构

本章主要内容：

① 循环的基本概念。

② while 循环语句的使用。

③ do-while 循环语句的使用。

④ while 和 do-while 循环语句的区别。

⑤ for 循环语句的使用。

⑥ break 和 continue 语句的区别。

⑦ 嵌套循环的使用。

⑧ 循环结构程序设计思想。

顺序结构和选择结构中的每一条语句只能运行一次，但在现实生活中，很多情况下需要重复处理一些事情，如求若干个数的和、计算全班学生的平均分、数学迭代等，C 语言中提供循环结构来实现这一功能。循环结构可以减少代码的冗余，提高程序的可读性，这是程序设计中最能发挥计算机特长的程序结构。

6.1 循环结构概述

例如，求 $1+2+\cdots+100$ 的和，根据前面的知识，单独实现每一步并不难，但是程序会变得比较烦琐。现在换个思路考虑：分析从 $1\sim100$ 的和，每个后面的数比前面的数大 1，所以设一个累加器 sum 和一个变量 i，只要解决以下问题即可：

① m 的初值为 0，i 的初值为 1。

② "sum＝sum＋i" 计算 1 次后，i 增加 1。

③ 当 i＝101 时，停止计算。此时，sum 的值就是 $1\sim100$ 的和。

这种重复计算称为循环。C 语言中提供四种循环，即 goto 语句构成的循环、while 循环、do-while 循环和 for 循环。四种循环处理同一问题时，一般情况下可以互相替换，但一般不提倡用 goto 语句构成的循环。goto 语句无条件改变程序的顺序，经常会给程序的运行带来不可预料的错误，它也不符合结构化程序设计准则。

6.2 goto 语句构成的循环

goto 语句的一般形式如下：

```
goto 语句标号；
```

作用： 无条件转向"语句标号"处的语句开始执行。"语句标号"是一个合法的标识符，它表示程序指令的地址。

【例 6.1】 用 if-goto 构成的循环语句求 $1+2+\cdots+100$ 的和。

【解题思路】

首先设一个累加器 sum，其初值为 0，再设一个循环变量 i，其初值为 1，然后设语句标号为 loop,当 i≤100 时,利用"goto loop;"跳转到 loop,循环执行语句"sum＝sum＋i;i++;"。

【编写程序】

```
# include <stdio.h>
void main()
{
    int i=1,sum=0;
    loop: if(i <= 100)
    {
        sum=sum+i;
        i++;
        goto loop;
    }
    printf("sum= % d\n",sum);
}
```

【运行结果】

```
sum=5050
```

【程序分析】

当 i≤100 时,表达式为真,执行 if 语句,执行"goto loop;"语句,跳转到 loop:if(i <= 100)语句来实现循环。重复执行"sum＝sum＋i;i++;",实现 1~100 的累加。

6.3 while 和 do-while 循环语句

6.3.1 while 循环语句

while 循环语句用来实现"当型"循环结构,其一般形式如下:

while(表达式)循环体语句

执行过程:while 循环语句流程图如图 6.1 所示,当表达式为非 0 时,执行循环体语句,否则跳过循环体语句执行。while 循环语句的特点是先判断再执行。

【例 6.2】 用 while 循环语句求 1＋2＋…＋100 的和。

【解题思路】

设累加器 sum 和循环变量 i,根据 while 循环语句的特点,先判断表达式"i<=100",表达式为真时,执行循环体语句,直到 i>100 时结束循环。

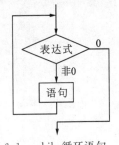

图 6.1 while 循环语句
流程图

【编写程序】

```
# include <stdio.h>
void main()
```

```
{
  int i=1,sum=0;
  while(i <= 100)
  {
    sum=sum+i;                //实现累加
    i++;                      //循环变量增1
  }
  printf("sum= % d\n",sum);
}
```

【运行结果】

```
sum=5050
```

【程序分析】

当 i≤100 时，进入循环体，执行"sum=sum+i;i++;"实现 1～100 的累加。

使用 while 循环时，需要注意以下几点：

① 初始条件，如本例中的 i=1。

② 包含一个以上的语句时，用大括号括起来形成复合语句。

③ 循环中必须有使循环趋于结束的语句，如本例中的"i++;"，否则程序将进入死循环；本例中的 i 具有两个功能，一个是作为循环变量，另一个是作为加数。

【例 6.3】 输入一行字符，分别统计出其中英文字母、数字和其他字符的个数。

【解题思路】

从键盘上输入字符，当它不为换行时，进入循环体。设变量 letter 统计字母数，digit 统计数字数，other 统计其他字符数。判断输入字符是字母、数字还是其他字符，对每个字符进行判断后，对应类别的计数器自加，直到遇到换行时结束。

【编写程序】

```
#include <stdio.h>
void main()
{
  char c;
  int letter=0,digit=0,other=0;
  printf("请输入一行字符\n");
  while((c=getchar())! ='\n')
  {
    if((c>='A'&&c<='Z')||(c>='a'&&c<='z'))
    letter++;
    else if(c>='0'&&c<='9')
    digit++;
    else   other++;
  }
```

```
    printf("字母数=%d,数字数=%d,其他字符数=%d\n",letter,digit,
    other);
}
```

【运行结果】

运行时如果输入"This is a program 123 ＊＊＊"(注意有空格),则输出如下:

```
请输入一行字符
This is a program 123 ＊＊＊
字母数=14,数字数=3,其他字符数=8
```

【程序分析】

本例中的循环条件为"(c=getchar())!=′\n′",由于"="优先级低于"!=",所以这里通过小括号来改变优先级。循环条件的意义是从键盘上输入字符赋值给字符变量c,当c不等于换行的时候,就继续循环。循环体通过if嵌套语句来实现三分支,统计英文字母、数字和其他字符的个数。

6.3.2 do-while 循环语句

do-while 循环语句用来实现直到型循环结构,其一般形式如下:

```
do{
循环体语句
}while(表达式);    //本行的分号不能省略
```

执行过程:do-while 循环语句流程图如图 6.2 所示,先执行一次语句,当循环表达式为非 0 时,再执行循环体语句,直到表达式为 0 时结束循环。do-while 循环语句的特点是先执行再判断,至少执行一次。

【例 6.4】 用 do-while 循环语句求 $1+2+\cdots+100$ 的和。

【解题思路】

设累加器 sum 和循环变量 i,根据 do-while 循环语句的特点,先执行循环体语句,再判断表达式"i<=100",当表达式为真时,继续执行循环体语句,直到 i>100 时结束循环。

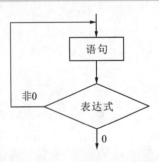

图 6.2 do-while 循环语句流程图

【编写程序】

```
#include <stdio.h>
void main()
{
    int i=1,sum=0;
    do
      {
      sum=sum+i;
      i++;
      }
```

```
      while(i<=100);
      printf("sum=%d\n",sum);
   }
```

【运行结果】

    sum=5050

【程序分析】

先进入循环体,执行"sum=sum+i;i++;",再判断表达式"i<=100",当表达式为真时,执行"sum=sum+i;i++;",实现1~100的累加。

> 💡**知识拓展**
>
> 一般情况下,用while和do-while循环语句解决同一问题时,若两者的循环体部分是一样的,则它们的结果也一样。但当while循环语句后面的表达式一开始就为假时,两种循环的结果不同。这是因为此时while循环语句的循环体不被执行,而do-while循环语句的循环体被执行了一次。

【例6.5】 运行下面两个程序,观察它们的输出结果分别是什么。

【编写程序】

```
//程序一
#include <stdio.h>
void main()
{
  int sum=1,i=20;
  while(i<=10)
  {
    sum=sum*i;
    i++;
  }
  printf("sum=%d\n",sum);
}
```

```
//程序二
#include <stdio.h>
void main()
{
  int sum=1,i=20;
  do
  {
    sum=sum*i;
    i++;
  }while(i<=10);
  printf("sum=%d\n",sum);
}
```

【运行结果】

执行程序一后,运行结果如下:

    sum=1

执行程序二后,运行结果如下:

    sum=20

【程序分析】

① 在程序一中,使用的是while循环语句,先计算表达式的值,当值为非0时,执行循环体语句;如果值为0,则不进入while循环,直接运行while后面的语句,即while循环可能一次也不会循环。此时由于i的初值为20,表达式"i<=10"的值为0,不进入循环体,所以

sum 仍然保留着初值 1,故最后输出 sum 的值为初值 1。

② 在程序二中,使用的是 do-while 循环语句,先执行循环体一次,再判断表达式的值,若为真则继续循环,否则终止循环。由于 i 的初值为 20,先进入循环体"sum＝sum＊i",得到 sum 的值＝20＊1＝20,然后 i 自加后变为 21,再次判断表达式"i＜＝10"为 0,退出循环,故最后输出 sum 的值为 20。

6.4 for 循环语句

C 语言中的 for 循环语句最为灵活,不仅可以用于循环次数已经确定的情况,而且可以用于循环次数不确定而只给出循环结束条件的情况,它完全可以替代 while 循环语句,所以经常被使用。

其一般形式如下:

for(表达式 1;表达式 2;表达式 3)　语句

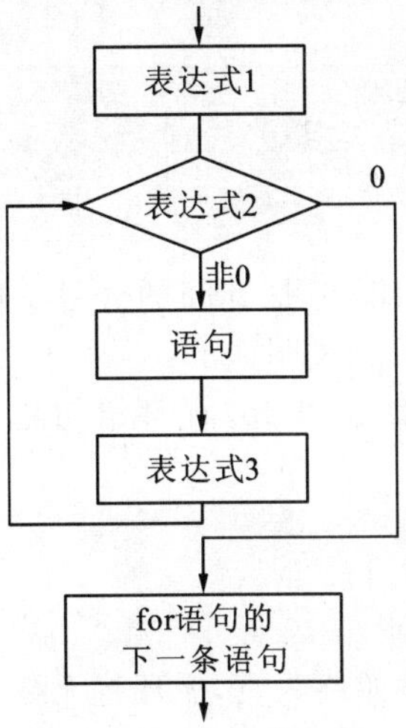

执行过程:for 循环语句流程图如图 6.3 所示。

步骤 1:求解表达式 1 的值。

步骤 2:求解表达式 2 的值,如果其值为真,执行步骤 3,否则执行步骤 4。

步骤 3:先执行语句,并求解表达式 3,然后转向步骤 2。

步骤 4:执行 for 语句的下一条语句。

与 for 循环语句等价的 while 循环语句如下:

表达式 1;
while 表达式 2
｛
　语句　表达式 3
｝

图 6.3　for 循环语句流程图

for 循环语句说明如下:

① 表达式 1 是对变量赋初值,它可以是设置循环变量初值的赋值表达式,也可以是与循环变量无关的其他表达式,还可以是其他表达式(如逗号表达式)。例如,"for(i=1;i＜＝100;i++)sum＝sum＋i;""for(i=1,sum=0;i＜＝100;i++)sum＝sum＋i;"。

② 表达式 2 是循环继续的表达式,表达式一般是关系表达式(如 i＜＝100)或逻辑表达(如 score＜＝100＆＆score＞＝0),但也可以是数值表达式或字符表达式。只要其值为非零,就执行循环体。

③ 表达式 3 是对循环控制变量的操作。

【例 6.6】 用 for 循环语句求 1＋2＋…＋100 的和。

【解题思路】

根据 for 循环语句的特点,表达式 1 对循环变量 i 赋初值,表达式 2 设置循环条件"i＜＝100",表达式 3 对循环变量加 1,即循环变量 i 的初值为 1,终值为 100。每执行一次循环,i 就递增 1,直到 i＞100 时结束循环。

【编写程序】

```
#include <stdio.h>
void main()
{
    int i,sum=0;
    for(i=1;i<=100;i++)
    sum=sum+i;
    printf("sum=%d\n",sum);
}
```

【运行结果】

sum=5050

【程序分析】

通过 for 循环语句设定 i 的范围为 1~100,最后 sum 存放 1~100 的累加和。

💡 **知识拓展**

如果例 6.6 中的循环变量递增改为递减,则 for 循环语句中表达式 1 应对 i 赋初值 100,表达式 2 设循环条件为"i>=1",表达式 3 为 i--,即 for(i=100;i>=1;i--)。

for 循环语句使用非常灵活,三个表达式部分或全部都可以省略,但是其间的分号不能省略。对于 for 循环语句 for(i=1;i<=100;i++){ sum=sum+i;},说明如下:

① 省略表达式 1:表达式 1 是设定循环初始条件,省略表达式 1,应在 for 循环语句之前给循环变量赋初值。for 循环语句可改为

```
int i=1;
for(;i<=100;i++){ sum=sum+i;}
```

② 省略表达式 2:表达式 2 是循环条件,省略表达式 2,循环条件始终为真,循环将无终止地进行。为了能正常退出循环,在循环体内加入 if 语句和 break 语句。for 循环语句可改为

```
for(i=1;;i++){
    sum=sum+i;
    if(i>100)break;
}
```

③ 省略表达式 3:表达式 3 是修改循环条件,省略表达式 3,循环变量的操作应该作为循环体的最后一条语句,保证循环正常结束。for 循环语句可改为

```
for(i=1;i<=100;){
    sum=sum+i;
    i++;
}
```

④ 省略表达式 1 和表达式 3:只有表达式 2,即只给循环条件。在这种情况下,完全等同 while 循环语句。for 循环语句可改为

```
int i=1;
for(;i<=100;){
  sum=sum+i;
  i++;
}
```

相当于:

```
int i=1;
while(i<=100){
  sum=sum+i;
  i++;
}
```

⑤ 省略 3 个表达式:相当于 while(1)语句,即不设初值,也不判断条件(认为表达式 2 为真),循环变量不增值,for 循环语句将无终止地执行循环体,显然这是没有实用价值的。

6.5 循环结构的嵌套

一个循环语句(称为"外循环")的循环体内又包含另一个循环(称为"内循环"),就是循环嵌套。内循环的循环体内还可以包含循环,形成多层循环。循环嵌套的概念对所有的计算机高级语言都一样。while 循环、do-while 循环、for 循环都可以互相嵌套。循环嵌套时,执行流程是先执行最内层的循环,再执行其外一层的循环。

▶ 6.5.1 循环结构的嵌套举例

【例 6.7】 编写一个九九乘法表程序,以左下角的形式输出。

【解题思路】

九九乘法表是由被乘数和乘数组成的。被乘数的变化是从 1～9,乘数的变化是根据被乘数而来的。所以被乘数的变化作为外循环,乘数的变化作为内循环。

【编写程序】

```
#include <stdio.h>
void main()
{
  int i,j,t;
  printf("左下角九九乘法表:\n");
  for(i=1;i<=9;i++)
  {
    for(j=1;j<=i;j++)
    {
      t=i*j;
      printf("%d*%d=%d\t",i,j,t);
    }
```

```
        printf("\n ");
    }
}
```

【运行结果】

左下角九九乘法表：
1 * 1＝1
2 * 1＝2   2 * 2＝4
3 * 1＝3   3 * 2＝6   3 * 3＝9
4 * 1＝4   4 * 2＝8   4 * 3＝12   4 * 4＝16
5 * 1＝5   5 * 2＝10   5 * 3＝15   5 * 4＝20   5 * 5＝25
6 * 1＝6   6 * 2＝12   6 * 3＝18   6 * 4＝24   6 * 5＝30   6 * 6＝36
7 * 1＝7   7 * 2－14   7 * 3＝21   7 * 4＝28   7 * 5＝35   7 * 6＝42   7 * 7＝49
8 * 1＝8   8 * 2＝16   8 * 3＝24   8 * 4＝32   8 * 5＝40   8 * 6＝48   8 * 7＝56   8 * 8＝64
9 * 1＝9   9 * 2＝18   9 * 3＝27   9 * 4＝36   9 * 5＝45   9 * 6＝54   9 * 7＝63   9 * 8＝72   9 * 9＝81

【程序分析】

左下角九九乘法表流程图如图 6.4 所示。

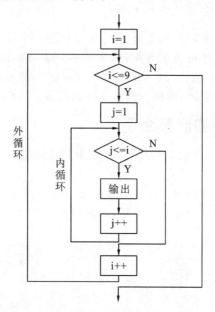

图 6.4　左下角九九乘法表流程图

左下角九九乘法表程序的运行过程如下：

外循环变量 i＝1　　内循环变量 j＝1　　输出 1 * 1＝1　　换行
外循环变量 i＝2　　内循环变量 j＝1　　输出 2 * 1＝2
外循环变量 i＝2　　内循环变量 j＝2　　输出 2 * 2＝4　　换行
外循环变量 i＝3　　内循环变量 j＝1　　输出 3 * 1＝3
外循环变量 i＝3　　内循环变量 j＝2　　输出 3 * 2＝6
外循环变量 i＝3　　内循环变量 j＝3　　输出 3 * 3＝9　　换行

```
...
外循环变量 i=9   内循环变量 j=1   输出 9 * 1=
外循环变量 i=9   内循环变量 j=2   输出 9 * 2=18
外循环变量 i=9   内循环变量 j=3   输出 9 * 3=27
外循环变量 i=9   内循环变量 j=4   输出 9 * 4=36
外循环变量 i=9   内循环变量 j=5   输出 9 * 5=45
外循环变量 i=9   内循环变量 j=6   输出 9 * 6=54
外循环变量 i=9   内循环变量 j=7   输出 9 * 7=63
外循环变量 i=9   内循环变量 j=8   输出 9 * 8=72
外循环变量 i=9   内循环变量 j=9   输出 9 * 9=81   换行
```

说明如下：

① 循环嵌套的使用与单一循环的完全相同,但应特别注意内外层循环条件的变化,不能使用同名的循环变量。例如：

```
for(i=1;i<=9;i++)
{
    for(i=1;i<=9;i++)   //错误
    {…}
}
```

② 使用循环嵌套时,要注意嵌套的层次,只能包含,不能交叉。

6.5.2 单步调试

一个应用程序通常是连续运行的,但是在程序调试的过程中,为了排除程序中隐藏的错误,需要在程序运行过程的某一阶段观测应用程序的状态,所以必须使程序在某一地点停下来。在 Visual C++ 6.0 中,可以通过设置"断点"来达到这样的目的。设置好断点后,当程序调试时,运行到所设立的断点处就会暂停运行,此时可以利用各种工具观察程序的状态,也可以设置各种条件使程序按要求继续运行,这样就可以进一步观测程序的流向。

下面以例 6.7 中的程序为例,学习如何进行单步调试。

（1）设置断点

如果只是希望调试某一部分代码,可以设置断点来调试。只要把光标移到要设置断点的位置（要求这一行必须包含一条有效语句）,然后单击 Build（编译）工具栏或 Build Mini（微型编译）工具栏上的 Insert/Remove Breakpoint（设置/移除断点）按钮 ,或者按 <F9> 键,或者单击鼠标右键,在弹出的菜单中选择 Insert/Remove Breakpoint 命令,则将在该语句上设立一个位置断点,此时在该行的左边会出现一个红色圆点。此例中,在 for (i=1;i<=9;i++) 和双循环结束位置设置断点,效果如图 6.5 所示。一个程序中可以设置一个或多个断点。

（2）启动调试

设置好断点后,按 <F5> 键,或者选择 Build 菜单中的 Start Debug 命令,或者单击 Build 工具栏上的 Go 按钮,就可以启动调试程序。此时 Visual C++ 菜单上多了一个 Debug 菜单,里面的内容与 Debug 工具栏上的一一对应。启动调试程序后,程序会一直运行到需要用户输入或者第一个断点的代码处（此时该代码并未执行）,效果如图 6.6 所示。

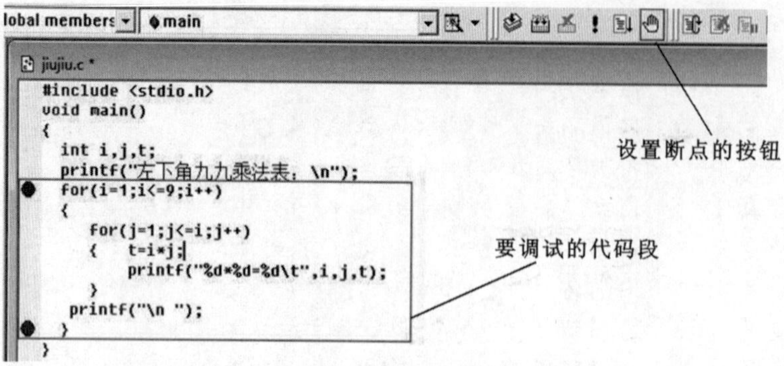

图 6.5　设置断点

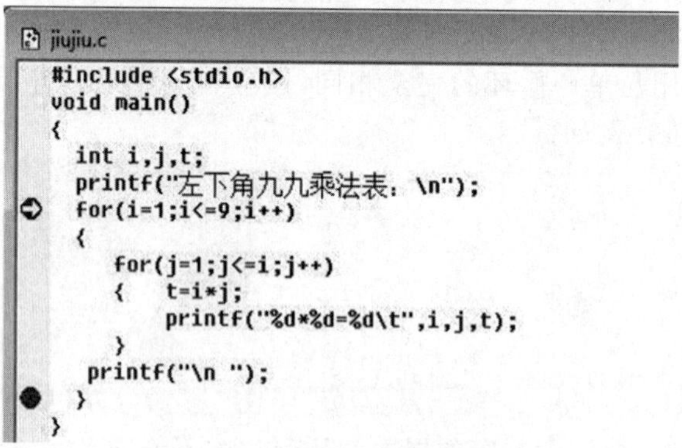

图 6.6　程序暂停在设置的断点处

此时,for(i=1;i＜=9;i++)语句前有一个黄色的小箭头,表示程序运行到该处已暂停下来,等待下一步调试命令。此时,该处的语句尚未被执行。

(3)查看变量值

查看变量值有以下 2 种方式:

① 将鼠标移动到程序的变量名处,系统会自动显示该变量当前的值。

② 复杂变量可以通过 QuickWatch 或 Watch 查看(可通过 Debug 工具栏上的两个按钮启动),可以在两者的 Name 中输入要查看的变量(如上面在 Watch 中输入 i,j,t),或者是变量的复杂运算,按 Enter 键后就可查看对应的值,效果如图 6.7 所示。

名称	值
i	−858993460
j	−858993460
t	−858993460

◀ ▶ **Watch1** ╲ Watch2 ╲ Watch3 ╲ Watch4 ╱

图 6.7　查看变量值

(4)控制程序执行

Debug 工具栏上有四个控制程序执行的按钮:▣(单步进入执行,Step Into,F11)、▣(单步执行,Step Over,F10)、▣(单步离开,Step Out,Shift＋F11)和▣(运行到光标处,Run to Curser,Ctrl＋F10)。使用它们可以方便地调试程序。单击▣按钮,效果如图 6.8 所示。

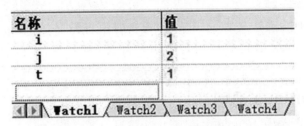

图 6.8 Watch 中各变量的值

(5)结束调试

如果调试的程序已运行结束,则调试结束。如果要提前结束调试,可以按<Shift+F5>键,或者选择 Debug 菜单中的 Stop Debugging 命令,或者单击 Debug 工具栏上的图按钮。当结束调试后,所有调试窗口会自动关闭,Debug 菜单也会自动还原为 Build 菜单。

6.6 break 和 continue 语句

为了灵活地控制循环语句,C 语言提供了 break 和 continue 语句。

6.6.1 break 语句

break 语句的一般形式如下:

```
break;
```

break 语句的作用:在 switch 语句中,跳出所在的分支,转向执行 switch 语句后的下一条语句;在循环语句中,提前结束本层循环,转向执行循环语句的下一条语句。

【例 6.8】 计算 sum=1+2+⋯+100,当 sum>1000 时结束。

【解题思路】

sum 的求和可以用 for 循环语句实现,当 sum>1000 时,用 break 语句结束循环。

【编写程序】

```
#include <stdio.h>
void main()
{
    int i,sum=0;
    for(i=1;i<=100;i++)
    {
        sum=sum+i;
        if(sum>1000)  break;
    }
    printf("sum=%d\n",sum);
}
```

【运行结果】

```
sum=1035
```

【程序分析】

在 for 循环语句中,表达式 2(i<=100)为真时执行循环,当 sum>1000 时,break 语句提前结束循环。break 语句的作用是跳出循环体,接着执行"printf("sum=%d\n", sum);"。

6.6.2　continue 语句

continue 语句的一般形式如下:

```
continue;
```

continue 语句的作用:在循环语句中,提前结束本次循环体的执行。对于 while 循环和 do-while 循环,跳出循环体,接着进行下一次循环条件的判别;对于 for 循环,跳出循环体其余语句,转向循环变量变化的表达式的计算(若表达式 3 未省略,则是表达式 3 的计算)。

【例 6.9】　编写一个程序,输出 1~100 中能被 5 整除的数,每行输出 10 个数。

【解题思路】

用一个 for 循环语句实现 1~100 的整数;如果能被 5 整除的数就输出,否则检测下一个整数。

【编写程序】

```
#include <stdio.h>
void main()
{
  int i,count=0;
  for(i=1;i<=100;i++)
  {
    if(i%5!=0)  continue;
    printf("%5d",i);
    count++;
    if(count%10==0)  printf("\n");
  }
}
```

【运行结果】

```
5   10  15  20  25  30  35  40  45  50
55  60  65  70  75  80  85  90  95  100
```

【程序分析】

当 i 不能被 5 整除时,执行 continue 语句,跳出本次循环,不执行循环体后面的语句,转向执行表达式 3,即 i++。当 i 能被 5 整除时,执行 printf 语句,输出 i 的值。设 count 为计数器,统计能被 5 整除数的个数,用"count%10==0"来判断 count 是否是 10 的倍数。如果是,就换行,继续输出后面的数据。用这种方法实现一行输出 10 个数。

6.6.3 break 与 continue 语句的区别

```
while(表达式1)                    while(表达式1)
{                                {
   语句1;                           语句1;
   if(表达式2)break;               if(表达式2)continue;
   语句2;                           语句2;
}                                }
```

break 和 continue 语句的区别如图 6.9 所示,break 语句跳出 while 循环,continue 语句结束本次循环体的执行,进入下一次循环。

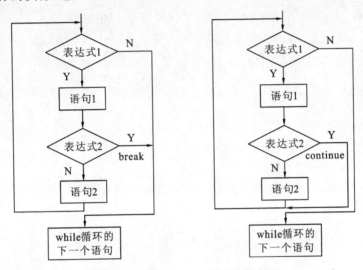

图 6.9 break 与 continue 语句的区别

6.7 循环结构程序设计实例

【例 6.10】 求 Fibonacci 数列的前 40 个数。该数列的生成方法:$F_1 = 1$,$F_2 = 1$,$F_n = F_{n-1} + F_{n-2}$($n \geqslant 3$),即从第 3 个数开始,每个数等于前 2 个数之和。

【解题思路】

数列	1	1	2	3	5	8	...

已知　F_1　　F_2

　　　F_1　　F_2　　F_1　　　　　　　　　　$F_1 = F_2 + F_1$

　　　F_2　　F_1　　F_2　　　　　　　　　　$F_2 = F_1 + F_2$

　　　F_1　　F_2　　F_1　　　　　　　　　　$F_1 = F_2 + F_1$

　　　F_2　　F_1　　F_2　　$F_2 = F_1 + F_2$

归纳:将 40 个数分成 2 个数一组,每组中数的计算方法如下:

$$\begin{cases} F_1 = F_2 + F_1 \\ F_2 = F_1 + F_2 \end{cases}$$

【编写程序】

```
#include <stdio.h>
void main()
{
    long int F1,F2;
    int i;
    F1 = 1;F2 = 1;
    for(i=1;i<=20;i++)        //每次循环能计算出2个数
    {
        printf(" %12ld %12ld ",F1,F2);
        if(i%2 == 0)printf("\n");
        F1=F2+F1;
        F2=F1+F2;
    }
}
```

【运行结果】

1	1	2	3
5	8	13	21
34	55	89	144
233	377	610	987
1597	2584	4181	6765
10946	17711	28657	46368
75025	121393	196418	317811
514229	832040	1346269	2178309
3524578	5702887	9227465	14930352
24157817	39088169	63245986	102334155

【程序分析】

变量 F1,F2 代表的是数列的数,考虑数的范围,定义它们为长整型。for 循环语句中的循环变量 i 代表组数,由于 2 个数为一组,40 个数就分为 20 组,即循环变量 i 的终值为 20。"if(i%2 == 0)printf("\n");"表示当输出 i 为 2 的倍数(2 组 4 个数)时换行。

【例 6.11】 编写一个程序,输出 3~100 以内的素数。素数 prime 是大于 1 的整数,除能被自身和 1 整除外,不能被其他正整数整除。

【解题思路】

判断数 n 是否是素数,根据素数定义,将 n 整除 $2 \sim (n-1)$ 之间的每一个数,如果都不能整除,则表示 n 是素数。判断一个数是否能被另一个数整除,可通过它们整除的余数是否为 0 进行判断。要实现输出 $3 \sim 100$ 以内的素数,是在判断数 n 是否是素数的程序外套上一个 for 循环。

【编写程序】

```
#include <stdio.h>
void main()
{
    int m,i,n=1;
    printf("%5d",2);            //2是第一个素数
    for(m=3;m<=100;m=m+2)
    {
        for(i=2;i<=m-1;i++)
            if(m%i == 0)
                break;
        if(i>= m)               //m是素数
        {
            printf("%5d",m);    //输出m
            n = n+1;            //素数个数增一
        }
        if(n%10 == 0)           //每输出10个元素时换行
            putchar('\n');
    }
    putchar('\n');
}
```

【运行结果】

2	3	5	7	11	13	17	19	23	29
31	37	41	43	47	53	59	61	67	71
73	79	83	89	97					

【程序分析】

外循环提供 $3 \sim 100$ 之间的数,由于偶数不是素数,所以外循环变量 m 一次递增 2,即 m=m+2;内循环提供除数,根据素数定义,它的范围为 $2 \sim (m-1)$。当表达式"m%i == 0"为真时,即表示 m 可以被 i 整除,m 就不是素数,用 break 提前结束内循环。变量 n 用于累计素数的个数,"if(n%10 == 0)printf("\n");"表示一行输出 10 个素数时换行。

其实,n 不必被 $2 \sim (n-1)$ 范围内的各整数去除,只需将 n 被 $2 \sim \sqrt{n}$ 之间的整数除即可。例如判断 11 是否为素数,只需将 11 除 2、3 即可,如都除不尽,11 就为素数。这样可以减少循环次数,提高运行速度。

【例 6.12】 输出以下图案:

```
        *
       * * *
      * * * * *
     * * * * * * *
    * * * * * * * * *
```

【解题思路】

图案一共 5 行,所以设外循环变量 i,用外循环 for(i=1;i<=5;i++)来实现。第一行输出 4 个空格,1 个星号;第二行输出 3 个空格,3 个星号;第三行输出 2 个空格,5 个星号;第四行输出 1 个空格,7 个星号;第五行输出 0 个空格,9 个星号。所以设内循环变量 j 控制空格,内循环变量 k 控制星号。分析得出内循环变量和外循环变量的关系:j=5-i,k=2*i-1。

【编写程序】

```c
#include <stdio.h>
void main()
{
    int i,j,k;
    for(i=1;i<=5;i++)
    {
        for(j=1;j<=5-i;j++)
        printf(" ");
        for(k=1;k<=2*i-1;k++)
        printf(" * ");
        printf("\n");
    }
}
```

【运行结果】

```
        *
       * * *
      * * * * *
     * * * * * * *
    * * * * * * * * *
```

【程序分析】

用双循环来实现图案的输出,外循环控制行数(5 行),内循环是两个并行的循环,分别输出空格和星号。

练习题

一、选择题

1. 以下叙述正确的是( )。

    A. do-while 循环语句构成的循环不能用其他语句构成的循环来代替

    B. do-while 循环语句构成的循环只能用 break 语句退出

    C. 用 do-while 循环语句构成的循环,在 while 后的表达式为非零时结束循环

    D. 用 do-while 循环语句构成的循环,在 while 后的表达式为零时结束循环

2. 下面有关 for 循环的正确描述是( )。

    A. for 循环只能用于循环次数已经确定的情况

    B. for 循环是先执行循环体语句,后判定表达式

    C. 在 for 循环中,不能用 break 语句跳出循环体

    D. for 循环体语句中,可以包含多条语句,但要用大括号括起来

3. 程序段如下:

```
int  k=-20;
while(k=0)  k=k+1;
```

则以下说法中正确的是( )。

    A. While 循环执行 20 次   B. 循环是无限循环

    C. 循环体语句一次也不执行   D. 循环体语句执行一次

4. 以下程序的输出结果是( )。

```
#include <stdio.h>
void main()
{
   int x=3;
   do
   {
      printf("%3d",x-=2);
   } while(--x);
}
```

    A. 1   B. 30 3

    C. 1 -2   D. 死循环

5. 在执行以下程序时,如果从键盘上输入:ABCdef〈回车〉,则输出为( )。

```
#include <stdio.h>
void main()
{
   char ch;
   while((ch=getchar())! =\n')
```

```
{
    if(ch>='A'&& ch<='Z')
        ch=ch+32;
    putchar(ch);
}
putchar('\n');
}
```

A. ABCdef   B. abcdef
C. abc   D. DEF

6. 以下循环体的执行次数是(   )。

```
#include <stdio.h>
void main()
{
    int i,j;
    for(i=0,j=1;i<=j+1;i+=2,j--)
        printf("%d\n",i);
}
```

A. 3   B. 2
C. 1   D. 0

7. 与以下程序段等价的是(   )。

```
while(a)
{
    if(b)  continue;
    c;
}
```

A. while(a)   B. while(c)
   { if(! b)c;}   { if(! b)break;c;}
C. while(c)   D. while(a)
   { if(b)c;}   { if(b)break;c;}

8. 执行下面的程序后,a 的值为(   )。

```
#include <stdio.h>
void main()
{
    int a,b;
    for(a=1,b=1;a<=100;a++)
    {
        if(b>=20)break;
        if(b%3==1)
```

```
        {
            b+=3;
            continue;
        }
        b-=5;
    }
    printf("a=%d\n",a);
}
```

A. 7   B. 8
C. 9   D. 10

9. 有如下程序：

```
#include <stdio.h>
void main()
{
    int a[3][3]={{1,2},{3,4},{5,6}},i,j,s=0;
    for(i=1;i<3;i++)
    for(j=0;j<i;j++)
    s+=a[i][j];
    printf("%d\n",s);
}
```

该程序的输出结果是( )。
A. 18   B. 19
C. 14   D. 22

二、填空题

1. 将 for(表达式 1;表达式 2;表达式 3)语句改写为等价的 While 循环语句为_____。

2. break 语句只能用于_____语句和_____语句中。

3. continue 语句只能用于_____语句中。

4. 循环的嵌套是指_____。

5. 下列程序的输出结果是_____。

```
#include <stdio.h>
void main()
{
    int n=0;
    while(n++<=1);
    printf("%d,",n);
    printf("%d\n",n);
}
```

6.若输入字符串:abcde<Enter>,则下列程序的运行结果是_____。

```c
# include <stdio.h>
void main()
{
    char ch;
    while((ch=getchar())! ='\n')
    printf(" * ");
}
```

7.下列程序的运行结果是_____。

```c
# include <stdio.h>
void main()
{
    int i,j,s=0;
    for(i=1;i<=4;i++)
        for(j=1;j<=5-i;j++)
        s=s+i*j;
    printf("s= % d\n",s);
}
```

8.下列程序的运行结果是_____。

```c
# include <stdio.h>
void main()
{
    int a=1,b;
    for(b=1;b<10;b++)
    {
        if(a>=8)    break;
        if(a%2==1)
        {
            a+=5;
            continue;
        }
        a-=3;
    }
    printf(" % d\n",b);
}
```

三、编程题

1.编写程序,求两个整数的最大公约数。

2.编写程序,求 $1-3+5-7+\cdots-99+101$ 的值。

3. 有一个分数序列:2/1,3/2,5/3,8/5,13/8,21/13,…。编写程序求此数列的前 20 项之和。

4. 编写程序,利用公式 $e=1+1/1!+1/2!+1/3!+\cdots+1/n!$ 求出 e 的近似值。其中, n 的值由用户输入(用于控制精确度)。

5. 一个数如果恰好等于它的因子之和(除自身外),则称该数为完全数。例如,$6=1+2+3,6$ 就是完全数。编写程序,求出 1000 以内的整数中的所有完全数。其中,1000 由用户输入。

6. 编写程序,将 2000~3000 年中所有的闰年年份输出并统计出闰年的总年数,要求每 10 个闰年放在一行输出。

7. 编写程序,将所有"水仙花数"打印出来,并打印出其总个数。"水仙花数"是一个其各位数的 3 次方和等于该整数的 3 位数。

8. 编写程序,计算 $1!+2!+3!+\cdots+n!$ 的值。其中,n 的值通过键盘输入。

9. 求 $sn=a+aa+aaa+aaaa+\cdots+aa\cdots a$ 的值。其中,a 是一个数字。例如,$2+22+222+\cdots+2222+22222$(此时 $n=5$),n 和 a 的值由键盘输入。

10. 编写程序,用迭代法求 $x=a$ 的近似根,求二次方根的迭代公式为 $xn+1=(xn+a/xn)/2$。要求前后 2 次求出的 x 的差的绝对值小于 0.00001。

11. 一个球从 100m 自由落下,每次落地后反跳回原高度的一半再落下,求它在第 10 次落地时共经过多少米,第 10 次反弹多高?

第7章 数　　组

本章主要内容：

① 数组的概念及作用。

② 一维数组的定义、初始化、引用及使用。

③ 二维数组的定义、初始化、引用及使用。

④ 字符数组的定义、初始化、引用及使用。

⑤ 字符串的处理方法及常用函数。

7.1　一维数组

本节首先介绍数组的作用，其次对一维数组的定义、初始化及引用的规则进行介绍，最后通过实例介绍一维数组的应用方法。

7.1.1　数组的引入

在 C 语言中，数据类型分为基本类型（整数、字符型和实型等）及构造类型。其中，构造类型包括数组类型、结构体类型和共用体类型，它们是由基本类型按照一定的规则组合而成的，也被称为导出类型。

数组在实际编程中应用广泛。例如，需要表示一系列成员的名称、参数，或者要表示一个班级学生的课程成绩等，如果使用独立的变量来表示，针对一个班级 40 个人，就需要定义 40 个变量来存储他们的成绩，这对于存储和处理来说，显然是非常烦琐的，很容易出错。因此，C 语言提供了数组来解决这个问题。它是一个有序数据的集合，可以将具有顺序关系的同一种类型的数据，用统一的名称和序号（下标）来唯一地标识，这样就可以有效地进行大批量处理，提高了效率。

数组可以分为一维数组、二维数组、多维数组及字符数组等。

7.1.2　一维数组的定义

一维数组的定义方式如下：

```
类型说明符　数组名[常量表达式];
```

例如：

```
int a[10];
```

数据类型为 int 型，数组名为 a，所使用的常量 10 表示该数组有 10 个元素，而且这 10 个元素具有相同的数据类型 int。

对于一维数组的定义，要注意以下几点：

① 数组名的命名规则和变量名相同，遵循标识符命名规则。

② 在定义数组时，需要指定数组中元素的个数，中括号（方括号）中的常量表达式用来表示元素的个数，即数组长度。特别需要注意的是，数组的下标从 0 开始，直到"常量表达式

—1"。例如,数组 a[10]的元素分别为 a[0]、a[1]、a[2]、a[3]、a[4]、a[5]、a[6]、a[7]、a[8]、a[9],即不存在 a[10]这个元素。

③ 常量表达式中可以包括常量和符号常量,不能包含变量。也就是说,数组在定义的时候,就必须确定其元素个数,不允许在程序运行时动态定义数组的大小。

7.1.3 一维数组的初始化

数组定义之后,运行时系统会为其分配存储单元,与变量类似,此时存储单元内的数值大小是随机的。在使用数组之前,必须先对其初始化或赋值,而且要注意数组无法进行整体赋值,必须对元素进行赋值。对数组进行初始化有以下方法。

(1)定义数组的同时对数组初始化

这种方法是将数组中各元素的初值顺序放在一对大括号内,数据间用逗号分隔。大括号内的数据就称为初始化列表。例如:

```
int a[10] = {9,8,7,6,5,4,3,2,1,0};
```

该数组中各元素的值见表 7.1。

表 7.1 a[10]的值

元素	a[0]	a[1]	a[2]	a[3]	a[4]	a[5]	a[6]	a[7]	a[8]	a[9]
值	9	8	7	6	5	4	3	2	1	0

(2)对数组元素部分赋值

与第一种方法类似,只是在大括号内给出的初值个数少于数组元素数。例如:

```
int a[10] = {9,8,7,6,5};
```

这里大括号内仅有 5 个数,初始化后的结果见表 7.2。

表 7.2 a[10]部分赋值

元素	a[0]	a[1]	a[2]	a[3]	a[4]	a[5]	a[6]	a[7]	a[8]	a[9]
值	9	8	7	6	5	0	0	0	0	0

(3)将全部元素初始化为 0

要将数组的全部元素都初始化为 0,有以下两种方法:

```
int a[10] = {0,0,0,0,0,0,0,0,0,0};
```

或者

```
int a[10] = {0};
```

第二种方法是指定 a[0]的初值为 0,而剩余的元素自动初始化为 0。

(4)利用初始化列表的数据个数确定数组长度

数组可以在定义时指定数组长度,也可以在初始化时,根据给出的初始化列表的数据个数来确定长度。例如:

```
int a[5] = {9,8,7,6,5};
```

或者

```
int a[] = {9,8,7,6,5};
```

在第二种方法中,虽然没有在中括号内指定数组长度,但在大括号内给出了5个数据,那么就默认数组的长度为5。

需要注意的是,如果数组长度与提供初值的个数不相同,则中括号中的数组长度不能省略。

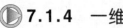 **7.1.4 一维数组的引用**

数组经定义之后,便可以被引用,而且数组无法被整体引用,只能对数组元素进行引用。数组元素与一个简单变量的地位和作用相似。数组元素引用的形式如下:

数组名[下标]

下标可以是整型常量或整型表达式,例如:

b = a[0] * a[1]+a[c+d];

从形式上看,数组定义和数组引用的时候,形式类似,都由数组名及一对中括号组成,但两者的含义是完全不同的。数组定义时,中括号内的是说明数组的元素个数,而引用数组元素时,中括号内的是所引用元素的下标。

【例7.1】 将一个赋值为0~9的10个元素的数组进行逆序输出。

【编写程序】

```
#include <stdio.h>
int main(void)
{
    int i,a[10];
    for(i=0;i<=9;i++)          //对数组元素 a[0]~a[9]赋值
    a[i] = i;
    for(i=9;i>=0;i--)          //逆序输出 a[0]~a[9]
    printf("%d ",a[i]);
    printf("\n");
    return 0;
}
```

【运行结果】

9 8 7 6 5 4 3 2 1 0

第一个 for 循环为数组赋初值,第二个 for 循环将该数组的元素逆序逐个输出。

7.1.5 一维数组几个关键符号的区别

在一维数组的使用中,对于初学者,有几个关键符号容易混淆,本小节对它们进行对比介绍。为了便于介绍,以 int a[10] = {0}为例,对 a、a[0]、&a[0]及 &a 这四个符号进行比较。

① a:有两层含义,其一表示数组名;其二等价于 &a[0],表示数组第一个元素的起始地址(第一个字节地址),是一个常量值。因此,它不能作为赋值语句的左值。

② a[0]:表示数组的第一个元素,可以对其进行读写,也就是说,它可以作为赋值语句的左值或右值。

③ &a[0]：取元素 a[0] 的地址，也就是取数组的起始地址。因此，它等价于 a，是一个地址常量，只能作为右值。

④ &a：表示数组的首地址，也是一个地址常量，只能作为右值。&a 与 a 的值相等，但是含义完全不同：a 表示数组第一个元素的首字节地址，a+1 表示下一个元素的首字节地址；&a 表示数组首地址，但 &a+1 表示整个数组空间之后的字节地址。

7.1.6　一维数组的应用

【例 7.2】　将数组 a 中所有的偶数删除。

【编写程序】

```c
#include <stdio.h>
void main()
{
    int   a[10]={49,36,87,29,16,53,64,72,28,55};
    int   n=10;
    int   i,j;
    printf("删除之前,数组为:");
    for(i=0;i<n;i++)
      printf("%5d",a[i]);
    putchar('\n');
    for(i=j=0;i<10;i++)
    {
      if(a[i]%2==1)             //如果是奇数
      {
        a[j]=a[i];
        j++;
      }else                     //如果是偶数,则删除该数,且n--
        n--;
    }
    printf("删除之后,数组为:");
    for(i=0;i<n;i++)
      printf("%5d",a[i]);
    putchar('\n');
}
```

【运行结果】

```
删除之前,数组为:49   36   87   29   16   53   64   72   28   55
删除之后,数组为:49   87   29   53   55
```

【例 7.3】　使用数组处理 Fibonacci 数列。

【解题思路】

Fibonacci 数列指的是这样一个数列：1、1、2、3、5、8、13、21、34、…

在数学上，Fibonacci 数列的定义如下：

$F(0)=0$，

$F(1)=1$，

$F(n)=F(n-1)+F(n-2)(n \geqslant 2, n \in \mathbf{N})$

根据上面 Fibonacci 数列的定义，可以获得以下的程序代码。

【编写程序】

```c
#include <stdio.h>
int main()
{
    int i;
    int f[20]={1,1};            //对最前面的两个元素 f[0]和 f[1]赋初值 1
    for(i=2;i<20;i++)
    f[i]=f[i-2]+f[i-1];         //先后求出 f[2]~f[19]的值
    for(i=0;i<20;i++)
    {
        if(i%5==0)printf("\n"); //控制每输出 5 个数后换行
        printf("%12d",f[i]);    //输出一个数
    }
    printf("\n");
    return 0;
}
```

【运行结果】

1	1	2	3	5
8	13	21	34	55
89	144	233	377	610
987	1597	2584	4181	6765

7.2　二维数组

本节在一维数组的基础上，介绍二维数组的定义、初始化及引用等规则，最后通过多个例子进一步介绍二维数组的应用。

7.2.1　二维数组的定义

使用一维数组可以表示若干个类型一样的数据序列，但如果涉及具有二维概念的数据序列，如要存储一个班 40 名学生 5 门课程的成绩，如果使用一维数组，就需要定义 5 个一维数组，分别保存每门课程的成绩，这样数据之间的关联性就变差了。因此，可以使用二维数组来保存这些学生的所有课程成绩。

二维数组的定义形式如下：

类型说明符　数组名[常量表达式][常量表达式]；

例如：

```
int a[4][5];
```

这里定义了一个二维数组 a，它是一个 4×5(4 行 5 列)的数组。二维数组常称为矩阵。把二维数组写成行(row)和列(column)的排列形式,有助于形象化地理解二维数组的逻辑结构。

对于二维数组的定义,以下几个问题需要注意：

① 不能将二维数组定义中的两个常量表达式写到一对中括号中,即这样的写法是错误的,如"int a[4,5];"。

② 可以将二维数组看作一个特殊的一维数组,在这个一维数组中,它的元素又是一个一维数组。也就是说,数组 a 有 4 个元素 a[0]、a[1]、a[2]、a[3],而每个元素又包含 5 个元素,如图 7.1 所示。此外,还可以将 a[0]、a[1]、a[2]、a[3]看作一维数组的名称,这可以为数组初始化及使用指针操作数组带来方便。

```
a[0]——a[0][0]  a[0][1]  a[0][2]  a[0][3]  a[0][4]
a[1]——a[1][0]  a[1][1]  a[1][2]  a[1][3]  a[1][4]
a[2]——a[2][0]  a[2][1]  a[2][2]  a[2][3]  a[2][4]
a[3]——a[3][0]  a[3][1]  a[3][2]  a[3][3]  a[3][4]
```

图 7.1 二维数组的结构

③ 二维数组在存储到存储器中的时候,不是按照行列的方式存储的,而是按顺序线性存储的。基本规则是先存放第一行元素,再存放第二行元素,具体如下：

a[0][0]→a[0][1]→a[0][2]→a[0][3]→a[0][4]→a[1][0]→a[1][1]→a[1][2]→a[1][3]→a[1][4]→a[2][0]→a[2][1]→a[2][2]→a[2][3]→a[2][4]→a[3][0]→a[3][1]→a[3][2]→a[3][3]→a[3][4]

④ C 语言中可以定义多维数组,如三维数组 a[2][3][4]。在存储多维数组时,与二维数组类似,按照顺序线性存储。其中,最右边的下标变化最快,越往左变化越慢。

7.2.2 二维数组的初始化

可以使用多种方法对二维数组进行初始化。

(1)分行赋初值

这种方法就是在定义二维数组的时候,按行对其赋初值。例如：

```
int a[3][4]={{1,2,3,4},{5,6,7,8},{9,10,11,12}};
```

其效果相当于：

$$\begin{bmatrix} 1 & 2 & 3 & 4 \\ 5 & 6 & 7 & 8 \\ 9 & 10 & 11 & 12 \end{bmatrix}$$

(2)一次性给出所有元素的初值

按先行后列的方式,在大括号内列出所有元素的初值。例如：

```
int a[3][4]={1,2,3,4,5,6,7,8,9,10,11,12};
```

这种方法仅适合元素较少的时候,如果列出的数据太多,就容易遗漏了。

(3)对部分元素赋初值

可以只对若干行中的若干元素赋初值。例如：

```
int a[3][4]={{1,2},{},{9,10,11}};
```

在这个例子中,第一行的前两个元素为1、2,后面两个元素取0;第二行的4个元素全部取0;第三行的前三个元素为9、10、11,后面一个元素取0。其效果相当于:

$$\begin{bmatrix} 1 & 2 & 0 & 0 \\ 0 & 0 & 0 & 0 \\ 9 & 10 & 11 & 0 \end{bmatrix}$$

(4)定义时可不指定第一维(行)的长度

如果定义二维数组时,已经给出了所有元素的初值,那么就可以省略第一维(行)的长度,但第二维(列)长度一定不能省略,例如:

```
int  a[][4]={{1,2,3,4},{5,6,7,8},{9,10,11,12}};
```

系统会自动根据元素数量计算出第一位长度是3,另外,由于这种方法通过内部的大括号对已经指明了行数为3,所以,也可以不用列出全部的元素,系统同样可以计算出行数为3,例如:

```
int  a[][4]={{1,2},{},{9,10,11}};
```

如果采用在大括号内列出元素的方法进行赋初值,也可以不指定第一维长度,而由系统自行计算,例如:

```
int  a[][4]={1,2,3,4,5,6,7,8,9,10,11,12 };
```

再如:

```
int  a[][4]={1,2,3,4,5,6,7,8,9,10 };
```

对比这两个例子,可以看出,后者少了两个元素的初值,但系统会将上面这两个定义的二维数组的第一维(行)均定为3,只是后面这个例子中,最后两个元素的值为0。

7.2.3 二维数组的引用

二维数组的引用,一般形式如下:

```
数组名[下标][下标]
```

下标可以是整型常量或整型表达式。在实际使用中,数组元素可以作为左值,也可以作为右值,也就是可以被赋值,也可以参与运算,用在表达式中。例如:

```
b[1][2]=a[1][3]/3;
```

在引用二维数组的元素时,需要特别注意的是,下标的值是从0开始到"维度长度−1",要保证下标值应在已定义的数组大小的范围内,例如:

```
int a[3][4];
a[0][3] = 1;        //引用正确
a[3][2] = 1;        //引用错误,第一维的下标值可以是0、1、2
a[1][4] = 1;        //引用错误,第二维的下标值可以是0、1、2、3
```

此外,还应特别注意定义数组时用的a[3][4]和引用元素时的a[3][4]的不同含义。前者用 a[3][4] 来定义数组的维数和各维的大小,后者 a[3][4] 中的 3 和 4 是数组元素的下标值,a[3][4] 代表行序号为 3、列序号为 4 的元素。

【例 7.4】　给二维数组赋初值。

【编写程序】

```
int main(void)
{
    int a[3][4];
    int i,j;
    for(i=0;i<3;i++)
    for(j=0;j<4;j++)
    a[i][j] = i * j;
    return 0;
}
```

在本例中,通过嵌套的 for 循环,按行进行赋初值。

7.2.4　二维数组的应用

【例 7.5】　计算矩阵的和。

【解题思路】　矩阵求和,就是将两个矩阵对应位置的数值相加,所有的和组成一个新的矩阵。

【编写程序】

```
#include <stdio.h>
int main(void)
{
    int a[3][4]={ {1,2,3,4},{5,6,7,8},{9,10,11,12}};
    int b[3][4]={ {1,2,3,4},{5,6,7,8},{9,10,11,12}};
    int c[3][4];
    int i,j;
    for(i=0;i<3;i++)
    {
        for(j=0;j<4;j++)
        {
            c[i][j]=a[i][j]+b[i][j];        //计算对应元素的和
            printf(" %5d",c[i][j]);         //输出 c 数组的一个元素
        }
        printf("\n");
    }
    return 0;
}
```

【运行结果】

2	4	6	8
10	12	14	16
18	20	22	24

【例 7.6】 求矩阵的转置矩阵。

【解题思路】

所谓矩阵的转置,就是将原来的行变成新的列,原来的列变成新的行,如:

$$a = \begin{bmatrix} 1 & 2 & 3 & 4 \\ 5 & 6 & 7 & 8 \\ 9 & 10 & 11 & 12 \end{bmatrix} \rightarrow b = \begin{bmatrix} 1 & 5 & 9 \\ 2 & 6 & 10 \\ 3 & 7 & 11 \\ 4 & 8 & 12 \end{bmatrix}$$

【编写程序】

```
#include <stdio.h>
int main(void)
{
  int a[3][4]={{1,2,3,4},{5,6,7,8},{9,10,11,12}};
  int b[4][3],i,j;
  printf("原矩阵 a:\n");
  for(i=0;i<=2;i++)              //处理 a 数组一行中的各元素
  {
    for(j=0;j<=3;j++)            //处理 a 数组某一列中的各元素
    {
      printf("%5d",a[i][j]);     //输出 a 数组的一个元素
      b[j][i] = a[i][j];         //将 a 数组元素的值赋给 b 数组相应的元素
    }
    printf("\n");
  }
  printf("转置矩阵 b:\n");        //输出 b 数组中的各元素
  for(i=0;i<=3;i++)              //处理 b 数组一行中的各元素
  {
    for(j=0;j<=2;j++)            //处理 b 数组一列中的各元素
      printf("%5d",b[i][j]);     //输出 b 数组的一个元素
    printf("\n");
  }
  return 0;
}
```

【运行结果】

```
原矩阵 a：
        1           2           3           4
        5           6           7           8
        9          10          11          12
转置矩阵 b：
        1           5           9
        2           6          10
        3           7          11
        4           8          12
```

7.3 字符数组

在 C 语言中，没有专门的字符串数据类型，字符串的存储和处理可以使用字符数组来实现。本节介绍字符数组的定义、初始化、引用、输入/输出及处理函数等内容。

7.3.1 字符数组的定义

字符数组的定义方法与一般的数组类似，只是数据类型为 char 型，例如：

```
char str1[10]={'a','b','c','d','e','f','g','h','i','j'};    //这就是字符数组
char str2[10]={1,2,3,4,5,6,7,8,9,10};                       //这个也是字符数组
char str3[10]={97,98,99,100,101,102,103,104,105,106};
```

其中，str1 和 str3 是等价的。甚至还可以使用转义符，如：

```
char str4[10]={97,'\n','\064','\b',' ','\0',0};
```

其中，'\064'是八进制数 064 所对应的字符，064=52（'4'），' '代表空格字符，不是空字符，而 0 和'\0'都代表 ASCII 码的 0 号字符，查 ASCII 码表可知，第 0 号字符是典型的空字符，也是一个非常特殊的字符。C 语言也正是利用这一点，将'\0'作为一个特殊的标志，即字符串的结束标志。

7.3.2 字符数组的初始化

对字符数组进行初始化，可以有多种方法。

（1）逐个元素赋初值

可以在定义字符数组的同时，为每个元素指定初值，例如：

```
char str[11] = {'h','e','l','l','o',' ','w','o','r','l','d'};
```

这种赋初值的方法需要注意以下几点：

① 2 字符数组使用之前必须先赋值，否则各元素的值是不可预料的。

② 如果大括号内提供的初值个数（即字符个数）大于数组长度，则出现语法错误。

③ 如果初值个数小于数组长度,则只将这些字符赋给数组中前面那些元素,其余的元素自动定为空字符(即\0)。

(2)定义字符数组可省略长度

如果提供的初值个数与预定的数组长度相同,在定义时可以省略数组长度,系统会自动根据初值个数确定数组长度,例如:

```
char str[] = {'h','e','l','l','o',' ','w','o','r','l','d'};
```

(3)字符数组也可以定义为二维数组

在实际使用中,也可以定义二维的字符数组,例如:

```
char diamond[5][5]={{' ',' ','*'},{' ','*',' ','*'},{'*',' ',' ',' ','*'},{' ','*',' ','*'},{' ',' ','*'}};
```

这个字符数组可以打印出一个菱形的星号图案,如图 7.2 所示。

```
    *
   * *
  *   *
   * *
    *
```

图 7.2　菱形星号图形

(4)直接使用连续的一串字符进行赋初值

在定义字符数组的同时,可以使用一串连续的字符,对其进行初始化,例如:

```
char str[] = {"hello world"};
```

或者

```
char str[] = "hello world";
```

7.3.3　字符数组的引用

对字符数组的引用,和一般数组的使用类似,使用数组名和下标来引用数组元素。

【例 7.7】　输出一个字符串。

【编写程序】

```
#include <stdio.h>
int main(void)
{
    char str[] = {'h','e','l','l','o',' ','w','o','r','l','d'};
    int i;
    for(i=0;i<11;i++)
    printf("%c",str[i]);
    printf("\n");
    return 0;
}
```

【运行结果】

hello world

【例7.8】 输出菱形星号图形。

【编写程序】

```
# include <stdio.h>
int main(void)
{   char star[][5]={{' ',' ','*'},{' ','*',' ',' ','*'},{'*',' ',' ',' ','*'},{' ','*',' ',' ','*
    '},{' ',' ','*'}};
    int i,j;
    for(i=0;i<5;i++)
    {
        for(j=0;j<5;j++)
        printf("%c",star[i][j]);
        printf("\n");
    }
    return 0;
}
```

【运行结果】

```
        *
      *   *
    *       *
      *   *
        *
```

▶ 7.3.4　字符串及其结束符

字符数组主要用于字符串的处理,一个字符串由一个字符数组加一个或多个字符串结束符\0所构成,例如:

```
char str1[10]={ "abcdefghij"};
char str2[11]= {"abcdefghij"};
```

str1 和 str2 看似没有区别,但由于字符数组 str1 只有 10 个元素,且在已经给出的 10 个初值中,没有\0',所以 str1 不是字符串。而 str2 有 11 个空间,虽然只给了 10 个元素的值,但最后一个元素的值,系统会默认取\0',从而 str2 至少有一个\0',因此,str2 是字符串。

如果使用双引号的方式对字符数组进行初始化(也就是7.3.2节所讲到的第4种赋初值的方法),则系统会自动在末尾增加一个空字符,即\0',这样要注意定义字符数组的长度,应该比需要存储的字符数量多1,以便存储\0'。

通常,在定义用于存放字符串的数组时,其长度会大于字符串的实际长度,这样便于使用一个字符数组处理多个字符串,或者在未知字符串长度的情况下,使程序更具通用性。由于字符串以\0作为结束标志,所以,字符串的长度是以遇到\0之前的字符数作为长度的,例如:

```
char str3[100]="I Love China";
```

在这个数组中,数组长度是 100,但仅存放了 12 个字符(包括\0′,剩余的 88 个元素均存放了\0′。

针对字符串结束符,以下两点需要特别注意:

① 对于字符数组,是否使用\0′,完全根据实际需要来确定,对于以下字符串:

```
char str4[] = {'h','e','l','l','o',' ','w','o','r','l','d','\0'};
char str5[] = {'h','e','l','l','o',' ','w','o','r','l','d'};
```

两者长度有所区别,str4 长度是 12,str5 长度是 11。对于 str4,由于后面增加了\0′,可以方便地统计字符串长度,也方便其输出。

② 对于多次使用同一个字符数组存放不同长度的字符串的情况,需要特别注意\0′的使用。例如下面的字符数组的定义:

```
char str6[100]="I Love China";
```

字符串的长度为 13(包括系统自动添加的\0′),如果需要使用 srt6 这个数组存放另外一个字符串,那么如果通过键盘向 str6 输入:

```
Hello
```

如果没有在后面增加\0′,那么字符数组的内容就变成

```
Hello China
```

这样一来,两个字符串就混在一起了,其结束符仍然是在"China"之后的\0′,当输出这个字符数组的元素时,得到的输出为 Hello China。

因此,应当必须在输入 Hello 之后增加\0′,输出时,遇到\0就将结束输出。

7.3.5 字符数组的输入/输出

1.基本方法

字符数组的输入/输出可以使用两种方法:

① 逐个字符输入/输出。用格式符"%c"输入/输出一个字符。

② 将整个字符串一次输入/输出。用"%s"格式符,意思是对字符串(string)的输入/输出。

2.用 printf()函数输出字符串

用 printf()输出字符串时,要用格式符"%s",输出时从数组的第一个字符开始逐个字符输出,直到遇到第一个\0为止。例如:

```
char st[15]="I  am  a  boy!"
printf("st=%s,%c,%c",st,st[3],st[7]);
```

输出结果如下:

```
I am a boy! mb
```

【例 7.9】 字符串输出示例。

【编写程序】

```
#include <stdio.h>
main()
{
    static char str[20]={"How do you do ?"};
    int k;
    printf("%s",str);              /*输出 str 中的字符串*/
    for(k=0;str[k]!=\0';k++)
    printf("%c",str[k]);           /*一个一个地输出字符*/
}
```

【运行结果】

How do you do ? How do you do ?

说明:

① 输出的字符中不包括结束符\0'。

② 用"%s"格式符输出字符串时,printf()函数中的输出项是字符数组名,而不是数组元素名。

③ 如果数组长度大于字符串的实际长度,也会在遇到第一个\0时结束。

3.用 puts()函数输出字符串

函数原型:int puts(char * str);

调用格式:puts(str);

函数功能:将字符数组 str 中包含的字符串或 str 所指示的字符串输出,同时将\0转换成换行符。例如:

```
char ch[]="student";
puts(ch);puts("Hello");
```

将字符数组中包含的字符串输出,然后输出一个换行符。因此,用 puts()函数输出一行,不必另加换行符\n'。

puts()函数每次只能输出一个字符串,而 printf()函数可以输出多个:

```
printf("%s%s",str1,str2);
```

4.用 scanf()函数输入字符串

可以用 scanf()函数输入字符串,例如:

```
char st[15];
scanf("%s",st);
```

但是,"scanf("%s",&st);"是错误的,因为 st 代表了该字符数组的首地址,输入时以回车或空格作为结束标志。即用 scanf()函数输入的字符串中不能含有空格。

若按如下方法输入:

```
How  do  you  do?
```

执行语句 scanf("%s",st)后,则 s 的内容为

How\0

使用格式字符串"%s"时会自动加上结束标志'\0'。

5. 用 gets( )函数输入字符

函数原型:char * gets(char * str);

调用格式:gets(str);

函数功能:从键盘读入一个字符串到 str 中,并自动在末尾加上字符串结束标志符'\0'。
输入字符串时以回车结束输入,这种方式可以读入含空格符的字符串。例如:

```
char s[14];
gets(s);
```

若输入的字符串为:How do you do? ↙

则 s 的内容为:How do you do? \0

【例 7.10】 字符串输入输出示例。

【编写程序】

```
# include <stdio.h>
main()
{
  char s[20],s1[20];
  scanf("%s",s);
  printf("%s\n",s);
  scanf("%s%s",s,s1);
  printf("s=%s,s1=%s",s,s1);
  puts("\n");
  gets(s);
  puts(s);
}
```

【运行结果】

若输入的字符串为 How do you do↙,则输出结果为

How do you do
How
s=do,s1=you

do

7.3.6 字符串的处理

C 语言库函数中除了前面用到的库函数 gets( )与 puts( )之外,还提供了其他的字符串
处理函数,其函数原型说明在 string. h 中。

1.字符串复制函数:strcpy( )

调用格式:strcpy(d_str,s_str);

功能:将源字符串 s_str 复制到目标字符数组 d_str 中。

说明:d_str 的长度应不小于 s_str 的长度,d_str 必须写成数组名形式。s_str 可以是字符串常量或字符数组名形式。例如:

```
char s1[10],s2[8]="student",s3[6];
strcpy(s1,s2);strcpy(s3,"okey");
```

将 s2 中的"student"赋给 s1(连同结束标志\0),"okey"赋给 s3,s2 的值不变。

注意:不能直接使用赋值语句来实现复制或赋值。例如,"s1＝s2;""s1＝"student";"都是不允许的。

2.字符串连接函数:strcat( )

调用格式:strcat(d_str,s_str);

功能:将 s_str 连同\0连接到 d_str 的最后一个字符(非\0字符)后面,结果放在 d_str 中。

例如:

```
char s1[14]="I am a"};
char s2[5]="boy.";
strcat(s1,s2);
```

连接前:

```
s1:I am a
s2:boy
```

连接后:

```
s1:I am aboy
```

3.字符串比较函数:strcmp( )

调用格式:strcmp(str1,str2);

功能:若 str1＝str2,则函数返回值为 0;

若 str1＞str2,则函数返回值为正整数;

若 str1＜str2,则函数值返回为负整数。

比较规则:两个字符串自左至右逐个字符进行比较,直到出现不同字符或遇到\0时为止。如字符全部相同,则两个字符串相等;若出现不同字符,则遇到的第一对不同字符的ASCⅡ大者为大。比较两个字符串是否相等一般用以下形式:

```
if(strcmp(str1,str2)==0){…};
```

而"if(str1＝＝str2){…};"是错误的。

4.字符长度函数:strlen( )

调用格式:strlen(字符串);

功能:求字符串的实际长度,即所含字符个数(不包括\0)。

例如:

```
char str[10]="student";
int length,strl;
length=strlen(str);
strl=strlen("very good");
```

结果如下:

```
length=7
strl=9
```

【例 7.11】 从键盘上输入两个字符串,若不相等,将短字符串连接到长字符串的末尾并输出。

【编写程序】

```
# include <stdio.h>
# include <string.h>
main()
{
  char s1[80],s2[80];
  gets(s1);gets(s2);
  if(strcmp(s1,s2)! =0)
  {
    if(strlen(s1)>strlen(s2))
    {
      strcat(s1,s2);
      puts(s1);
    }else
    {
      strcat(s2,s1);
      puts(s2);
    }
  }
}
```

【运行结果】

若输入字符为

```
you↙
Thank↙
```

则输出结果为

```
you
Thank
Thank you
```

7.3.7 字符数组的应用

【例 7.12】 输入一行字符,统计其中有多少个单词,单词之间用空格分隔。

【解题思路】

题目要求从键盘输入一行字符,因此需要定义一个字符数组 string 存放这一行字符。需要统计单词数量,应对一行字符从头到尾进行遍历,当遇到空格时,表示一个单词结束,计数器 number 加 1,此外,还需要有一个标志位 flag,用于指明是否开始了一个新单词的搜索。

【编写程序】

```c
#include <stdio.h>
int main(void)
{
    char string[100];
    int i,number=0,flag=0;
    char c;
    gets(string);                      //输入一个字符串给字符数组 string
    for(i=0;(c=string[i])! = '\0';i++) //只要字符不是'\0'就继续执行循环
    {
        if(c == ' ')
        flag = 0;                      //若是空格字符,则 flag 置 0
        else if(flag == 0)             //不是空格字符且 flag 原值为 0
        {
            flag = 1;                  //使 flag 置 1
            number++;                  //number 累加 1,表示增加一个单词
        }
    }
    printf("There are % d words in this line. \n",number);   //输出单词数
    return 0;
}
```

【运行结果】

若输入字符为

China is a powerful country that is rising↙

则输出结果为

China is a powerful country that is rising
There are 8 words in this line.

【例 7.13】 比较 3 个字符串,找出其中的最大者。

【解题思路】

在本题中,3 个作为比较对象的字符串,可以使用 3 个一维字符数组存储,也可以使用一个二维的字符数组存储,即 SrcString[3][15],可以使用 SrcString[0]、SrcString[1]、SrcString[2]分别存储一个字符串。对于比较出来的结果,则可以存放在一维字符数组

ResultStr[15]中。在本题的处理中,需要使用字符串处理函数 gets()、strcmp()和strcpy()。

【编写程序】

```c
#include <stdio.h>
#include <string.h>
void main()
{
    char ResultStr[20];
    char SrcString[3][15];
    int i;
    for(i=0;i<3;i++)
    gets(SrcString[i]);                          //输入字符串
    if(strcmp(SrcString[0],SrcString[1])>0)      //比较前面两个字符串
    strcpy(ResultStr,SrcString[0]);
    else
    strcpy(ResultStr,SrcString[1]);
    if(strcmp(SrcString[2],ResultStr)>0)         //比较第三个字符串及前两个
    中的较大者
    strcpy(ResultStr,SrcString[2]);
    printf("最大的字符串是:%s\n",ResultStr);      //输出结果
}
```

【运行结果】

若输入的字符串为

Tom↙
Catty↙
Micky↙

则输出结果为

Tom
Catty
Micky
最大的字符串是:Tom

练习题

一、选择题

1.以下定义一维数组 a 中,正确的是(　　　)。

　　A. int n;scanf("%d",&n);int a[n];　　　　B. int n=10,a[n];

　　C. int a(10);　　　　　　　　　　　　　　D. #define SIZE 10 int a[SIZE];

2.若有说明"int a[10];",则对数组元素的正确引用是(　　　)。

    A.a[10]＝123　　　　　　　　　　　　B.a[3,5]＝123

    C.a(5)＝123　　　　　　　　　　　　D.a[10－10]＝123

3.以下能对一维数组 a 进行正确初始化的语句是(　　　)。

    A.int a[10]＝(0,0,0);　　　　　　　　B.int a[10]＝{};

    C.int a[]＝{0};　　　　　　　　　　　D.int a[10]＝{10*1};

4.以下能对二维数组 a 进行正确初始化的语句是(　　　)。

    A.int a[2][]＝{{1,0,1},{5,2,3}};　　　B.int a[][3]＝{{1,2,3},{4,5,6}};

    C.int a[2][4]＝{{1,2,3},{4,5},{6}};　　D.int a[][3]＝{{1,0,1}{},{1,1}};

5.若有说明"int a[3][4]＝{0};",则正确的叙述是(　　　)。

    A.只有元素 a[0][0]可以得到初值 0

    B.此说明语句不正确

    C.数组中各元素都可以得到初值,但其值不一定为 0

    D.数组中每个元素均可得到初值 0

6.定义如下变量和数组"int k,a[3][3]＝{1,2,3,4,5,6,7,8,9};",则下列语句的输出结果是(　　　)。

```
for(k=0;k<3;k++)
printf("%d",a[k][2-k]);
```

    A.3　5　7　　　　　　　　　　　　B.3　6　9

    C.1　5　9　　　　　　　　　　　　D.1　4　7

7.下列程序的运行结果是(　　　)。

```
#include <stdio.h>
main()
{
  int a[6][6],i,j;
  for(i=1;i<6;i++)
  for(j=1;j<6;j++)
  a[i][j]=(i/j)*(j/i);
  for(i=1;i<6;i++)
  {
    for(j=1;j<6;j++)
    printf("%2d",a[i][j]);
    printf("\n");
  }
}
```

  A.1 1 1 1 1　　　B.0 0 0 0 1　　　C.1 0 0 0 0　　　D.1 0 0 0 1

     1 1 1 1 1　　　　　0 0 0 1 0　　　　　0 1 0 0 0　　　　　0 1 0 1 0

     1 1 1 1 1　　　　　0 0 1 0 0　　　　　0 0 1 0 0　　　　　0 0 1 0 0

     1 1 1 1 1　　　　　0 1 0 0 0　　　　　0 0 0 1 0　　　　　0 1 0 1 0

     1 1 1 1 1　　　　　1 0 0 0 0　　　　　0 0 0 0 1　　　　　1 0 0 0 1

8. 下列程序的运行结果是( )。

```
# include <stdio.h>
main()
{
    int a[6],i;
    for(i=1;i<6;i++)
    {
        a[i]=9*(i-2+4*(i>3))%5;
        printf("%2d",a[i]);
    }
}
```

A. -4 0 4 0 4   B. -4 0 4 0 3
C. -4 0 4 4 3   D. -4 0 4 4 0

9. 下面是对 s 的初始化,其中不正确的是( )。

A. char s[5]={"abc"};   B. char s[5]={'a','b','c'};
C. char s[5]="";   D. char s[5]="abcde";

10. 下列程序段的运行结果是( )。(■表示空格)

```
char c[5]={'a','b','\0','c','\0'};
printf("%s",c);
```

A. 'a''b'   B. ab
C. ab ■ c   D. ab ■

11. 对 2 个数组 a 和 b 进行如下初始化。

```
char a[]="ABCDEF";
char b[]={'A','B','C','D','E','F'};
```

则以下叙述正确的是( )。

A. a 与 b 数组完全相同   B. a 与 b 数组长度相同
C. a 和 b 中都存放字符串   D. a 数组比 b 数组长度长

12. 有字符数组 a[80]和 b[80],则正确的输出语句是( )。

A. puts(a,b);   B. printf("%s,%s",a[],b[]);
C. putchar(a,b);   D. puts(a),puts(b);

13. 判断字符串 s1 是否大于字符串 s2,应当使用( )。

A. if(s1>s2)   B. if(strcmp(s1,s2))
C. if(strcmp(s2,s1)>0)   D. if(strcmp(s1,s2)>0)

14. 下面对字符数组的描述中错误的是( )。

A. 字符数组可以存放字符串

B. 字符数组的字符串可以整体输入/输出

C. 可以在赋值语句中通过赋值运算符对字符数组整体赋值

D. 不可以用关系运算符对字符数组中的字符串进行比较

15. 下列程序段的运行结果是(　　　)。

```
char c[]="\t\v\\\0will\n";
printf(" %d",strlen(c));
```

A. 3
B. 6
C. 9
D. 14

二、填空题

1. 下列程序的运行结果是_____。

```
# include <stdio.h>
main()
{
  char ch[7]={"12ab56"};
  int i,s=0;
  for(i=0;ch[i]>=0&&ch[i]<=9';i+=2)
  s=10*s+ch[i]-0';
  printf(" %d\n",s);
}
```

2. 下列程序的运行结果是_____。

```
# include <stdio.h>
main()
{
  char str[]="SSSWLIA",c;
  int k;
  for(k=2;(c=str[k])! =\0';k++)
  {
    switch(c)
    {
      case 'I':  ++k;  break;
      case 'L':  continue;
      default:  putchar(c);  continue;
    }
    putchar('*');
  }
}
```

3. 若有定义"int a[3][4]={{1,2},{0},{4,6,8,10}};",则初始化后,a[1][2]得到的初值是_____,a[2][1]得到的初值是_____。

4. 下列程序的运行结果是_____。

```
# include <stdio.h>
# include <string.h>
```

```
main()
{
    char a[20]="AB",b[20]="LMNP";
    int i=0;
    strcat(a,b);
    while(a[i++]! ='\0')
    b[i]=a[i];
    puts(b);
}
```

5.下列程序的运行结果是_____。

```
main()
{
    char a[]="morning",t;
    int i,j=0;
    for(i=1;i<7;i++)
    if(a[j]<a[i])
    j=i;
    t=a[j];
    a[j]=a[7];
    a[7]=t;
    puts(a);
}
```

三、编程题

1.使用一维数组,从键盘上输入 6 个整数,找出最大的元素及最小的元素。

2.求 Fibonacci 数列前 10 项的和。

3.用二维数组求两个 3×4 的矩阵的和。

第8章 函　　数

本章主要内容：

① 模块化程序设计思想。

② 定义和调用函数的方法。

③ 函数的参数传递方式。

④ 函数的嵌套调用方式。

⑤ 函数的递归调用。

⑥ 数组作为函数参数的使用方式。

⑦ 局部变量、全局变量、动态变量和静态变量。

在设计较复杂的程序时，一般采用的方法是把问题分成几个模块，每个模块又可分成更细的若干小模块，逐步细化，直至分解成很容易求解的小模块。这样，原来问题的解就可以用这些小模块来表示。设计一个较大的程序时，往往把它分为若干个程序模块，每个模块包括一个或多个函数，每个函数实现一个特定的功能。函数是 C 程序的基本逻辑单位，一个 C 程序由一个 main() 函数和若干个其他函数组成。

8.1　函数概述

▶ 8.1.1　函数的作用

通过前面几章的学习，大家已会编写一些简单的 C 程序了。但是应该注意到，前面的程序代码都是写在 main() 函数中。如果程序的功能比较多，规模比较大，则代码行数也会相应增加，此时如果仍将这些代码全部写在 main() 函数中，将导致 main() 函数变得非常长，且代码繁杂，可读性太差，维护也变得十分困难。

有时程序中要多次实现某一相同功能（如判断某个数是否是素数），就需要多次重复编写实现此功能的程序代码。这将使程序冗长，程序阅读会变得困难，也浪费了程序员的编写时间。此外，一个程序通常是由多名程序员合作开发的，每名程序员编写各自的程序代码以完成某些功能，然后将这些代码"合成"一个完整的程序。显然，如果大家只用一个 main() 函数，则无法完成这个任务。

要解决这 3 个问题，就需要使用模块化程序设计方法。

模块化生产过程在工业生产上经常使用，以制造一台计算机为例。可以将该问题划分为以下几个子部分：制造 CPU、内存、主板、I/O 设备等；而制造主板又可以进一步划分为制造 BIOS 芯片、I/O 控制芯片、扩充插槽、电源插件等；而制造扩充插槽又可分为制造 CPU 插座、内存插槽、总线插槽等。另外，还有一些部件（如 CPU）可能自己不会生产，此时可以直接采购其他公司生产的（如 Intel 公司的 CPU）。这个过程如图 8.1 所示。

模块化程序设计借鉴了上述模块化生产过程，在进行程序设计时将一个大程序按照功能划分为若干小程序模块，每个小程序模块完成一个确定的功能，并在这些模块之间建立必要的联系，通过模块的互相协作，完成整个程序的功能。在设计较复杂的程序时，一般采用自顶向下的方法，将问题划分为几个部分，各个部分再进行细化，直到分解为较好解决的问题规模为止。以功能模块为单位进行程序设计,实现其求解算法的方法称为模块化。模块化的目的是降低程序复杂度,使程序设计、调试和维护等操作简单化。

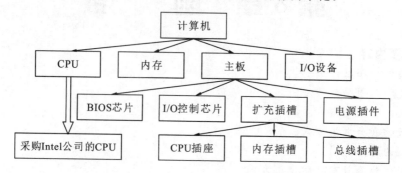

图 8.1　制造一台计算机所需的模块

在 C 语言中,最简单的程序模块就是函数(Function)。利用函数,不仅可以实现程序的模块化,使得程序设计更加简单和直观,从而提高了程序的易读性和可维护性,而且可以把程序中经常用到的一些计算或操作编写成库函数,以供随时调用。例如,前面经常使用的printf()函数和 scanf()函数就是库函数。

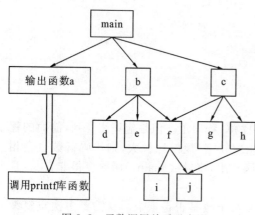

图 8.2　函数调用关系示意图

在设计一个较大的程序时,往往把它分为若干个程序模块,每个模块包括一个或多个函数,每个函数实现一个特定的功能。函数是 C 程序的基本逻辑单位,一个 C 程序由一个 main()函数和若干个其他函数组成。程序执行从 main()函数开始,由 main()函数调用其他函数,其他函数也可以互相调用。同一个函数可以被一个或多个函数调用任意次。图 8.2 是某个程序中函数调用关系的示意图,其中 main()函数调用了 a 函数、b 函数和 c 函数,而 a 函数直接调用库函数中的 printf()函数输入数据,而 b 函数又分别调用了d、e、f 函数,且 f 函数还被 c 函数调用。

8.1.2　函数的分类

从函数定义的角度看,函数可分为库函数和用户自定义函数 2 种。

1.库函数

库函数一般是指编译器提供的可在 C 源程序中调用的函数。库函数又可分为两类:一类是 C 语言规定的标准库函数,另一类是编译器特定的库函数。由于版权原因,库函数的源代码一般是不可见的,但在头文件中可以看到它对外的接口。

为什么需要库函数呢? 例如,在使用 C 语言解答数学问题时,可能经常需要计算 sin 和cos 的值,但是 C 语言中没有提供直接计算 sin 或 cos 函数的语句,如果每次都自己编写计算,不但困难而且麻烦,故 C 语言的标准函数库中提供了 sin(x)和 cos(x)函数,人们可以拿来直接调用。

C 语言的库函数并不是 C 语言本身的一部分,它是由编译程序根据一般用户的需要编制并提供用户使用的一组程序。C 语言的库函数极大地方便了用户,同时也补充了 C 语言本身的不足。在编写 C 语言程序时,使用库函数,既可以提高程序的运行效率,又可以提高编程的质量。

要使用库函数,只需要在程序前包含有该函数原型的头文件,如 ♯ include ＜stdio. h＞、♯ include ＜math. h＞等,就可在程序中直接调用。C 语言常用的库函数见本书附录四。

【例 8.1】 调用 C 语言的库函数,计算 y 的值,其中 $x(x>0)$ 由用户输入。

$$y = \frac{\sqrt{x} + \ln x + \sin x}{x^2}$$

【解题思路】

求 $\sqrt{x}$,可以用 C 语言提供的数学库函数 sqrt(x),$\ln x$ 可以使用 $\log(x)$ 函数,$\sin x$ 可以用 $\sin(x)$ 函数(注意此处的 x 是弧度值,而不是角度值,$1° = \pi/180 \approx 0.01745$ 弧度,1 弧度 = $180/\pi = 57.30°$),x^2 可以直接用 $x * x$ 完成。使用这几个数学库函数时,需要在程序前面加上"♯ include ＜math. h＞"。

【编写程序】

```
♯ include ＜stdio. h＞
♯ include ＜math. h＞
void main()
{
  double x,y;
  do
  {
    printf("请输入 x 的值(x＞0):");
    scanf("％1f",&x);
  }while(x＜=0);      //如果用户输入的数据为负数,则不合法,要求重新输入
  y=(sqrt(x)+log(x)+sin(x))/(x＊x);
  printf("x=％1f,y=％1f\n",x,y);
}
```

【运行结果】

```
请输入 x 的值(x＞0):1
x=1.000000,y=1.841471
```

如果输入 1,则得到 y=1.841471;如果输入一个负数,如−2,则程序要求用户继续输入。

【程序分析】

由于程序需要调用 C 语言中的数学库函数,所以在程序开头加入了 ♯ include ＜math. h＞。由于 x 和 y 均是浮点数,所以需要定义为 double 类型。同时,由于计算 $\sqrt{x}$ 和 $\ln x$ 要求 x 为正数,所以在需要检查用户的输入是否合法,程序中用一个 do-while 循环完成。

2. 用户自定义函数

用户按需要自行定义的函数称为用户自定义函数。由于库函数只提供最基本、最通用的一些函数,而不可能包括人们所需要的所有函数,程序开发者需要在程序中自己编写所需要的函数。编写一个程序,通常就是编写许许多多的函数,然后调用这些函数。

8.1.3 函数的定义

C语言中,函数和变量均遵循"先定义,后使用"的原则,所以应该在使用函数之前先定义它。定义函数应该明确指出函数类型、函数名称、函数参数类型、参数名和函数功能代码等。定义函数的一般格式如下:

```
函数类型 函数名(参数类型 参数名1,参数类型 参数名2,…,参数类型 参数名n)
{
    函数体;
}
```

说明如下:

① 函数类型:指该函数的返回值类型,用于限定函数返回值的数据类型。如果省略不写函数类型,则默认为 int 型;如果该函数无返回值,则应该明确指明是 void 类型。

② 函数名:表示函数的名称,该名称应该遵循 C 语言的标识符命名规范,且在同一个程序中,函数名不能重名。

③ 参数类型:用于限定调用方法时传入参数的数据类型。函数的参数可以有 0 个或多个,每个参数都应该明确地指出其参数类型,每个参数之间用英文状态下的逗号隔开;如果函数没有参数,可以空着,也可以写明 void。

④ 参数名:用于接收调用方法时传入的数据,也需要遵循 C 语言的标识符命名规范。

⑤ 函数体:包括在一对大括号{}之间,其中大括号不可省略。函数体是一个函数的主要部分,是用来完成该函数功能的代码集合。在函数执行结束或者需要提前从函数返回时,可以使用 return 语句。return 是 C 语言中的一个关键字,用于结束函数,并返回函数指定类型的值。如果函数类型为 void,则 return 语句不能有返回值,只能直接"return;"或者不写return 语句。

下面是几个函数定义的例子。

① 函数类型为 void。

```
void Show(int a)        //指定函数类型为 void,一个 int 型的参数 a
{
    int i;
    if(a<=0)
        return;         //提前从函数直接返回,注意不能有返回值
    for(i=1;i<a;i++)
        if(a%i==0)
            printf("%5d",i);
    return ;            //这个 return 语句也可以省略不写
}
```

② 函数类型为 int,返回 int 类型的值。

```
int GetMax(int a,int b)     //函数类型为 int 型,两个 int 型的参数 a 和 b
{
    if(a>b)
```

```
        return a;//return 时,必须返回一个 int 类型的值
    else
        return(b);//return 时,也可以用小括号()将要返回的值括起来
}
```

③ 函数类型省略,默认为 int,若返回 char 类型的值,则 C 语言系统会自动执行类型转换。

```
GetMin(char ca,char cb)     //函数类型省略,默认为 int 型
{
    if(ca<cb)
    //return 时返回了一个 char 类型的值,C 语言系统会自动执行类型转换
        return ca;
    else
        return(cb);
}
```

关于 return 返回值的其他知识,将在后面介绍。

在上面的函数定义语法格式中,函数中的"参数类型 参数名1,参数类型 参数名2,…,参数类型 参数名n"被称作参数列表,用于描述函数在被调用时需要接收的参数,参数的个数可以为 0 个或多个。如果函数不需要接收任何参数,则参数列表为空,这样的函数称为无参函数。相反,参数列表不为空,有一个或多个参数的函数就是有参函数,下面介绍这两种函数的定义方法。

(1)定义无参函数

参数列表为空,或者用 void 表示,其定义的一般格式如下:

```
类型名 函数名()
{
    函数体
}
```

或

```
类型名 函数名(void)
{
    函数体
}
```

例如:

```
void PrintStars()      //也可以写为 void PrintStars(void)
{
    int i;
    for(i=1;i<=10;i++)     putchar('*');
    putchar('\n');
}
```

无参函数一般完成一些简单的输出或设置功能,如上面的 PrintStars()函数就是完成输出 10 个星号 * 。

(2)定义有参函数

有参函数在函数定义时,需要在函数参数列表中列出所有的参数。所谓的参数是一个变量,用于接收调用者传入的数据。定义有参函数的一般格式如下:

```
类型名 函数名(参数类型 参数名1,参数类型 参数名2,…,参数类型 参数名n)
{
    函数体
}
```

如上面的 Show()函数、GetMax()函数和 GetMin()函数都是有参函数。

有参函数和无参函数的区别在于定义和调用时有没有参数,彼此间并没有本质的区别。但是由于有参函数有数据传入,可以对数据进行加工处理,所以通常能实现更复杂的功能。

8.2 函数的调用

函数定义好之后,就可以调用它们,以便得到预期的结果。

8.2.1 函数的调用方式

按函数调用在程序中出现的形式和位置来分,函数调用的方式通常分为语句调用方式、表达式调用方式和参数调用方式 3 种,它们分别对应着 3 种不同的应用。

1.语句调用方式

把函数调用单独作为一个语句,常用于只要求函数完成一定的操作,不要求函数返回值,如前面经常使用的 scanf()函数与 printf()函数的调用。上面编写的 Show()函数、GetMax()函数、PrintStars()函数也可以这样调用。例如,在 main()函数中调用它们。

```
void main()
{
    int x=12,y=34;
    Show(120);
    GetMax(x,y);
    PrintStars();
}
```

2.表达式调用方式

函数调用出现在一个表达式中,这种表达式称为函数表达式,这时要求函数返回一个确定的值,以参加表达式的运算。例如,在 main()函数中调用:

```
void main()
{
    int x=12,y=34,z,w;
    z=GetMax(x,y);              //调用后 z 的值为 34
```

```
w=5 * GetMax(x,y)－GetMin(x,y)/2;        //调用后 w 的值为 164
}
```

在表达式"w＝5 * GetMax(x,y)－GetMin(x,y)/2;"中,先调用 GetMax(x,y)函数计算出值为 34,再计算 5 * 34 得到 170,然后调用 GetMin(x,y)函数计算出值为 12,将 12/2 得到 6,再将 170－6 得到 164,然后赋给 w。

按表达式方式调用的函数的类型不能是 void,也就是说,该函数必须有返回值。上面编写的 GetMax()函数和 GetMin()函数就可以按表达式调用方式调用,但 Show()函数和 PrintStars()函数都是 void 类型,所以它们不能按表达式调用方式进行调用。例如,下面的调用是错误的:

```
w=PrintStars()＋Show();//错误,因为 PrintStars()函数和 Show()函数无返回值
```

3.参数调用方式

函数调用作为另一个函数的实参,例如:

```
void main()
{
    int x＝12,y＝34,z＝56,w＝78,m,n;
    m=GetMax(x,GetMax(y,z));              //调用后 m 的值为 56
    n=GetMin(GetMax(x,y),GetMax(z,w));    //调用后 n 的值为 34
}
```

在表达式"m＝GetMax(x,GetMax(y,z));"中,先调用 GetMax(y,z)函数计算出 y 和 z 中的最大值为 56,再将这个最大值与 x 作为参数调用 GetMax()函数,计算出值 56,再赋给 m,所以 m 的值为 56;在表达式"n＝GetMin(GetMax(x,y),GetMax(z,w));"中,先调用 GetMax(x,y)得到 34,再调用 GetMax(z,w)得到 78,然后将这两个值作为参数调用 GetMin()函数,得到 34 后赋给 n,所以 n 的值为 34。

以参数方式调用实际上是表达式调用方式的一种特殊情况,这两种调用方式间并没有本质的区别。

> **知识拓展**
>
> 调用函数时,函数可以出现在表达式中,但却不能出现在赋值运算符的左边,因为赋值运算符的左边只允许是变量,如下面的函数调用是错误的:
> GetMax(x,y)＝5 * GetMin(z,w);

▶ 8.2.2　函数参数的传递方式

1.参数类型

函数的参数可以分为形式参数和实际参数两种。定义函数时,参数列表中的参数名称为"形式参数"(简称形参)。在调用该函数时,给该函数传递的参数称为"实际参数"(简称实参)。如在定义 GetMax()函数时,其中的 a 和 b 都是形式参数:

```
int GetMax(int a,int b)
{
```

```
    //函数体
}
```

而在 main() 函数中调用 GetMax() 函数时,其中的 x 和 y 都是实际参数:

```
void main()
{
    int x=12,y=34,z,w;
    z=GetMax(x,y);
}
```

实际参数可以是常量、变量或表达式,如还可以这样调用 GetMax() 函数:

```
w=GetMax(12,5 * y);
```

2.参数的数据传递方式

在 C 语言中,实参与形参之间的数据传递遵循"值传递"方式,而且是单向传递,即只能由实参将值单向传递给形参,而形参不能把值传回给实参。

【例8.2】 写一个 Sum() 函数,计算两个整数的和。

【解题思路】

通过参数,将两个数传递给 Sum() 函数,在函数中完成计算后返回结果。

【编写程序】

```
# include <stdio.h>
int Sum(int a,int b)
{
    int c;
    c=a+b;
    return c;
}
void main()
{
    int x=5,y=-7,z;
    z=Sum(x,y);
    printf("z= % d\n",z);
}
```

【运行结果】

```
z=-2
```

实参传递给形参的是实参的值,形参变量在函数未被调用时,并不占用内存,只在被调用时系统才临时在内存中开辟一个空间给形参,然后再复制实参的值给形参。调用结束后,这个临时开辟的空间将被释放。显然,执行一个被调用函数时,形参的值如果发生改变,并不会改变主调函数中的实参的值。

下面通过一个例子,来看看实参与形参之间值的单向传递的过程。

【例8.3】 试图通过一个函数交换 2 个变量的值。

【解题思路】

通过参数,将 2 个要交换的数(实参)传递给 Swap() 函数(形参),然后在 Swap() 函数中对这两个形参变量进行交换。

【编写程序】

```
#include <stdio.h>
void Swap(int a,int b)
{
  int t;
  t=a;                //交换a和b的值
  a=b;
  b=t;
}
void main()
{
  int x=5,y=-7;
  printf("调用 Swap()函数前,x=%d,y=%d\n",x,y);
  Swap(x,y);
  printf("调用 Swap()函数后,x=%d,y=%d\n",x,y);
}
```

【运行结果】

调用 Swap()函数前,x=5,y=-7
调用 Swap()函数后,x=5,y=-7

可以看到,调用 Swap()函数后,x 和 y 的值并没有被交换。

【程序分析】

未调用 Swap()函数前,Swap()函数中的形参 a 和 b 的空间并不存在。调用 Swap()函数时,由系统临时在内存中开辟了空间分配给 a 和 b,然后再将实参 x 的值复制给对应位置的形参变量 a,实参 y 的值复制给对应位置的形参变量 b,程序进入 Swap()函数中运行。在 Swap()函数中,对 a 和 b 进行了交换,但是交换后的值并没有回传给 main()函数中的 x 和 y。当 Swap()函数执行完毕后,程序返回到 main()函数中,Swap()函数中的形参空间会被系统回收,显然,main()函数中的 x 和 y 并没有受到任何影响。

> 💡**知识拓展**
>
> 在 C 语言中,函数调用时的这种值的单向传递,使得在函数内无法直接改变外部的值。如果想要在函数内修改外部的值,可以采取全局变量方式、传递数组名方式和通过指针传递地址的方式进行。这 3 种方法将在后面介绍。

▶ 8.2.3　函数的调用过程

当调用一个函数时,整个调用过程分为函数调用、函数体执行和返回 3 步。

第一步:函数调用。

① 将函数调用语句的下一条语句的地址保存到一个名为栈的特殊结构中(这种将值保

存到栈中的过程称为入栈),以便函数调用完成后返回;对实参表从后向前,计算出所有实参的值,并且将值依次入栈;这一过程称为"保留现场"。

② 在内存中分配合适的空间,容纳被调函数(包括其中的形式参数、变量等)。

③ 跳转到被调函数开头处,准备执行函数。

第二步:函数体执行。

① 依次从栈中取出数据(这种从栈中取出数据的过程称为出栈),将每一个形参以栈中对应的实参值取代。

② 执行函数体的语句。

第三步:返回。

① 执行完函数体后,或者遇到 return 语句后,则准备返回。如果返回了一个值,则将该值入栈。

② 返回到函数调用表达式的位置,取出 return 压入栈的值,将被调函数的空间释放,同时恢复进入函数前所保留的信息,这一过程称为"恢复现场"。

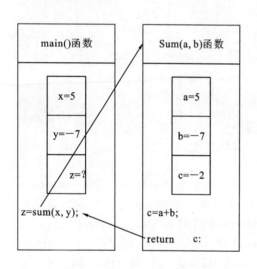

图 8.3 函数调用过程示意图

图 8.3 所示是例 8.2 的调用过程。当执行到 main()函数中的"z=Sum(x,y);"时,系统将本地址保留到栈中,并将实参 x 和 y 的值(5 和 −7)也压入栈中,然后在内存中分配合适的空间,容纳 Sum,并给其中的形式参数 a、b 和局部变量 c 分配空间,然后程序跳转到 Sum()函数空间开头处;从栈中依次取出数据并赋值给 b 和 a(注意顺序和位置对应关系,此时 b 为 −7,a 为 5),然后开始运行 Sum()函数,计算出 c 的值(−2),程序遇到了"return c"语句,将 c 的值(−2)压入栈中,然后返回到 main()函数刚才调用 Sum()函数的地方,取出刚压入栈的值 −2,将 Sum()函数空间全部释放,同时恢复所保留的信息,程序继续在 main()函数中运行下去。

8.2.4 函数的返回值

函数通过 return 语句能返回一个确定的值,如例 8.2 中的 Sum()函数就返回一个 int 类型的值。但是,关于函数的返回值,还有以下需要注意的几点。

① 函数的类型决定了函数的 return 语句形式。

如果函数的类型为 void 类型,则 return 语句只能是一个空的 return,不能 return 任何数据;反之,如果函数的类型不是 void,则要求 return 必须返回一个与函数类型相匹配的数据,如下面的 fun1()函数和 fun2()函数:

```
void fun1()
{
  //其他代码
  return 1;      //有错误,void 类型的函数不能 return 一个值
}
int fun2()
{
  //其他代码
  return;        //有错误,非 void 类型的函数不能 return 空
}
```

fun1()函数的类型为 void,而 return 语句返回一个数据,这是错误的。在 VC 中编译时,会指示这个错误:

error C2562:'fun1':'void'function returning a value

同样地,fun2()函数的类型为 int,但 return 语句是空的,这也是错误的。在 VC 中编译时,会指示这个错误:

error C2561:'fun2':function must return a value

② return 值的类型应该与函数的类型相匹配。

return 值的类型应该与函数的类型一致,如果不一致,编译时 C 语言系统会尝试进行自动类型转换,如果转换不成功,则提示出错信息,如下面的 fun3()、fun4()和 fun5()函数:

```
double fun3()
{
  int a=123;
  //其他代码
  return a;      //double 类型函数 return 一个 int 值,C 语言会进行自动类型转换
}
int fun4()
{
  double f=3.14;
  //其他代码   //int 类型函数 return 一个 double 值,会有一个警告
  return f;
int fun5()
{
  int b[10];
  //其他代码   //错误:int 类型函数 return 一个 int 数组名(其实是指针)
  return b;
}
```

fun3()函数类型为 double,return 一个 int 类型的值,C 语言可以自动类型转换,所以是合法的。

fun4()函数类型为 int,但 return 一个 double 类型的值,编译时,VC 会给出一个警告提示,提示从 double 转换为 int 可能会丢失精度:

warning C4244: 'return': conversion from 'double' to 'int',possible loss of data

fun5()函数类型为 int,但 return 一个数组名(地址)类型,编译时,VC 会给出一个函数定义不合法的错误提示:

error C2601: 'fun5': local function definitions are illegal

③ 一个函数有多个出口时,应该保证每个出口都能正确地 return。

一个函数可以有多个 return 语句,每个 return 语句就是一个出口,执行到哪个 return 语句,哪个 return 语句就起作用,但是必须保证每个 return 语句都能正确地返回正确的值。如下面的 fun6()函数:

```c
int fun6(int a,int b)
{
  if(a==1)
    return 1;
  if(b%2==0)
    return 2;
  else
    return 3;
}
```

在 fun6()函数中,有 3 个 return 语句,如果传入的值 a 为 1,则直接 return 1;如果 a 的值不是 1,则再根据 b 的值进行计算,如果 b 是偶数,则 return 2 起作用,否则 return 3 起作用。

④ 一个函数应该保证在任何情况下都要有出口。

当运行到 return 语句时函数就会返回,或者当运行到该函数的末尾(最后一个大括号)时也会返回,如果该函数有返回值,但没有返回值,结果就是错误的。这种情况通常是由 if 语句中的 return 造成的,如下面的程序代码:

```c
#include <stdio.h>
int fun7(int a)
{
  if(a>=0)
    return 1;
}
void main()
{
  int x,y;
  x=fun7(5);
  y=fun7(-7);
```

```
    printf("x=%d,y=%d\n",x,y);
}
```

在 VC 中编译程序,得到一个"不是所有的出口都返回了一个值"的警告:

```
warning C4715: 'fun7': not all control paths return a value
```

运行这个程序,输出结果为

```
x=1,y=-858993460
```

在 fun7()函数中,通过"if(a>=0)　return 1"返回一个值,通过"x=fun7(5)"调用时,将 5 传递给函数,此时 a 的值为 5,函数顺利返回了 1;但通过"y=fun7(-7)"调用时,将-7 传递给 fun7()函数,a 的值为-7,则该 if 语句条件不满足,于是程序直接向下运行到函数的末尾,直接自动返回了,也就没有返回值,所以 y 并没有得到返回值,仍然保持着刚定义时的不确定的值。

编程时应该极力避免出现这种错误。可以有两种方法解决这个问题。

方法一:可以加上一个 else 再 return 值,这样在任何情况下也有返回值。如 fun7()函数可以修改为

```
int fun7(int a)
{
  if(a>=0)
    return 1;
  else
    return 0;
}
```

方法二:在函数的末尾,加上"return 值"语句,就能确保最后总能返回一个确定的值。如 fun7()函数可以修改为

```
int fun7(int a)
{
  if(a>=0)
    return 1;
  return 0;
}
```

需要注意,方法一有时不能使用,此时只能使用方法二。

【例 8.4】　写一个函数,判断数 n 是否是素数。

【解题思路】

通过一个循环让 $2\sim n/2$ 依次去除 n,如果能够除尽,则可以断定 n 不是素数,可以直接返回 0;如果直到循环结束也不能除尽,则说明 n 就是一个素数,可以返回 1。

【编写程序】

```
#include <stdio.h>
int IsPrime(int n)  //判断n是否是素数,函数返回0表示不是素数,1表示是素数
```

```
{
    int i;
    for(i=2;i<=n/2;i++)          //从2到n/2依次判断
        if(n%i==0)               //只要有一个能除尽n
            return 0;            //则n必然不是素数,可以直接返回0
    return 1;                    //是素数,返回1
}
void main()
{
    int a,is;
    scanf("%d",&a);
    is=IsPrime(a);               //约定函数返回0表示不是素数,1表示是素数
    if(is==1)
        printf("%d是素数\n",a);
    else
        printf("%d不是素数\n",a);
}
```

【运行结果】

如果输入120,则输出

120 不是素数

如果输入131,则输出

131 是素数

【程序分析】

在函数 IsPrime(int n)中,通过循环 i 从 2 到 n/2,依次判断是否能除尽 n,只要有一个数能除尽,则表明 n 不是素数,可以直接返回 0;如果 for 循环结束后还没有返回,则表示没有任何一个数能除尽 n,故 n 就是一个素数,可以在函数的最末尾 return 1。

如果将 IsPrime()函数修改成以下代码:

```
int IsPrime(int n)
{
    int i;
    for(i=2;i<=n/2;i++)          //从2到n/2依次判断
        if(n%i==0)               //只要有一个能除尽n
            return 0;            //则n必然不是素数,可以直接返回0
        else
            return 1;
}
```

输入 25 后程序会输出"25 是素数",显然是错误的,具体原因请自行分析。

8.2.5　函数的声明

C语言规定,函数应该先定义后使用,即被调用的函数应该是已经定义的函数,对于没有定义的函数,不得调用。若有下面的程序代码:

```
void main()
{
    fun();          //调用 fun()函数
}
void fun()
{
    //函数体
}
```

则编译时会出现"未定义的标识符"的错误提示。

```
error C2065: 'fun': undeclared identifier
```

这是因为C语言编译程序时,是从上往下进行的,当编译到main()函数中的调用fun()函数时就不知道fun()函数的存在(虽然在后面有定义,但在此时确实不知道)。

可以有两种解决方法,第一种方法是将上面的fun()函数放到main()函数之前定义,这种方法可以解决未定义函数的调用问题,但是在有些情况下却行不通。比如后面会介绍的间接递归函数调用方式:假设有fa、fb两个函数,函数fa调用了函数fb,函数fb又调用了函数fa。若将函数fa定义在函数fb前面,可以解决函数fb调用函数fa函数的问题,但函数fa却调用不了fb,反之将函数fb定义在fa之前也不行。此时需要使用第二种方法。

第二种方法是在被调用之前先"声明函数",而函数的定义可以在声明之后进行。

所谓函数声明(Declaration),就是告诉编译器,这个函数将会在后面被定义。函数声明的格式有两种形式:

形式一:

函数类型 函数名(参数类型 1 参数名 1,参数类型 2 参数名 2,…,参数类型 n 参数名 n);

形式二:

函数类型 函数名(参数类型 1,参数类型 2,…,参数类型 n);

第二种形式比第一种形式省略了参数的名称,推荐使用第一种形式进行声明。

函数声明也就是函数原型(Function Prototype),函数原型的作用是告诉编译器与该函数有关的信息,让编译器知道函数的存在,以及存在的形式,即使函数暂时没有定义,编译器也知道如何使用它,这样就能够调用这个函数。

函数的定义与函数的声明的主要区别如下:

① 函数的定义是一个完整的函数单元,包含函数类型、函数名、形参及形参类型、函数体等在程序中,函数的定义必须有大括号,且最后不加分号。

② 函数的声明只是对编译系统的一个说明,是对定义的函数的返回值的类型进行说明,以通知系统在本函数中所调用的函数是什么类型。不包含函数体(或形参),没有大括号,但必须以分号结束。

③ 函数的声明应该在函数的定义之前,否则声明函数就没有什么意义了。

【例 8.5】 将例 8.4 的 IsPrime()函数提前声明,但定义在 main()函数之后。

【编写程序】

```
#include <stdio.h>
int IsPrime(int n);              //函数的声明
void main()
{
    int a,is;
    scanf("%d",&a);
    is=IsPrime(a);               //约定函数返回 0 表示不是素数,1 表示是素数
    if(is==1)
        printf("%d是素数\n",a);
    else
        printf("%d不是素数\n",a);
}
int IsPrime(int n)               //函数的定义
{
    int i;
    for(i=2;i<=n/2;i++)          //从 2 到 n/2 依次判断
        if(n%i==0)               //只要有一个能除尽 n
            return 0;            //则 n 必然不是素数,可以直接返回 0
    return 1;                    //是素数,返回 1
}
```

💡**知识拓展**

　　正确认识函数的定义与函数的声明:函数的定义是一个有函数体的完整的函数;函数的声明没有函数体,没有大括号,就是函数的一个头部后面直接加分号结束,如下面两段代码:

① 函数的定义:

int fun(int a,int b)
{
　　函数体;
}

② 函数的声明:

int fun(int a,int b);

　　函数的定义必须在任何函数的外面,不能在某个函数体内定义函数,但函数的声明可以在函数外部,也可以在函数的内部进行。

▶ 8.2.6　函数的嵌套调用

　　C 语言中函数的定义是独立的、平行的,函数不能在别的函数体内部进行定义,即函数

不能嵌套定义,但可以嵌套调用,也就是说,一个函数体内可以调用另外的若干函数。假设有以下的代码段:

```
void main()              void fa()               void fb()
{                        {                        {
  fa();                    fb();                     //…
}                        }                        }
```

main()函数中调用了 fa()函数,而 fa()函数又嵌套调用了 fb()函数,图 8.4 表示的是该代码的嵌套调用示意图,程序的执行过程如下:

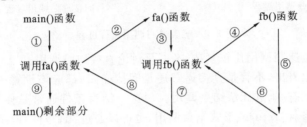

图 8.4　函数嵌套调用执行过程

① 执行 main()函数,遇到了调用 fa()函数。
② 程序转入 fa()函数体内执行。
③ 执行 fa()函数体语句,遇到了调用 fb()函数。
④ 程序转入到 fb()函数体内执行。
⑤ 执行完 fb()函数,直到末尾或遇到 return 返回语句。
⑥ 返回到 fa()函数内调用 fb()函数的地方。
⑦ 继续执行 fa()函数剩余的语句,直到末尾或遇到 return 返回语句。
⑧ 返回到 main()函数内调用 fa()函数的地方。
⑨ 继续执行 main()函数的剩余部分。

8.2.7　函数的递归调用

函数可以互相调用,可以嵌套调用,也可以调用自己。如果一个函数直接或间接地调用自己,则称为函数的递归调用,这个函数就称为递归函数。如果是函数直接调用自己,称为直接递归;如果函数间接调用自己,则称为间接递归。如下面的两个代码段:

```
//直接递归                        //间接递归
void fun1()                       void fun2()
{                                 {
  fun1();  //直接调用自己             fun3();  //fun2()函数先调用了 fun3()函数
}                                 }
                                  void fun3()
                                  {
                                    fun2();  //fun3()函数又调用了 fun2()函数
                                  }
```

fun1()函数中直接调用了自己,所以 fun1()函数是直接递归函数;fun2()函数中调用了 fun3()函数,而 fun3()函数又调用了 fun2()函数,所以对于 fun2()函数来说,是间接调用了 自己,fun2()函数就是间接递归函数。这两段递归调用的执行过程如图 8.5 所示。

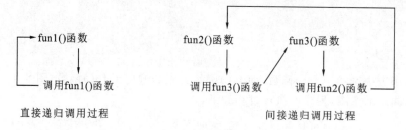

图 8.5 函数递归调用执行过程

由于函数的间接递归调用比较复杂,本书只讨论直接递归调用。

从图 8.5 中可以看出,不管是直接递归还是间接递归,都应该设置一个结束条件,否则 会陷入无限递归的状态,永远无法结束调用。而这个结束条件通常是使用一个 if 语句来完 成的,可以使用"if(条件)return"形式结束调用,也可以通过"if(条件)调用自己"的形式。

【例 8.6】 写一个递归函数,求 Sum=1+2+3+…+n 的值。

【解题思路】

要求 Sum(n)=1+2+3+…+n 的值,可以使用递归的思维(逆向思维),就是先假设已求 出 Sum(n-1)=1+2+3+…+(n-1)的值,只要在它的基础上加上 n 即可,即 Sum(n)=Sum (n-1)+n。其中,求 Sum(n-1)和求 Sum(n)的方法类似,但是其规模已经降 1 了。而要求出 Sum(n-1)的值,可以先假设已求出 Sum(n-2)=1+2+3+…+(n-2)的值,再在它的基础上 加上 n-1 即可。以此类推,问题的规模逐渐降低,最后要求 Sum(2)的值,可求出 Sum(1)的值 后加 2 即可,而 Sum(1)的值是确定的值 1。该计算过程可用下面的递归公式表示:

$$\text{Sum}(n) = \begin{cases} 1 & n=1 \\ \text{Sum}(n-1)+n & n \geqslant 2 \text{ 时} \end{cases}$$

【编写程序】

```
int Sum(int n)
{
  int s;
  if(n==1)
    s=1;
  else
    s=n+Sum(n-1);
  return s;
}
void main()
{
  int t=Sum(4);
  printf("1+2+3+4=%d\n",t);
}
```

【运行结果】

1＋2＋3＋4＝10

【程序分析】

在 main()函数中通过"t＝Sum(4)"调用 Sum()函数,它们的运行过程如图 8.6 所示。

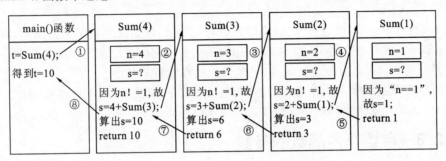

图 8.6 Sum(4)函数的递归调用过程

运行过程解释如下:

① main()函数中通过"t＝Sum(4)"调用 Sum()函数,进入 Sum()函数空间执行,此时n＝4。

② 因为 n 不是 1,所以通过 else 路径,执行"s＝n＋Sum(n-1)",即"s＝4＋Sum(3)",再次调用新的 Sum()函数,进入新的 Sum()函数空间执行,此时 n＝3。

③ 因为 n 不是 1,所以通过 else 路径,执行"s＝n＋Sum(n-1)",即"s＝3＋Sum(2)",再次调用新的 Sum()函数,进入新的 Sum()函数空间执行,此时 n＝2。

④ 因为 n 不是 1,所以通过 else 路径,执行"s＝n＋Sum(n-1)",即"s＝2＋Sum(1)",再次调用新的 Sum()函数,进入新的 Sum()函数空间执行,此时 n＝1。

⑤ 因为"n＝＝1",所以通过 if 路径,得到 s＝1,跳过 else 路径,直接执行后面的"return s"语句,即 return 1,返回到调用该 Sum()函数的地方[即 Sum(2)函数空间中]继续执行。

⑥ 由于 Sum(1)返回后,可以算出 s＝2＋1＝3,然后执行后面的"return s"语句,即 return 3,返回到调用该 Sum()函数的地方[即 Sum(3)函数空间中]继续执行。

⑦ 由于 Sum(2)返回后,可以算出 s＝3＋3＝6,然后执行后面的"return s"语句,即 return 6,返回到调用该 Sum()函数的地方[即 Sum(4)函数空间中]继续执行。

⑧ 由于 Sum(3)返回后,可以算出 s＝6＋4＝10,然后执行后面的"return s"语句,即 return 10,返回到调用该 Sum()函数的地方[即 main()函数空间中]继续执行,可以得出 t＝10 的结果。

一般来说,能用类似于例 8.6 中求和的 Sum(n)递归公式表示的问题,都可以轻松地用递归函数来解决,如著名的斐波那契(Fibonacci)数列,就可以表示成以下递归公式:

$$\text{Fib}(n)=\begin{cases} 1 & n=1 \text{ 或 } n=2 \text{ 时} \\ \text{Fib}(n-2)+\text{Fib}(n-1) & n>2 \text{ 时} \end{cases}$$

可以写出以下的递归函数。

```c
int Fib(int n)
{
    int f;
    if(n==1 || n==2)
```

```
    f=1;
  else
    f=Fib(n-2)+Fib(n-1);
  return f;
}
```

递归函数对于初学者来说是比较难以理解和编写的,但如果掌握了递归函数,则能解决一些非递归函数难以解决的问题。在使用递归函数解决问题时应该注意以下 2 点:

① 要处理的问题具有重复性特点,只是问题的规模越来越小。

② 函数要有递归终止条件检查,即递归终止的条件满足后,则不再继续调用自身。通常的递归终止条件就是当问题的规模变成 1 或 0 时停止。

8.2.8 数组作为函数的参数

数组名和数组元素都可以作为函数的实际参数,但使用它们时,函数的形式参数定义方式不同,使用效果也不同。

1. 数组元素作为函数的实际参数

使用数组元素作为函数的实际参数,需要使用普通的变量作为函数的形式参数,它们仍然遵循值的单向传递,在函数中对形式参数的修改并不会影响到实际参数的数组元素。

2. 数组名作为函数的实际参数

数组名作为函数的实际参数时,应该使用数组名或指针变量作为形式参数,此时传递的其实是数组的地址,因此形式参数的数组就是实际参数的数组。所以如果在函数中对形式参数数组中的元素进行修改,就是修改实际参数的数组中的对应的元素。

【例 8.7】 分别将数组元素和数组名作为函数的实际参数传递给函数,然后在函数中修改对应元素的值。

【编写程序】

```
#include <stdio.h>
void fun1(int x,int y)
{
  x++;
  y--;
}
void fun2(int z[])
{
  z[3]++;
  z[4]--;
}
void PrintArray(int w[])    //输出数组 w 中 5 个元素的值
{
  int i;
  for(i=0;i<5;i++)
```

```
        printf("%5d",w[i]);
    putchar('\n');
}
void main()
{
    int a[5]={11,22,33,44,55};
    int b[5]={111,222,333,444,555};
    printf("调用 fun1()函数前,a 数组为:");
    PrintArray(a);
    fun1(a[0],a[1]);
    printf("调用 fun1()函数后,a 数组为:");
    PrintArray(a);
    printf("调用 fun2()函数前,b 数组为:");
    PrintArray(b);
    fun2(b);
    printf("调用 fun2()函数后,b 数组为:");
    PrintArray(b);
}
```

【运行结果】

调用 fun1()函数前,a 数组为:	11	22	33	44	55
调用 fun1()函数后,a 数组为:	11	22	33	44	55
调用 fun2()函数前,b 数组为:	111	222	333	444	555
调用 fun2()函数后,b 数组为:	111	222	333	445	554

【程序分析】

① 调用 fun1()函数时,将数组 a 的两个元素 a[0]和 a[1]作为实际参数,在 fun1()函数中,形式参数为两个普通的 int 型变量 x 和 y,然后修改了这两个变量的值。由于函数参数遵循值的单向传递,所以 fun1()函数内对 x 和 y 的修改,并没有影响到 main()函数中数组 a 中的元素。

② 调用 fun2()函数时,将数组名 b 作为实际参数,在 fun2()函数中,形式参数为对应的 int 型数组名 z[],然后修改了数组 z 中的两个元素 z[3]和 z[4]。由于函数传递的是数组名,也就是实际参数数组 b 的首地址,形式参数数组 z 就是实际参数数组 b,所以对 z 数组元素的修改,就是对实际参数 b 数组中元素的修改。

一维数组名作为形式参数时,数组的大小可以省略,如果写出来也没有意义,会被 C 语言忽略掉,如上面的 fun2()函数也可以定义为

```
    void fun2(int z[10])    //形式参数数组的大小没有意义
```

如果是将二维数组或多维数组作为形式参数,则可以省略第 1 维的大小,也可以写出第 1 维的大小,但是也没有意义;第 2 维及后面每维的大小均不能省略,且必须与实际参数中的第 2 维及后面每维的大小完全对应相同。例如:

```
void fun3(int a[][4][5]);   //省略第1维的大小,正确
void fun4(int a[][][5]);    //省略了第2维的大小,错误
void main()
{
  int b[3][4][5],c[10][20][30];
  fun3(b);                  //调用fun3()函数,第2和第3维大小对应相同,正确
  fun3(c);                  //调用fun3()函数,但第2和第3维大小不对应相同,错误
}
```

8.3 变量的作用域和存储形式

8.3.1 局部变量和全局变量

变量可以定义在函数的内部,也可以定义在函数的外面。定义在不同位置的变量,其作用域是不同的。所谓变量的作用域,就是变量起作用的区间和范围。在C语言中,变量按作用域可分为局部变量和全局变量。

1.局部变量

局部变量就是定义在函数内部的变量,它只在本函数内有效。函数的形式参数也是局部变量。局部变量的有效范围为定义它开始到本函数的末尾。另外,有些局部变量还会定义在某个大括号括起来的复合语句(程序块)内部,它的有效范围为定义开始到本程序块末尾。如下面的代码段:

```
void fun1()
{
  int x;                  //局部变量x,其有效范围到fun()函数的末尾
  ...
  for(int i=1;i<10;i++)   //此处的i也是局部变量
  {
    int y;                //定义在程序块内的局部变量,只能在本使用
    ...
    x=123                 //可以使用x
    i=456;                //可以使用i
    while(i>0)
    {
      y++;                //可以使用y
      i--;                //可以使用i
    }
  }
  y=333;                  //错误,y定义在程序块中,程序块外面不能使用y
  i=x+1;                  //可以使用i和x
  ...
```

```
    }
void fun2(int a)
{
    int b;
    int x;              //局部变量,可以与别的函数中的局部变量重名
    a++;                //形式参数也是局部变量
    x=888;              //使用的是自己的局部变量 x
    y=999;              //错误,不能使用别的函数的局部变量
    ...
}
```

在 fun1()函数中,局部变量 x 的作用域为整个 fun1()函数;变量 i 定义在 for 语句中,也是一个局部变量,它的作用域为从定义它的开始到 fun1()函数的末尾;变量 y 定义在程序块内部,其作用域为从定义它开始到它所在的程序块末尾,一旦离开了该程序块,则其作用范围就消失了。

在 fun2()函数中,形式参数 a 也是本函数的局部变量;又定义了一个与 fun1()函数中的重名的局部变量 x,这是允许的,不同函数中的局部变量可以重名,它们之间没有任何关系;每个函数都只能使用自己函数内的局部变量,在 fun2()函数中试图使用 fun1()函数中的局部变量 y,这是错误的。

需要注意的是,局部变量与该函数同在。当它所在的函数被调用时才会被分配空间,才能使用。而当该函数调用结束时(return 返回后),局部变量的空间就会被释放,局部变量就会失去作用。

2.全局变量

在所有函数外部定义的变量称为全局变量,也称外部变量,它不属于哪一个函数,它属于本 C 语言的源程序文件,它的作用域是从定义位置开始到整个源程序文件结束。如下面的代码段:

```
void fun1()
{
    a=123;          //错误,因为全局变量a还没有被定义
}
int a;              //全局变量,自动被 C 初始化为 0
void fun2()
{
    a=456;          //正确
}
void main()
{
    a=789;          //正确
}
```

关于全局变量,需要注意以下几点:

① 局部变量定义后,如果没有给它赋初值,那么它的值是不确定的。但全局变量定义后,如果没有赋初值,则系统会自动给它的初值为 0。如上面的 a 定义时没有给值,那么它的值会自动取为 0。

② 如果一个函数中又定义了一个与全局变量名称相同的局部变量,那么在该函数内部从定义该局部变量的位置开始,使用的是自己的局部变量,这是局部变量屏蔽(覆盖)掉了全局变量。例如:

```
int a=123;                    //全局的 a
void main()
{
  //这里只有全局变量 a 起作用
  ...
  int a=456;                  //局部的 a
  //下面开始只有局部的 a 起作用
  printf("%d\n",a);           //结果是 456
}
```

8.3.2 变量的存储类型

前面已经介绍了,从变量的作用域角度来分,变量可以分为全局变量和局部变量。从另一个角度,从变量的存储方式角度来分,变量可以分为静态存储方式和动态存储方式。

静态存储方式是指在程序运行期间分配固定的存储空间的方式,即分配在静态存储区;动态存储方式是在程序运行期间根据需要进行动态分配存储空间的方式,即分配在动态存储区,程序运行完毕就释放。

图 8.7　用户存储空间

通常情况下,用户存储空间可以分为三个部分(程序区、静态存储区和动态存储区),如图 8.7 所示。

全局变量全部存放在静态存储区,在程序开始执行时给全局变量分配存储区,程序运行完毕就释放。在程序执行过程中它们占据固定的存储单元,而不动态地进行分配和释放。

实际上,在 C 语言中,每个变量和函数都有两个属性:数据类型和数据的存储类型。如前面学习的整型、实型和字符型等都是关于数据类型的说明,而对于变量的存储类型,有 auto、register、static 和 extern 四种。其中,auto 和 register 属于动态存储方式,而 static 和 extern 属于静态存储方式。

1. auto 变量

auto 变量也就是自动变量,这种存储类型是 C 程序中最广泛的类型。C 语言规定,函数中的局部变量,如果用关键字 auto 加以说明,或者没有声明为 static 存储类型,则都是动态变量。函数中的形参和函数中定义的变量(包括在复合语句中定义的变量)都属于此类。在调用该函数时,系统会给它们分配存储空间,在函数调用结束时就自动释放这些存储空间。自动变量可用关键字 auto 作为存储类型的声明。例如:

```
int fun(int a)
{
```

```
auto int b,c=3;
float x,y;
...
}
```

在 fun() 函数中,a 是形参,是自动变量;局部变量 b 和 c 用 auto 加以说明,也是自动变量;局部变量 x 和 y 没有用 static 加以说明,因此也是自动变量。执行完 fun() 函数后,系统会自动释放自动变量 a、b、c、x 和 y 所占的存储单元。

2. register 变量

在程序运行过程中,需要到内存中读写相应变量的值。如果一个变量在程序中频繁使用,如循环变量,那么系统就会多次访问内存,从而影响程序的执行效率。为了提高效率,C 语言允许将某些局部变量存储在 CPU 的寄存器中,这种变量称为寄存器变量,用关键字 register 加以声明。例如:

```
int fac(int n){
    register int i,f=1;        //i 和 f 都是 register 变量
    for(i=1;i<=n;i++)
        f=f * i;
    return f;
}
```

对寄存器变量的几点说明:

① 只有局部自动变量和形式参数可以作为寄存器变量,局部静态变量不能定义为寄存器变量。

② 一个计算机系统中的寄存器数目有限,如果定义了太多个寄存器变量,则只有一部分变量为寄存器变量,其他的为普通的变量。

③ 由于 register 变量使用的是硬件 CPU 中的寄存器,而寄存器变量无地址,所以不能使用取地址运算符"&"求寄存器变量的地址(取地址运算符"&"将在"指针"一章中介绍)。

3. static 变量

有时希望函数中的局部变量的值在函数调用结束后不消失而继续保留原值,即其占用的存储单元不释放,在下一次再调用该函数时,该变量已有值(就是上一次函数调用结束时的值),这时就应该指定局部变量为静态局部变量(简称静态变量),用关键字 static 进行声明。

静态变量属于静态存储方式,但是属于静态存储方式的变量不一定就是静态变量。例如,外部变量虽属于静态存储方式,但不一定是静态变量,必须由 static 加以声明后才能成为静态变量。

【例 8.8】 考察静态局部变量的值。

【编写程序】

```
void  fun()
{
    auto  int  a=5;        //自动局部变量
    static  int  b=5;       //静态局部变量
    a++;
```

```
    b++;
    printf("a=%d,b=%d\n",a,b);
}
void main()
{
    int i;
    for(i=1;i<=5;i++)
    {
        printf("第%d次调用函数:",i);
        fun();
    }
}
```

【运行结果】

```
第 1 次调用函数:a=6,b=6
第 2 次调用函数:a=6,b=7
第 3 次调用函数:a=6,b=8
第 4 次调用函数:a=6,b=9
第 5 次调用函数:a=6,b=10
```

【程序分析】

由于 a 是自动局部变量,所以每次调用 fun()函数时,a 的值都是重新从 5 开始;而 b 是静态局部变量,第一次调用 fun()函数时,它的值赋为 5,运行加 1 后值变成 6;第二次调用时,是从第一次调用后 b 的值(6)开始的,加 1 后成 7;以此类推,b 的值每次被调用都是从上一次的值开始的。

4.extern 变量

一个 C 程序可能会由多人合作开发,每个人都可以编写一个源程序文件,这样一个 C 程序就会由多个源程序文件组成。如果想使用别的源程序文件中的某个全局变量,则需要使用 extern 关键字对该变量做"外部变量声明",表示该外部变量是别的源程序文件中所定义的,但在此位置处进行扩展作用域,从此处到本源程序文件末尾都可以使用该外部变量。如有两个源程序文件 file1.C 和 file2.C,其中,file1.C 文件中定义了一个全局变量 a,如果 file2.C 文件中想要使用这个全局变量 a:

```
//源程序文件 file1.C              //源程序文件 file2.C
int a=123;   //定义的全局变量       #include <stdio.h>
void fun()                        void main()
{                                 {
    a++;                              a--;   //使用全局变量
}                                     printf("外部变量 a=%d\n",a);
                                  }
```

编译时,VC 会给出一个变量 a 未定义的错误提示。

```
file2.C(5): error C2065: 'a': undeclared identifier
```

解决的方法就是在"file2.C"文件中使用 a 之前用 extern 进行"外部变量声明",例如:

```
//源程序文件 file1.C            //源程序文件 file2.C
int a=123;  //定义的全局变量    #include <stdio.h>
void fun()                      extern int a;  //外部变量声明
{                               void main()
  a++;                          {
}                                 a--;//使用全局变量
                                  printf("外部变量 a=%d\n",a);
                                }
```

用 extern 声明外部变量时,类型名可以写也可以省略,如上面的定义"extern int a"也可以写成"extern a"。

8.4 函数应用举例

【例 8.9】 在例 8.4 的基础上,调用判断素数的 IsPrime()函数,由用户输入两个正整数,输出这两个整数之间的所有素数。

【解题思路】

例 8.4 中的函数 IsPrime(int n)用来判断参数 n 是否是素数,如果是,返回 1;否则返回 0。可以在 main()函数中由用户输入两个正整数 a 和 b,然后用一个循环,从 a 到 b 依次判断数是否是素数,将素数打印出来。

【编写程序】

```
#include <stdio.h>
int IsPrime(int n)
{
  int i;
  for(i=2;i<=n/2;i++)      //从 2 到 n/2 依次判断
  if(n%i==0)               //只要有一个能除尽 n
    return 0;              //则 n 必然不是素数,可以直接返回 0
  return 1;                //是素数,返回 1
}
void main()
{
  int a,b,i,n;
  printf("请输入两个正整数:");
  scanf("%d %d",&a,&b);
  for(i=a,n=0;i<=b;i++)  //从 a 到 b 依次判断数 i 是否是素数
    if(IsPrime(i))         //如果是素数
```

```
    {
        n++;                    //素数个数加1,用来控制输出换行
        printf(" %5d",i);
        if(n%10==0)             //每输出10个素数就换一行
            putchar('\n');
    }
    putchar('\n');
}
```

【运行结果】

如果运行时输入"100 300":

```
请输入两个正整数:100   300
    101   103   107   109   113   127   131   137   139   149
    151   157   163   167   173   179   181   191   193   197
    199   211   223   227   229   233   239   241   251   257
    263   269   271   277   281   283   293
```

【例 8.10】 利用梯形法求定积分 $\int_0^1 \sin x \, dx$ 的值。

【解题思路】

根据高等数学知识可知,求定积分 $\int_a^b f(x)\,dx$ 的值,就是求曲线函数 $f(x)$ 与 x 轴从 a 到 b 所围成的面积,如图 8.8 所示。可先将横坐标 x 从 a 到 b 之间分为 n 份(如 $n=100$),每份都是一个近似的小梯形,该定积分的值就是这 n 个小梯形面积的和。

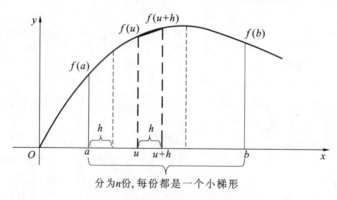

图 8.8　梯形法求定积分原理图

其中第 i 个梯形的上底横坐标 $u_i = a+(i-1)*h$,下底横坐标为 u_i+h,小梯形的上底长为 $f(u_i)$,下底长为 $f(u_i+h)$,高 $h = \dfrac{|b-a|}{n}$,所以第 i 个小梯形的面积 $s_i = \dfrac{[f(u_i)+f(u_i+h)] \times h}{2}$,将这 n 个小梯形的面积加起来的和,就是这个定积分的值。

可以写一个函数,专门用来求 $f(x)$ 的值,再定义一个函数,用来求每个小梯形的面积,然后在 main() 函数中调用这两个函数。

【编写程序】

```
# include <stdio.h>
# include <math.h>
double f(double x)        //求 f(x)的值,此处直接调用 sin(x)求对应的值
{
    return sin(x);
}
double GetIntegral(double a,double b)        //求[a,b]的定积分值
{
    int N=100;                              //分为 100 份
    double h,upper,lower,S1;                 //小梯形的高、上底长、下底长、面积
    double SAll=0;                           //所有小梯形的面积和
    int i;
    h=fabs(b-a)/N;                           //每个小梯形的高
    for(i=1;i<=N;i++)                        //共 N 个小梯形
    {
        lower=f(a+h*(i-1));                  //求出上底长
        upper=f(a+h*i);                      //求出下底长
        S1=(lower+upper)*h/2;                //求出第 i 个小梯形的面积
        SAll+=S1;                            //加到总面积中
    }
    return SAll;
}
void main()
{
    double integ=GetIntegral(0,1);
    printf("定积分值为:%1f\n",integ);
}
```

【运行结果】

定积分值为:0.459694

【程序分析】

在程序中,将图形分为 100 个小梯形(一般来说,分的份数越大越精确),每个小梯形的高都相同,再通过一个 for 循环,算出每个小梯形的面积,并计算它们的和。此例中函数 f(x)用来计算 sin(x)的值,在实际的应用中,可以根据需要,自己用别的表达式取代。

【例 8.11】 用递归的方法,求一个有 n 个元素的数组中的最大值。

【解题思路】

欲求有 n 个元素的数组 a[0...n-1]中的最大值 Max(a,n),可以用递归的思想来解决。假设已求出了数组前 n-1 个元素即 a[0...n-2]中的最大值 Max(a,n-1),让它与最后一个元素 a[n-1]比较,如果 Max(a,n-1)更大,则整个数组的最大值为 Max(a,n-1),否则最大值为

a[n−1]。同样的道理,欲求数组 a 的前 n−1 个元素的最大值 Max(a,n−1),可以同样假设已求出前 n−2 个元素的最大值 Max(a,n−2),与 a[n−2]比较得到 Max(a,n−2)或 a[n−2]。依此类推,最后归纳到求数组 a 中的前两个元素 a[0...1]的最大值,如果 Max(a,1)比 a[1]更大,前两个元素的最大值为 Max(a,1),否则为 a[1],而 Max(a,1)就是 a[0]的值。

根据上面的分析,可以得到以下的递归公式:

$$Max(a,n) = \begin{cases} a[0] & n=1 \\ Max(a,n-1) & n>1 且 Max(a,n-1)>a[n-1] 时 \\ a[n-1] & n>1 且 Max(a,n-1)<a[n-1] 时 \end{cases}$$

【编写程序】

```
# include <stdio.h>
int Max(int a[],int n)
{
  if(n==1)
  return a[0];
  else if(Max(a,n-1)>a[n-1])
  return Max(a,n-1);
  else
  return a[n-1];
}
void main()
{
  int a[9]={11,33,55,77,99,88,66,44,22};
  int m=Max(a,9);
  printf("最大值:%d\n",m);
}
```

【运行结果】

最大值:99

【程序分析】

在递归 Max()函数中,通过 if-else if-else 语句,将上述递归公式转化为程序。if(n==1)表示当数组 a 中只有一个元素时,则最大值就是 a[0];然后通过递归函数调用,判断 Max(a,n−1)和 a[n−1]的大小,确定前 n−1 个元素的最大值和 a[n−1]的比较后的最大值。

应该注意到,Max()函数中进行了两次递归调用 Max(a,n−1),而这两次调用方式完全相同。递归调用很耗时也很耗空间,可以进行改进,使用一个变量保存一次递归调用后的结果,Max()函数可以修改为

```
int Max(int a[],int n)
{
  if(n==1)
  return a[0];
  else
```

```
        {
          int m＝Max(a,n－1);
          if(m＞a[n－1])
          return m;
            else
            return a[n－1];
          }
        }
```

【例 8.12】 编写函数,统计输入的一行字符中每个小写字母的个数。

【解题思路】

可以在一个 for 循环中,遍历输入的字符数组中的每个元素,如果是小写字母,则相应的个数加 1。

【编写程序】

```
# include ＜stdio.h＞
# include ＜string.h＞
void countch(char c[],int b[])
{
  int k,len;
  len＝strlen(c);              //调用库函数求字符串 c 的长度
  for(k＝0;k＜len;k++)
    if(c[k]＞＝'a'&&c[k]＜＝'z')
      b[c[k]－97]++;          //小写字母 a 的 ASCII 码值为 97
}
void main()
{
  char c,ch[81];
  int b[26]＝{0};             //定义数组,同时每个元素均赋初值 0
  gets(ch);
  countch(ch,b);
  for(c＝'a';c＜＝'z';c++)
  {
    printf("%c:%d",c,b[c－97]);
    if((c－97+1)%10==0)   //每 10 个数据一行
      printf("\n");
  }
  putchar('\n');
}
```

【运行结果】

如果输入"this is a statistics program! i love c language",则输出结果为

```
this is a statistics program! i love c language
a:5  b:0  c:2  d:0  e:2  f:0  g:3  h:1  i:5  j:0
k:0  l:2  m:1  n:1  o:2  p:1  q:0  r:2  s:5  t:4
u:1  v:1  w:0  x:0  y:0  z:0
```

【程序分析】

在 countch() 函数中,通过 char c[] 和 int b[] 两个数组作为形式参数,数组 c 由 main() 函数输入一行字符,数组 b 由 main() 函数先清零,然后在 countch() 函数中统计对应的字母的个数,其中,b[0]是小写字母"a"的个数,b[1]是小写字母"b"的个数……b[25]是小写字母"z"的个数。计算的时候通过"b[c[k]-97]++"进行,"c[k]"就是当前元素的字母,减去 97(即小写字母"a"的 ASCII 码)后就得到该字母在数组 b 中的位置。

在 countch() 函数中,先调用了字符串库函数 strlen(c) 求得字符串 c 的长度,所以需要在程序开头包含"include ＜string. h＞"头文件。如果不调用 strlen(c) 函数,可以将 countch() 函数修改为

```
void countch(char c[],int b[])
{
  int k=0;
  while(c[k]! =\0')      //字符串都以\0结尾
  {
    if(c[k]>=a'&&c[k]<=z')
      b[c[k]-97]++;
    k++;
  }
}
```

练习题

一、选择题

1. 下列关于参数的说法不正确的是(　　)。
   A. 实参可以是常量、变量或表达式　　　　B. 形参可以是常量、变量或表达式
   C. 实参可以为任意类型　　　　　　　　　D. 形参应与其对应的实参类型一致

2. C 语言允许函数值类型缺省定义,此时该函数值隐含的类型是(　　)。
   A. float 型
   C. long 型
   B. int 型
   D. double 型

3. 以下说法正确的是(　　)。
   A. 函数的定义可以嵌套,但函数的调用不可以嵌套
   B. 函数的定义不可以嵌套,但函数的调用可以嵌套
   C. 函数的定义和调用均不可以嵌套
   D. 函数的定义和调用均可以嵌套

4.若已定义的函数有返回值,则以下关于该函数调用的叙述中错误的是(   )。

　　A.函数调用可以作为独立的语句存在　　　B.函数调用可以作为一个函数的实参

　　C.函数调用可以出现在表达式中　　　　　D.函数调用可以作为一个函数的形参

5.以下所列的各函数的声明中,正确的是(   )。

　　A. void play(var :Integer,var b:Integer);　　B. void play(int a,b);

　　C. void play(int a,int b);　　　　　　　　　D. Sub play(a as integer,b as integer);

6.在调用函数时,如果实参是简单变量,它与对应形参之间的数据传递方式是(   )。

　　A.地址传递　　　　　　　　　　　　　B.单向值传递

　　C.由实参传给形参,再由形参传回实参　　D.传递方式由用户指定

7.有以下程序:

```
void fun(int a,int b,int c)
{
    a=456;b=567;c=678;
}
int main()
{
    int x=10,y=20,z=30;
    fun(x,y,z);
    printf("%d,%d,%d",x,y,z);
    return 0;
}
```

程序运行后的输出结果是(   )。

　　A.30,20,10　　　　　　　　　　　　B.10,20,30

　　C.456,567,678　　　　　　　　　　　D.678,567,456

8.如果在一个函数的复合语句中定义了一个变量,则该变量(   )。

　　A.只在该复合语句中有效,在该复合语句外无效

　　B.在该函数中任何位置都有效

　　C.在本程序的原文件范围内均有效

　　D.此定义方法错误,其变量为非法变量

9.关于函数参数,下列说法正确的是(   )。

　　A.实参与其对应的形参各自占用独立的内存单元

　　B.实参与其对应的形参共同占用一个内存单元

　　C.只有当实参和形参同名时才占用同一个内存单元

　　D.形参是虚拟的,不占用内存单元

10.一个函数的返回值由(   )确定。

　　A. return 语句中的表达式　　　　　B.调用函数的类型

　　C.系统默认的类型　　　　　　　　　D.被调用函数的类型

11.关于建立函数的目的,以下说法正确的是(   )。

　　A.提高程序的执行效率　　　　　　　B.模块化程序设计需要

　　C.减少程序的篇幅　　　　　　　　　D.减少程序文件所占内存

12. 下列函数中,能够从键盘上获得一个字符数据的函数是(   )。

    A. puts()   B. putchar()

    C. getchar()   D. gets()

13. 以下程序的输出结果是(   )。

```
int c=123;
fun(int a,int b)
{
    int c;
    c=a+b;
}
void main()
{
    int c=456;
    fun(2,3);
    printf("%d\n",c);
}
```

    A. 123   B. 456

    C. 5   D. 不确定

14. 以下程序的运行结果是(   )。

```
int func()
{
    int a=5;
    static b=5;
    a++;
    b++;
    return(a+b);
}
void main()
{
    int i;
    for(i=1;i<=3;i++)
        printf("%d  ",func());
}
```

    A. 12 13 14   B. 12 14 16

    C. 12 12 12   D. 14 14 14

15. 有以下程序:

```
int f(int n)
{
    if(n==1)
```

```
        return 1；
      else
        return f(n-1)+n；
    }
  void main()
  {
    int i,j=0；
    for(i=1；i<=3；i++)
      j+=f(i)；
    printf(" %d\n",j)；
  }
```

程序运行后的输出结果是(　　　)。

A. 3   B. 6

C. 9   D. 10

16.有如下程序：

```
    int fun(char str[],char ch)
    {
      int i=0；
      while(str[i]! =\0')
      {
        if(str[i]==ch)
          return i；
        i++；
      }
      return -1；
    }
    void main()
    {
      int loc=fun("Chinese",'e')；
      printf(" %d\n",loc)；
    }
```

则程序的输出结果是(　　　)。

A. 2   B. 4

C. 5   D. 6

二、判断题

1.(　　　)return 语句作为函数的出口,在一个函数体内只能有一个。

2.(　　　)在 C 程序中,函数不能嵌套定义,但可以嵌套调用。

3.(　　　)C 语言的源程序中必须包含库函数。

4.(　　　)在 C 程序中,函数调用不能出现在表达式语句中。

5.(　　)在 C 函数中,形参可以是变量、常量或表达式。

6.(　　)在 C 语言中,一个函数一般由两个部分组成,它们是函数首部和函数体。

7.(　　)若定义的函数没有参数,则函数名后的小括号(圆括号)可以省略。

8.(　　)函数的函数体可以是空语句。

9.(　　)函数的实参和形参可以是相同的名字。

10.(　　)C 语言中函数返回值的类型由 return 语句中的表达式的类型决定。

11.(　　)C 语言程序中的 main()函数必须放在程序的开始部分。

12.(　　)函数调用时,形参与实参的类型和个数必须保持一致。

三、填空题

1.有以下程序,若运行时输入 1234,则运行后的输出结果是_____。

```
int fun(int n)
{
    return(n/10+n%1000);
}
void main()
{
    int x,y;
    scanf("%d",&x);
    y=fun(fun(fun(x)));
    printf("%d\n",y);
}
```

2.以下程序运行后的输出结果是_____。

```
int fun()
{
    static int x=1;
    x*=2;
    return x;
}
void main()
{
    int i,s=1;
    for(i=1;i<=3;i++)
        s=fun();
    printf("%d\n",s);
}
```

3.请将程序补充完整。函数"fan(int m)"用来计算整数 m 的各位数字之和,如 m=12345,则返回 15。

```
#include <stdio.h>
```

```
int fan(int m)
{
  int x,s=0;
  while(m! = _____(1)_____ )
  {
    x=_____(2)_____ ;
    m=m/10;
    s=s+x;
  }
   return _____(3)_____ ;
}
void main()
{
  int n,s;
  scanf(" % d",&n);
  s=fan(n);
  printf("s= % d\n",s);
}
```

4.请将程序补充完整。函数 fun(n,m)使用递归方法将整数 n 转化为 m(2≤m≤16)进制并输出,函数 PrintOneNum(ys)将 ys 输出。例如,在 main()函数中调用 fun(10811,16),则输出"2A3B",如果调用 fun(10811,8),则输出"25073"。

```
# include <stdio. h>
void PrintOneNum(int ys)              //输出每位数字
{
  if(ys<10)
    printf(" % d",ys);
  else
    printf(" % c",(ys-10)+'A');
}
void fun(int n,int m)              //递归函数,输出 n 的 m 进制值
{
  int ys;                          //余数
  if(n>_____(1)_____ )
  {
    ys=n%m;
    fun(_____(2)_____ );       //递归调用
    PrintOneNum(ys);
  }
}
```

```
void main()
{
  fun(12345,16);
  putchar('\n');
}
```

5. 以下程序运行后的输出结果是_____。

```
#include <stdio.h>
int fun(int a)
{
  int b=0;
  static int c=3;
  b++;
  c++;
  return(a+b+c);
}
void main()
{
  int i,a=5,sum=0;
  for(i=0;i<3;i++)
    sum+=fun(a);
  printf("%d\n",sum);
}
```

四、编程题

1. 写一个函数,用来求 n!（n 的阶乘）,然后在 main() 函数中调用它,求 s＝m!＋n!＋k!,其中 m、n、k 从键盘输入。

2. 写一个函数,用来求数 n 的所有真因子的和,然后在 main() 函数中由用户输入一个正整数,调用函数输出该数的真因子的和。如用户输入 12,则输出 16（因为 12 的真因子有 1、2、3、4、6,它们的和为 16）。

3. 写一个函数,使给定的 3×4 的二维整型数组转置,即行列互换。

4. 写一个函数,查找给定的 3×4 的二维整型数组中的最大值。

5. 写一个函数"int fun(int n,int m)",求两个正整数 n 和 m 的最大公约数。

6. 写一个递归函数,求 n 阶勒让德多项式的值,递归公式为

$$P_n(x)=\begin{cases} 1 & n=0\ \text{时} \\ x & n=1\ \text{时} \\ [(2n-1)\cdot x-P_{n-1}-(n-1)\cdot P_{n-2}(x)]/n & n>1\ \text{时} \end{cases}$$

7. 写一个递归函数 int fun(int n),将正整数 n 反转。如 n＝12345,则 fun() 函数返回 54321。

第9章 指 针

本章主要内容:
① 指针的概念。
② 指针变量的定义、初始化与引用。
③ 指针在数组中的应用。
④ 指针作为函数参数、指针函数、函数指针的使用方式。
⑤ 指针数组的使用。
⑥ 指针在字符串中的应用。
⑦ 动态内存分配的相关操作。

指针是 C 语言中广泛使用的一种数据类型。运用指针编程是 C 语言最主要的风格之一。利用指针变量可以表示各种数据结构,能很方便地使用数组和字符串,并能像汇编语言一样直接处理内存地址,从而编出精练而高效的程序。

9.1 指针与指针变量

9.1.1 指针与指针变量概述

在计算机中,内存分为许多个单元,每个单元就是一个字节(byte),共 8 位(bit)。一个 char 型(1 个字节)数据刚好能存放在一个单元中,而一个 short int 占 2 个字节需要存放在 2 个单元中,一个 long int 型占 4 个字节就需要 4 个单元来存储它们。如有 3 个变量:

char ch='A';
short int sa=0x1234;
long int lb=0x12345678;

那么它们在内存中的存放情况可能如图 9.1 所示。C 语言是按照低位在前,高位在后的原则存放的,所以 sa 的 0x1234 中,低位 0x34 存放在前面字节(2002 单元)中,而高位 0x12 存放在后面字节(2003 单元)中。

也就是说,每个单元都有一个地址,该地址指示着该变量所存储的单元。一个 char 型变量占 1 个字节,那么它所存储的那个单元就是它的地址;short int 型变量占 2 个字节,则它的首地址(也就是低地址的单元)称为它的地址,此例中 2002 那个单元就是变量 sa 的首地址,也就是 sa 的地址;同样地,long 型变量占 4 个字节,lb 最低单元的那个地址 4000 就是它的首地址,也就是它的地址。

因为可以通过变量的地址找到该变量所在的内存空间,所以可以说,该变量的地址指向该变量的内存空间。一个变量的地址称为该变量的指针。如果有一个变量专门用来存放其他变量的地址(指针),那么这个专门的变量就称为指针变量,这个指针变量就是指向原变量的指针。

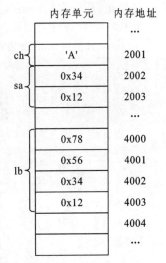

图 9.1 内存示意图

163

需要注意的是,指针和指针变量这2个概念既有关联又不相同。指针是一个地址,而指针变量是用来存放其他变量的地址。例如有一个变量 int a,它的值是 1234,而它的地址为 0x0012FF44,那么这个地址就是变量 a 的指针。如果另有一指针变量 p 值等于 a 的地址 0x0012FF44,则 p 就是指向 a 的指针变量。它们的关系如图 9.2 所示。

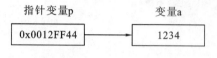

图 9.2 指针变量 p 指向变量 a

9.1.2 指针变量的定义

定义指针变量的一般格式如下:

> 类型名 * 变量名;

其中,类型名可以是 C 语言允许的各种数据类型,用于指定定义的指针变量的数据类型,变量名前的符号"*"表示该变量是一个指针型变量。例如:

> int * pa, * pb;
> float * qf, * qg;

需要注意的是,在定义时,* 只对一个变量有效,如下面定义:

> int * p,q;

则定义的 p 是 int 型指针变量,而 q 是普通的 int 型变量。

如果要定义两个或两个以上变量,每个变量前面都应该加上 *,例如:

> int * p, * q;

9.1.3 指针变量的初始化与赋值

1.指针变量的初始化

定义好指针变量后,一般需要对它们进行初始化,也就是让它们指向某个变量。如果不进行初始化,那么它们的值(指向)是不确定的。

对指针变量进行初始化的方法有两种:

① 指针变量定义之后再初始化,例如:

> int a=1234;
> int * pa;
> pa=&a;

② 指针变量定义的同时进行初始化,例如:

> int a=1234;
> int * pa=&a;

上述语法格式中,符号"&"是取地址运算符,用于获取变量的地址。

【例 9.1】 指针变量的定义与初始化,观察变量的地址、指针变量的值和指针变量的地址。

【解题思路】

定义一个 int 型变量、一个 double 型变量,再定义一个 int 指针型变量和一个 double 指针型变量,并正确指向,然后使用 printf 的"%p"格式输出对应的地址。

【编写程序】

```
#include <stdio.h>
void main()
{
    int    a=1234;
    double d=5.678;
    int    *pa;
    double *pd=&d;
    pa=&a;
    printf("a的地址:%p,pa的值:%p,pa的地址%p\n",&a,pa,&pa);
    printf("d的地址:%p,pd的值:%p,pd的地址%p\n",&d,pd,&pd);
    printf("指针pa的长度:%d字节,指针pd的长度:%d字节\n",sizeof(pa),
    sizeof(pd));
}
```

【运行结果】

```
a的地址:0012FF44,pa的值:0012FF44,pa的地址 0012FF38
d的地址:0012FF3C,pd的值:0012FF3C,pd的地址 0012FF34
指针pa的长度:4字节,指针pd的长度:4字节
```

【程序分析】

从运行结果可以看出,a的地址与指针变量pa的值完全一致,d的地址与pd的值完全一致,这说明pa就是指向了a的指针变量,而pd是指向了b的指针变量。同时还应该注意到,指针变量pa和pd也是变量,它们在内存中占有空间,因此它们也有地址,且它们所占的空间长度都是4个字节。

需要注意的是,当输出变量的地址或指针变量的值时,应该使用"%p"作为格式输出符,如果使用"%X",则输出的地址不完整(没有前面的00),如将上面的"%p"全部改为"%X",则输出结果为

```
a的地址:12FF44,pa的值:12FF44,pa的地址:12FF3C
f的地址:12FF40,pf的值:12FF40,pf的地址:12FF38
```

在指针的定义与初始化时,需要注意以下几点:

① 变量的指针的含义包含两个方面:一是内存地址,二是该指针指向的变量的数据类型。相应地,在说明例9.1中指针变量*pa时,不应简单地说"pa是一个指针变量",而应完整地说"pa是一个指向int型数据的指针变量"。

② 如何表示指针类型呢? 指向整型数据的指针类型表示为"int *",读作"指向int型数据的指针",或简单读为"int指针"。在C语言中,指针类型有很多种,除与C语言的基本数据类型相匹配的char *、int *、short *、long *、float *、double *等指针类型外,还有指向结构体的指针、指向共用体的指针、指向函数的指针和指向指针的指针。

③ 在让指针变量指向某个变量时,该变量必须与其指针变量的基类型完全一致。如上面的pa是int型的指针变量,那么pa只能指向int型的变量,如果试图让pa指向double类型的d:

```
pa=&d;
```

则编译时 VC 会报"不能将 double * 转换为 int * 类型"的错误：

```
error C2440: '=': cannot convert from 'double * ' to 'int *'
```

同样地,pd 也不能指向 int 型的变量。

④ 指针变量也是变量,它也在内存中有空间。那么它们的空间大小是多少呢？它所占据的空间大小与具体的编程环境有关。在 32 位编程空间环境里,所有的内存地址长度都是 32 位,所以所有类型的指针,不管是基本的数据类型的指针(如 int * 或 double *),还是后面会介绍的指向函数的指针、指向结构体的指针、指向指针的指针,都是 32 位(4 个字节);在 64 位编程空间环境中,所有的指针变量都是 64 位(8 个字节)。这可以通过 sizeof 运算符来观察,由于 VC 编程环境是 32 位编程空间,所以在 VC 中编程,所有的指针都占 4 个字节,这从例 9.1 可以看出,pa 和 pd 都是 4 个字节。

2. 指针变量的赋值

在给指针变量赋值时,除特殊的整数 0 外,只能使用地址对指针变量赋值,不允许使用其他任何常整数对指针变量赋值,即使我们知道某个变量的地址值。如在例 9.1 中,通过一次运行程序知道变量 a 的地址是 0x0012FF44,现在试图直接将这个常量赋给指针变量 pa：

```
pa=0x0012FF44;
```

则编译时,VC 会报"不能将常整数转换为 int * 指针类型"的编译错误：

```
error C2440: '=': cannot convert from 'const int' to 'int *'
Conversion from integral type to pointer type requires reinterpret_cast, C-style cast
or function—style cast
```

在 C 语言中,将 0 直接赋值给指针变量是合法的,也是有特殊意义的。同时 C 语言在 stdio.h 头文件中定义了一个符号常量 NULL,它就是 0,所以也可以将 NULL 赋给指针变量,例如：

```
pa=0;或 pa=NULL;
```

将 0 或 NULL 赋给指针变量,并不是说该指针指向内存中 0 号单元地址空间,而是表示该指针变量是一个"空指针",该指针没有指向任何内存单元。一般在编程时,程序员应该养成一个良好的习惯,在定义一个指针变量时都应该将指针初始化为 NULL,这样在使用该指针时,编译器就能检查出一些非法使用指针的错误来。

一个指针变量在定义后,如果没有对它进行初始化指向某个确定的区域,或者没有将它置为空指针,或者该指针指向的内存失效(如空间被释放、函数返回导致局部变量失效等),则该指针就是一个"野指针",该指针指向了不可用的区域。对"野指针"进行操作,通常会发生不可预知的错误。因此要避免"野指针"的出现,而避免"野指针"的最简单的办法就是对指针变量赋 NULL 值。

💡知识拓展

C 语言中,虽然不能将一个除了 0 以外的整数直接给指针赋值,但可以通过"(基类型 *)"这种方式进行强制类型转换后再赋值,例如：

```
int * pa;
pa=1234;                //语法错误
pa=(int *)1234;         //语法正确,但要极小心使用
```

这种做法虽然语法上正确,但是没有意义,而且是非常危险的。因为这样可以让指针随意指向内存中的任何位置,从而可以读取甚至修改内存中的数据。所以编程时,除非明确知道该内存地址是属于自己的程序空间的安全地址,否则绝不要使用这种方式。

9.1.4　指针变量指向的变量的引用

引用指针变量指向的变量,就是根据指针变量中存放的地址(也就是所指向的变量的地址),访问该地址对应的变量。

与引用指针变量指向的变量相关的有两个重要的运算符:

① &:取地址运算符,如 &a 就是变量 a 的地址。

② *:指针运算符(或称间接访问运算符),例如:

```
int a=123;
int * pa=&a;
```

则 * pa 代表指针变量 pa 所指向的对象,也就是 a。

【例 9.2】　通过指针变量引用所指向的变量。

【编写程序】

```
#include <stdio.h>
void main()
{
  int a=1234;
  int * pa;
  pa=&a;
  printf("a= %d, * pa= %d\n",a, * pa);
  * pa= * pa+1;          //与 a=a+1 等价
  printf("a= %d, * pa= %d\n",a, * pa);
}
```

【运行结果】

```
a=1234, * pa=1234
a=1235, * pa=1235
```

【程序分析】

由于指针变量 pa 已指向了变量 a,所以 * pa 代表的就是 a,通过 printf 输出 * pa 的值,就是输出 a 的值,而语句 * pa= * pa+1 与 a=a+1 是等价的。

取地址运算符"&"与指针运算符" * "可以连起来使用,那么它们所代表的含义是怎么样的呢? 假设:

```
int a=1234;
int * pa=&a;
```

则：

① & * pa：由于 & 与 * 优先级相同，但它们是右结合的，所以 * 先与 pa 结合成 * pa，而 * pa 就是指 a，因此 & * pa 就是 &a，也就是指 a 的地址。

② * &a：先取 &a，这是指 a 的地址，也就是指针，而 * 指针就是指该指针所指向的变量，因此 * &a 就是指变量 a 本身。

应该注意到，& 和 * 的其他组合中，&&a 没有意义，而 * * p 这种写法是指向指针的指针，将在后面章节中介绍，此处也是错误的。而 & * a 是非法的，因为 a 不是地址（指针），所以 * a 是非法的；* &pa 是指 pa 的地址所指向的元素，也就是 pa 本身。

【例 9.3】 通过指针变量交换变量的值。

【编写程序】

```
# include <stdio.h>
void main()
{
    int a=123,b=-456,t;
    int * pa=&a, * pb=&b;
    int x=555,y=-777;
    int * px=&x, * py=&y, * pz;
    printf("交换前:a=%d,b=%d\n",a,b);
    t= * pa;   * pa= * pb;   * pb=t;
    printf("交换后:a=%d,b=%d\n",a,b);
    printf("交换前:x=%d,y=%d\n",x,y);
    printf("交换前: * px=%d, * py=%d\n", * px, * py);
    pz=px;   px=py;   py=pz;
    printf("交换后:x=%d,y=%d\n",x,y);
    printf("交换后: * px=%d, * py=%d\n", * px, * py);
}
```

【运行结果】

交换前:a=123,b=-456
交换后:a=-456,b=123
交换前:x=555,y=-777
交换前: * px=555, * py=-777
交换后:x=555,y=-777
交换后: * px=-777, * py=555

【程序分析】

① 先看第一个交换：

t= * pa; * pa= * pb; * pb=t;

这 3 条语句进行交换。由于 pa 指向了 a,pb 指向了 b,所以 * pa 就是 a, * pb 就是 b。所以，这 3 条语句与"t=a;a=b;b=t;"3 条语句等价，也就能顺利将 a 和 b 的值交换。当然，交换完毕后,pa 仍然指向 a,pb 仍然指向 b。

② 再看第二个交换:

```
pz=px;px=py;py=pz;
```

注意,pz 也是一个 int 型的指针变量。pz=px 之后,pz 的值与 px 相等,而 px 的值就是变量 x 的地址,所以 pz 的值也是变量 x 的地址,因此 pz 与 px 同时指向了变量 x;px=py 后,px 与 py 同时指向了变量 y;py=pz 后,py 指向了 pz 指向的变量 x。所以,3 条语句执行之后,px 指向了变量 y,而 py 指向了变量 x,pz 当然也指向了变量 x。这样,交换的其实是指针 px 和 py 的指向,而 x 和 y 的值并没有发生变化。这 3 条语句的执行过程如图 9.3 所示。

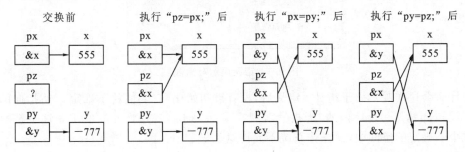

图 9.3 指针交换过程

从程序的输出上也可以看出,输出 x 和 y 的值并没有变化,而输出 *px 和 *py 的值已经变了。

上面 2 种交换的过程,请仔细揣摩,务必理解透彻,在今后的编程中才能灵活运用好指针。

③ 类型匹配问题:

在第一种交换中,定义的是一个普通的 int 型变量 t,这样 t=*pa 是正确的,类型也相匹配。但如果将 t 改成 int 型的指针变量类型会怎么样呢?例如:

```
int *t;
t=*pa;*pa=*pb;*pb=t;
```

由于 *pa 是 a 的值,是一个整数,而 t 是指针变量,这就相当于将一个常整数直接赋值给一个指针变量,上面讲过除了 0(即 NULL)之外不允许将任何的整数直接赋值给一个指针变量,所以这个在语法上就是错误的,编译时 VC 会给出错误提示:

```
error C2440: '=': cannot convert from 'int' to 'int *'
Conversion from integral type to pointer type requires reinterpret_cast,C—style cast or function—style cast
```

④ "野指针"问题:

既然上述 t 的类型不匹配,那么 *t 与 *pa 的类型是匹配的,于是尝试将程序改成:

```
int *t;
*t=*pa;*pa=*pb;*pb=*t;
```

编译时 VC 会给出一个警告:

```
warning C4700: local variable 't' used without having been initialized
```

警告的意思是,局部变量 t 使用前没有被初始化。在 Windows 7 系统中运行这个程序,将弹出如图 9.4 所示的错误提示对话框。

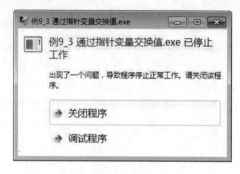

图 9.4　错误提示对话框

为什么会这样呢?由于指针 t 定义后,没有被初始化,它的值就不确定,t 所指向的空间就不可预知,t 就是一个所谓的"野指针",现在 *t= *pa,就是将 a 的值 123 这个整数强行装入这个不确定的空间中,而操作系统不允许这么做。

9.2　指针与数组

9.2.1　指向一维数组元素的指针

一个一维数组包含多个元素,每个元素在内存中都占据内存空间,都有相应的地址,而且是连续存放的。因此,对于每个元素来说,完全可以看作一个普通的变量,有其相应的地址,那么完全可以由指针变量指向数组中的元素。例如:

```
int a[10]={11,22,33,44,55,66,77,88,99,100};
int  *pa;
pa=&a[5];
```

那么指针变量 pa 就指向了 a[5]元素。

在 C 语言中,数组名代表数组中首元素(即第 0 号元素)的地址,也就是第 0 号元素的指针,因此,下面两条语句等价:

```
pa=&a[0];
pa=a;
```

【例 9.4】　通过指针变量输出数组所有的元素。

【解题思路】

可以定义指针 pa,先指向 a[0],输出 *pa;然后 pa 指向 a[1],再输出 *pa,以此类推,就能输出整个数组。

【编写程序】

```
#include <stdio.h>
void main()
```

```
{
    int a[10]={11,22,33,44,55,66,77,88,99,100},i;
    int * pa;
    for(i=0;i<10;i++)
    {
      pa=&a[i];                //指针 pa 指向 a[i]元素
      printf("%5d",*pa);       //输出当前 pa 所指向的元素
    }
    putchar('\n');
}
```

【运行结果】

　11　22　33　44　55　66　77　88　99　100

【程序分析】

在 for 循环中,当 i=0 时,pa=&a[i],就是 pa=&a[0],也就使 pa 指向了 a[0],然后输出 * pa 也就输出了 a[0]元素;然后 i=1,继续循环,此时 pa=&a[i]就使 pa 指向了 a[1],以此类推,就将数组 a 的 10 个元素全部输出。

在例 9.4 中,通过 pa=&a[i]方式,改变 i 的值而使 pa 指向不同的元素,这在使用时有点麻烦,也很烦琐,甚至没有必要:既然能直接访问到 a[i],又何必要指针 pa 呢?

其实指针是可以"移动"的,而这种移动是通过指针的运算实现的。

9.2.2　指针的运算

在 C 语言中,指针可以进行与整数的加减运算、自增自减运算、同类指针的关系运算等运算。

1. 指针与整数的加减运算

指针与整数进行相加,实际上是将指针向下移动操作;与整数进行相减,实际上是将指针向上移动操作。指针每加 1,就是让指针向下移动 1 个指针基类型单位;指针每减 1,就是让指针向上移动 1 个指针基类型单位。假设指针 pa 的基类型为 int 型,在 VC 中,一个 int 型数据占 4 个字节,那么,pa 每次移动都是移动若干个 int 长度单位,也就是以 4 个字节为单位进行移动。

例如,假设 pa 和 pb 都是 int 指针,且均指向了数组中的 a[5]元素,则 pa=pa+1 后,指针 pa 将向下移动一个 int 单位,也就是移动 4 个字节,因此刚好指向了 a[6]元素;而 pb=pb-1 后,指针 pb 将向上移动一个 int 单位,也就是移动 4 个字节,因此刚好指向了 a[4]元素。显然,指针加 n 就是将指针向下移动 n 个元素,指针减 n 就是将指针向上移动 n 个元素。

类似地,指针的自加 pa++和++pa 就相当于 pa=pa+1,而指针的自减 pa--和--pa 就相当于 pa=pa-1 运算。

【例 9.5】　通过指针与整数的加减运算,演示指针的移动过程。

【编写程序】

```
#include <stdio.h>
void main()
```

```
{
    int a[10]={11,22,33,44,55,66,77,88,99,100};
    int *pa,*pb;
    pa=pb=&a[5];              //指针pa和pb均指向a[5]元素
    pa=pa+2;                  //指针pa向下移动2个元素,指向a[7]
    printf("a[7]的地址:%p,pa的值:%p,a[7]=%d,*pa=%d\n",&a[7],pa,a
    [7],*pa);
    pa++;                     //指针pa再向下移动1个元素,指向a[8]
    printf("a[8]的地址:%p,pa的值:%p,a[8]=%d,*pa=%d\n",&a[8],pa,a
    [8],*pa);
    pb=pb-3;                  //指针pb向上移动3个元素,指向a[2]
    printf("a[2]的地址:%p,pb的值:%p,a[2]=%d,*pb=%d\n",&a[2],pb,a
    [2],*pb);
    pb--;                     //指针pb再向上移动1个元素,指向a[1]
    printf("a[1]的地址:%p,pb的值:%p,a[1]=%d,*pb=%d\n",&a[1],pb,a
    [1],*pb);
}
```

【运行结果】

```
a[7]的地址:0012FF3C,pa的值:0012FF3C,a[7]=88,*pa=88
a[8]的地址:0012FF40,pa的值:0012FF40,a[8]=99,*pa=99
a[2]的地址:0012FF28,pb的值:0012FF28,a[2]=33,*pb=33
a[1]的地址:0012FF24,pb的值:0012FF24,a[1]=22,*pb=22
```

【程序分析】

指针 pa 和 pb 的基类型均为 int 型,在 VC 中,默认一个 int 占 4 个字节,所以 pa 和 pb 的移动都是以 int 长度 4 个字节为单位进行的。一开始指针 pa 与 pb 均指向了 a[5]元素, pa=pa+2,就是让 pa 向下移动 2 个元素(注意不是 2 个字节),pa 就指向了 a[7]元素,从输出情况可以看出,此时 a[7]的地址与 pa 的值完全相同,而 a[7]的值与 *pa 相同;然后再 pa++,则 pa 就指向了 a[8]元素;同理,pb=pb-3,则 pb 指向了 a[2]元素,再 pb--,则 pb 又指向了 a[1]元素。

2.同类指针的减法运算

如果两个指针基类型相同,则它们之间可以进行减法运算,它们相减的结果为两个指针之间相隔的元素个数(即两个指针值的差除以指针基类型所占的字节数)。如例 9.5 中,pa 和 pb 均为 int 型指针,基类型 int 所占字节数为 4,当 pa 指向 a[8]时,pa 的值为 0x0012FF40,pb 指向 a[1]时,pb 的值为 0x0012FF24,则

$$pb-pa=(0x0012FF40-0x0012FF24)/4=0x0000001C/4=28/4=7$$

这说明 pb 比 pa 大 7 个元素,即 pb 和 pb 所指的元素之间差 7 个基类型(int)元素。

显然,如果两个同类型的指针指向同一个元素(同一个地址),则相减后得到 0,所以判断两个指针是否指向同一变量,可以通过 if(pb-pa==0)进行。

关于同类指针间的相减运算,还要注意以下问题:

① 如果两个指针基类型不同,从语法上也可以做相减运算,但是没有意义,例如:

```
int * p1;
double * p2;
int len=p2-p1;
```

则编译时 VC 会给出一个警告信息:

```
warning C4133: '-': incompatible types - from 'int * ' to 'double *
```

但是得到的差值 len 却没有实际意义,因此在程序中不应该做这样的运算。

② 即使两个指针基类型相同,也不允许两个指针相加。例如:

```
int * pa=(int * )1234, * pb=(int * )1254;
int len=pa+pb;
```

则编译时 VC 会给出一个错误提示:

```
error C2110: cannot add two pointers
```

3.同类指针的关系运算

基类型相同的两个指针之间可以进行关系运算,可使用的关系运算符有:>、>=、<、<=、==、!=。指针之间的关系运算的结果表明指针所指向的内存空间在地址编号上的大小,如果两个指针是指向同一个数组中的两个元素,则指针的关系运算用于比较两个元素序号的大小,也就是它们在数组中的前后关系。

【例 9.6】 同类指针之间的关系运算,用于比较两个指针所指向同一数组中两个元素的前后关系。

【编写程序】

```
# include <stdio.h>
void main()
{
  int a[10]={11,22,33,44,55,66,77,88,99,100};
  int * pa, * pb;
  pa=pb=&a[5];
  if(pa==pb)
    printf("相等\n");
  pa--;
  pb++;
  if(pa>pb)
    printf("pa 大于 pb\n");
  else
    printf("pa 小于 pb\n");
}
```

【运行结果】

```
相等
pa 小于 pb
```

【程序分析】

开始时指针 pa 和 pb 都指向 a[5]元素,所以判断 if(pa==pb)为真,输出"相等"。然后 pa--使 pa 指向 a[4],而 pb++使 pb 指向 a[6],则判断 if(pa>pb)为假,所以输出"pa 小于 pb"。

关于同类指针的减法运算,还要注意以下问题:

① 如果两个指针基类型不同,也可以进行关系运算,但是没有意义,例如:

```
int a[10]={11,22,33,44,55,66,77,88,99,100};
int * pa=&a[5];
float f=3.14f;
float * pc=&f;
if(pa>pc)
  printf("pa 大于 pc\n");
```

则编译时 VC 会给出一个警告信息:

```
warning C4133: '>': incompatible types — from 'float * 'to 'int *
```

但是比较的结果却没有实际意义,因此在程序中不应该做这样的运算。

② 如果两个指针基类型虽然相同,但是并没有指向同一个数组中的两个元素,则比较也没有任何意义。例如:

```
int a[10]={11,22,33,44,55,66,77,88,99,100};
int b[10]={1,2,3,4,5,6,7,8,9,10};
int * pa,* pb;
pa =&a[5];
pb=&b[4];
if(pa>pb)
printf("pa>pb\n");
```

指针 pa 指向数组 a,而指针 pb 指向数组 b,比较 pa 和 pb 的结果没有任何意义。

9.2.3 通过指针引用一维数组元素

引用一个数组元素,可以用下标法或指针法两种方法。例如:

```
int a[10], * pa=a,i=5;
```

① 下标法,如 a[i]或 pa[i]形式。

② 指针法,如 *(a+i)或 *(pa+i)或 * pa,其中 * pa 可视为 i=0 时的情况。

其中,a[i]与 *(a+i)是等价的,而 pa[i]与 *(pa+i)是等价的,代表着从当前指针 pa 指向的元素后面的第 i 个元素。

【例 9.7】 通过指针引用一维数组元素。

【编写程序】

```
#include <stdio.h>
void main()
{
  int a[10]={11,22,33,44,55,66,77,88,99,100};
  int * pa,i;
  for(i=0;i<10;i++)        //方法一:使用 a[i]下标法
    printf("%5d",a[i]);
  putchar('\n');
  pa=a;
  for(i=0;i<10;i++)        //方法二:使用 pa[i]下标法
    printf("%5d",pa[i]);
  putchar('\n');
  for(i=0;i<10;i++)        //方法三:使用 *(a+i)指针法
    printf("%5d",*(a+i));
  putchar('\n');
  for(i=0;i<10;i++)        //方法四:使用 *(pa+i)指针法
    printf("%5d",*(pa+i));
  putchar('\n');
  for(i=0;i<10;i++)        //方法五:使用 *pa 并移动指针方法
  {
    printf("%5d",*pa);
    pa++;
  }
  putchar('\n');
}
```

【运行结果】

```
11  22  33  44  55  66  77  88  99  100
11  22  33  44  55  66  77  88  99  100
11  22  33  44  55  66  77  88  99  100
11  22  33  44  55  66  77  88  99  100
11  22  33  44  55  66  77  88  99  100
```

【程序分析】

① 方法一使用的下标法 a[i]在第 8 章已经介绍过,这里不再赘述。

② 方法二使用的下标法 pa[i],代表着从当前 pa 所指向的元素后面的第 i 个元素。pa 初始化为 a,即 pa 指向了 a[0]元素,当 i 为 0 时,就是指 pa 当前指向的元素,而后 i++,i 的值为 1,则 pa[i]就是 a[1]元素,以此类推,就能取得数组 a 中的所有元素。注意这种方法与 pa 所指向的元素有关,如果 pa 指向的不是 a[0],则 pa[i]就不是 a[i]了。

③ 方法三使用的 *(a+i)指针法,代表着元素 a[0]后面的第 i 个元素。与方法二类似,i

的值从 0 循环到 9,就能取到数组 a 中的所有的元素。

④ 方法四使用的 *(pa+i)指针法,代表着从当前 pa 所指向的元素后面的第 i 个元素。与方法二类似,i 的值从 0 循环到 9,就能取到数组 a 中的所有的元素。这种方法也与 pa 所指向的元素有关,如果 pa 指向的不是 a[0],则 *(pa+i)就不是 a[i]了。

⑤ 方法五使用的 *pa 指针法,代表着 pa 所指向的元素,而每输出一个 *pa 后,pa 都通过 pa++向后移动一个位置,从而能取到数组 a 中的所有的元素。

在使用方法五时要注意,由于 pa 一直都在向后移动,当循环结束后,pa 已经移出了数组 a,如果想再使用 pa 指针,则应使 pa=a 以便 pa 重新指向 a[0]。

💡知识拓展

使用指针时,应注意指针运算符"*"与自增运算符"++"及自减运算符"——"的结合使用问题。如果:int a[10]={11,22,33,44,55,66,77,88,99,100},*pa,*pb,*pc,*pd,*pe;pa=pb=pc=&a[5];pd=pe=&a[8];① "int m= *(pa++);"语句表示先取 pa 指向的元素 a[5]的值 66 赋给变量 m,然后 pa 向后移动,指向 a[6]元素。② "int n= *(++pb);"语句表示先让 pb++,即向后移动指向 a[6]元素,再取 *pb,即 n 的值为 a[6]的值 77。③ "int x=(*pc)++;"语句表示先取 *pc 的值,即 a[5]的值 66 赋给 x,然后让 *pc 的值(a[5]的值)加 1,但 pc 仍然指向 a[5]元素。④ "int y=++(*pd);"语句表示先让 pd 指向的元素(a[8])的值加 1,然后将 a[8]的值赋给 y,但 pd 仍然指向 a[8]元素。⑤ "int z= *pe++;"语句中,由于"*"与"++"运算符的优先级相同,但它们是右结合的,所以 z= *pe++ 与 z= *(pe++)等价。⑥ 自减运算"——"与"++"有相似的运算规则。由于"*"与"++"和"——"结合在一起运算会令程序难以理解,所以尽量不要写出类似的语句。

▶ 9.2.4 通过指针引用二维数组元素

要通过指针引用二维数组的元素,有三种方法:第一种方法是使用普通的元素指针引用,第二种方法是通过二维数组名作指针引用;第三种方法是通过行指针引用。

1.通过普通指针引用二维数组的元素

二维数组中,每个元素在内存中都是连续存放的,以 int aa[3][5]为例,则 aa[0][4]元素后面就是 aa[1][0]元素,而 aa[1][4]后面就是 aa[2][0]元素,因此,可以定义一个普通的 int 类型指针 paa,先指向 aa[0][0]元素并访问,然后让指针 paa 依次向后移动,就能访问到二维数组中的每个元素。

【例 9.8】 通过普通指针访问二维数组。

【编写程序】

```
#include <stdio.h>
void main()
{
    int aa[3][5]={{11,12,13,14,15},{21,22,23,24,25},{31,32,33,34,35}};
    int *paa=&aa[0][0];
    int i,j,n=1;
    for(i=0;i<3;i++)
```

```
    {
        for(j=0;j<5;j++)
        {
            printf("%5d",*paa);
            paa++;
        }
        putchar('\n');      //每输出一行5个元素都输出一个换行符
    }
}
```

【运行结果】

```
11  12  13  14  15
21  22  23  24  25
31  32  33  34  35
```

【程序分析】

paa 是一个普通的 int 型指针,先指向 aa[0][0]元素。在双层 for 循环中,先输出 *paa,然后通过 paa++,将指针 paa 指向下一个元素。此例中使用的是双层 for 循环,外层 for 循环是控制 3 行,内层 for 循环是控制每行的 5 列,一共循环了 15 次,这样就能访问二维数组中的每个元素。当然,也可以将双层 for 循环改成单层 for 循环:

```
for(i=0;i<15;i++)
{
    printf("%5d",*paa);
    paa++;
    if((i+1)%5==0)
        putchar('\n');
}
```

使用普通指针引用二维数组的方法不仅适合二维数组,还能在任意的多维数组中使用。但是它也有不方便的地方,就是在程序中,很难掌握当前指针所指向的元素的位置,难以了解到底是指向了二维数组中的哪一个元素。

2.通过二维数组名作指针引用二维数组中的元素

要使用二维数组名作指针引用二维数组中的元素,先要了解二维数组的组成情况。在 C 语言中,二维数组可以看成是由若干行构成的,而每一行都是一个一维数组,例如:

```
int aa[3][5];
```

可以看作二维数组 aa 是由 3 个一维数组构成的,其逻辑结构图如图9.5所示。

① 可以将二维数组 aa 看成是由 aa[0]、aa[1]、aa[2]三个元素组成的一维数组,它们之间的关系如下:

a.二维数组名 aa 是一维数组(aa[0]、aa[1]、aa[2]三个元素组成的一维数组)的首地址,即第 0 号元素 aa[0]的地址(&aa[0])。

b.aa+i 就表示该一维数组的第 i 号元素 aa[i]的地址(即 &aa[i])。

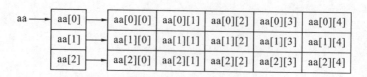

图9.5 二维数组逻辑结构图

② 可以将 aa[0]、aa[1]、aa[2] 这三个元素分别看成是由 5 个 int 型元素组成的一维数组,例如,aa[0] 数组中就包含 5 个元素:aa[0][0]、aa[0][1]、aa[0][2]、aa[0][3]、aa[0][4]。这 5 个元素与 aa[0] 的地址关系如下:

a. aa[0] 是这个一维数组的数组名,也是该一维数组的首地址,即 aa[0][0] 的地址(&aa[0][0])。

b. aa[0]+j 也是个地址,是 aa[0][0] 的地址基础上加 i 个元素单位,也就是 aa[0][j] 的地址(&aa[0][j])。

根据上述分析,结合一维数组时指针的引用方式,可得出下列结论:

aa[i] 与 *(aa+i) 等价,代表着第 i 行的这一个一维数组的首地址。

aa[i]+j 与 *(aa+i)+j 等价,代表着第 i 行第 j 列元素的地址,即 &aa[i][j]。

*(aa[i]+j) 与 *(*(aa+i)+j) 等价,代表着第 i 行第 j 列元素,即 aa[i][j]。

因此,以下四种表示方式是等价的:

```
aa[i][j]
*(*(aa+i)+j)
*(aa[i]+j)
(*(aa+i))[j]
```

【例9.9】 通过二维数组名作指针引用二维数组元素。

【编写程序】

```
#include <stdio.h>
void main()
{
  int aa[3][5]={{11,12,13,14,15},{21,22,23,24,25},{31,32,33,34,35}};
  int i,j;
  for(i=0;i<3;i++)            //方式一:aa[i][j]方式
  {
    for(j=0;j<5;j++)
      printf("%5d",aa[i][j]);
    putchar('\n');
  }
  putchar('\n');
  for(i=0;i<3;i++)            //方式二:*(*(aa+i)+j)方式
  {
    for(j=0;j<5;j++)
      printf("%5d",*(*(aa+i)+j));
```

```
    putchar('\n');
  }
  putchar('\n');
  for(i=0;i<3;i++)              //方式三:*(aa[i]+j)方式
  {
    for(j=0;j<5;j++)
      printf("%5d",*(aa[i]+j));
    putchar('\n');
  }
  putchar('\n');
  for(i=0;i<3;i++)              //方式四:(*(aa+i))[j]方式
  {
    for(j=0;j<5;j++)
      printf("%5d",(*(aa+i))[j]);
    putchar('\n');
  }
  putchar('\n');
}
```

【运行结果】

```
11  12  13  14  15
21  22  23  24  25
31  32  33  34  35

11  12  13  14  15
21  22  23  24  25
31  32  33  34  35

11  12  13  14  15
21  22  23  24  25
31  32  33  34  35

11  12  13  14  15
21  22  23  24  25
31  32  33  34  35
```

3.通过行指针引用二维数组中的元素

在上面的第二种方法中使用的二维数组名作为指针来引用二维数组中的元素,还可以定义一个"行指针"来取代二维数组名。行指针是一种特殊的指针,它是一种专门指向一维数组的指针,其定义的一般格式如下:

```
基类型(*变量名)[常量n];
```

其中,基类型表示行指针所指向的一维数组的元素类型,常量 n 规定了该行指针所指向的一维数组的长度。n 的大小必须与该一维数组的长度完全一致,不能更大,也不能更小,例如:

```
int( * paa)[5];
```

表示定义了一个叫 paa 的行指针,它可以指向一个长度为 5 的一维数组。定义时小括号不能缺少,如果缺少了小括号:int * paa[5],则是在定义一个 int 指针类型的一维数组,共有 5 个元素,每个元素都是 int 型的指针类型。

由于一个二维数组可以看作由若干个一维数组组成的,所以可以让一个行指针指向二维数组,但要注意该二维数组的列数与行指针定义时指定的常量 n 一致。例如:

```
int aa[3][5]={{11,12,13,14,15},{21,22,23,24,25},{31,32,33,34,35}};
int( * paa)[5];
```

二维数组 aa 为 3 行 5 列,即可看作 3 个一维数组,每个一维数组都有 5 个元素,而行指针 paa 刚好可以指向长度为 5 的一维数组,所以完全可以让 paa 指向 aa 的某一行:

```
paa=aa;        //paa 指向了 aa 的第 0 行
```

或者

```
paa=&aa[0];        //paa 指向了 aa 的第 0 行
```

既然 paa 是指针,那么它也是可以移动的。paa++ 就是让 paa 向下移动一行,而 paa-- 就是让 paa 向上移动一行。假如,paa 指向 aa 的第 0 行,那么 paa++ 后,paa 就指向了 aa 的第 1 行。

有了行指针后,就可以通过行指针来引用二维数组中的元素,如果 paa 指向了 aa 的第 0 行,那么以下 5 种形式是等价的:

```
aa[i][j]
paa[i][j]
* ( * (paa+i)+j)
* (paa[i]+j)
( * (paa+i))[j]
```

同时,由于 paa 可以移动而指向 aa 的其他行,因此可以通过 * (* paa+j)结合 paa 的移动与 j 的变化,访问二维数组中的每一个元素。

【例 9.10】 通过行指针引用二维数组中的元素。

【编写程序】

```
#include <stdio.h>
void main()
{
  int aa[3][5]={{11,12,13,14,15},{21,22,23,24,25},{31,32,33,34,35}};
  int( * paa)[5];          //定义行指针,注意必须与要指向的二维数组列数一致
  int i,j;
  for(i=0;i<3;i++)   //方式一:aa[i][j]方式
```

```
{
  for(j=0;j<5;j++)
    printf("%5d",aa[i][j]);
  putchar('\n');
}
putchar('\n');
paa=aa;                    //行指针 paa 指向 aa 的第 0 行
for(i=0;i<3;i++)    //方式二:paa[i][j]方式
{
  for(j=0;j<5;j++)
    printf("%5d",paa[i][j]);
  putchar('\n');
}
putchar('\n');
for(i=0;i<3;i++)    //方式三:*(*(paa+i)+j)方式
{
  for(j=0;j<5;j++)
    printf("%5d",*(*(paa+i)+j));
  putchar('\n');
}
putchar('\n');
for(i=0;i<3;i++)       //方式四:*(paa[i]+j)方式
{
  for(j=0;j<5;j++)
    printf("%5d",*(paa[i]+j));
  putchar('\n');
}
putchar('\n');
for(i=0;i<3;i++)       //方式五:(*(paa+i))[j]方式
{
  for(j=0;j<5;j++)
    printf("%5d",(*(paa+i))[j]);
  putchar('\n');
}
putchar('\n');
for(i=0;i<3;i++)       //方式六:*(*paa+j)结合 paa 移动方式
{
  for(j=0;j<5;j++)
    printf("%5d",*(*paa+j));
  paa++;                  //移动 paa 到下一行
```

```
      putchar('\n');
    }
    putchar('\n');
}
```

【运行结果】

与例 9.9 类似,此处略。

【程序分析】

程序中使用了六种方法输出二维数组 aa 中的所有的元素,需要注意在方式六中,指针 paa 不停地向后移动,每次移动一行,在 for 循环结束后,paa 已经移出二维数组了,如果后面还要使用 paa,则需要重新让 paa 指向 aa 中的某一行。

9.3 指针与函数

指针变量可以作为函数的参数,函数也可以返回一个指针类型,同时,也可以定义指向函数的指针。

9.3.1 指针变量作为函数参数

函数的形式参数可以是指针类型,此时调用函数的实际参数应该是同类型的指针或地址,作用是将一个指针或变量的地址传递给函数。当把一个变量的地址传递给函数,那么在函数中对该指针所指向的变量的操作(修改),也就是对原变量的操作(修改),因此,将会对原变量造成改变。

【例 9.11】 将变量地址作为函数的参数传递给函数。

【编写程序】

```
#include <stdio.h>
void Swap_1(int x,int y)
{
  int t;
  t=x;x=y;y=t;
}
void Swap_2(int *px,int *py)      //形式参数为两个 int 型指针
{
  int t;
  t=*px;*px=*py;*py=t;
}
void main()
{
  int a=5,b=-7;
  printf("调用函数 Swap_1 前:a=%d,b=%d\n",a,b);
  Swap_1(a,b);
```

```
    printf("调用函数 Swap_1 后:a=%d,b=%d\n",a,b);
    printf("调用函数 Swap_2 前:a=%d,b=%d\n",a,b);
    Swap_2(&a,&b);        //实际参数是两个变量的地址
    printf("调用函数 Swap_2 后:a=%d,b=%d\n",a,b);
}
```

【运行结果】

```
调用函数 Swap_1 前:a=5,b=-7
调用函数 Swap_1 后:a=5,b=-7
调用函数 Swap_2 前:a=5,b=-7
调用函数 Swap_2 后:a=-7,b=5
```

【程序分析】

Swap_1()函数将两个普通的 int 型变量作为形式参数,因为 C 函数的参数传递是遵循"值的单向传递"原则,因此调用 Swap_1()函数后并没有改变实际参数 main()函数中的 a 和 b 的值。

Swap_2()函数将两个 int 型指针变量作为形式参数,虽然 C 函数仍然遵循"值的单向传递"原则,但是实际参数 main()函数中的 a 和 b 已经被交换了。这个过程是怎么发生的呢?

图 9.6 所示是 Swap_2()函数调用的过程。

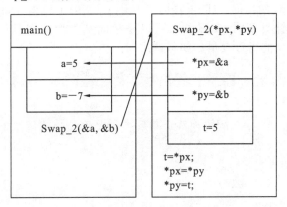

图 9.6 Swap_2()函数调用的过程

Swap_2()函数的形式参数为两个 int 型的指针变量 px 和 py,在调用函数时,实际参数为 &a 和 &b,即将 a 和 b 的地址传递给 px 和 py,因此,Swap_2()函数中的 px 就指向了变量 a,而 py 就指向了变量 b。此后,通过 t=*px,就是将 px 所指向的变量的值(即 a 的值)赋给 t,这样 t 的值就是 5;然后 *px=*py,就是将 py 指向的变量的值(即 b 的值)赋给 px 指向的变量 a,这样 a 的值就变成了-7;最后 *py=t,就是将 t 的值赋给 py 指向的变量 b,这样 b 的值就变成了 5。显然,这个交换就是在 main()函数中的 a 和 b 的基础上进行的,因此,Swap_2()函数就对 a 和 b 进行了交换。

如果 Swap()函数改写成以下的 Swap_3()函数,那么效果如何呢?

```
void Swap_3(int *px,int *py)
{
```

```
    int *p;
    p=px;px=py;py=p;
}
```

Swap_3()函数的调用过程如图9.7所示。

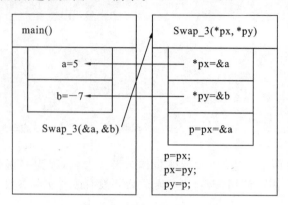

图 9.7 Swap_3()函数的调用过程

一开始 px 指向了 a,py 指向了 b,语句"p=px;"使 p 也指向了 a;语句"px=py;"则是让 px 指向 py 所指向的变量 b;而"py=p;"则是让 py 指向 p 所指向的变量 a。显然,经过三条语句后,交换的只是 px 和 py 的指向。即 px 指向了 b,而 py 指向了 a,但 a 和 b 的值并没有改变。

当形式参数为指针类型时,实际参数可以是相同基类型的变量地址,如上面的 &a 和 &b,也可以是相同类型的指针变量。如将调用时的语句:

```
Swap_2(&a,&b);        //实际参数是两个变量的地址
```

修改为指针类型:

```
int *pa,*pb;          //添加两个指针类型变量
pa=&a;
pb=&b;
Swap_2(pa,pb);        //指针变量作实际参数
```

它们的效果也是一样的。

9.3.2 指向一维数组的指针作为函数参数

在第 8 章已经讲过,可以将数组名作为实际参数传递给函数,此时函数的形式参数也是数组名形式。例如:

```
int Sum1(int x[],int n)        //形式参数为数组名形式
{
    int s=0,i;
    for(i=0;i<n;i++)
        s+=x[i];
    return s;
}
```

```
void main()
{
  int a[10]={11,22,33,44,55,66,77,88,99,100};
  int t=Sum1(a,10);//实际参数也是数组名形式
  printf("%d\n",t);
}
```

　　在这个例子中,实际参数和形式参数都是数组名。同时,在形式参数中,无法直接得知数组的长度,所以需要再传递一个普通的 int 型参数 n,用来表示数组的长度。
　　从前面的知识我们知道,数组名代表着数组的首地址,而指针也是地址,因此,也可以通过指向一维数组的指针来传递数组。
　　【例9.12】　通过指向一维数组的指针作为参数传递给函数。
　　【编写程序】

```
#include <stdio.h>
int Sum1(int x[],int n)          //形式参数为数组名形式
{
  int s=0,i;
  for(i=0;i<n;i++)
    s+=x[i];
  return s;
}
int Sum2(int *x,int n)           //形式参数为指针形式
{
  int s=0,i;
  for(i=0;i<n;i++)
    s+=x[i];                     //指针 x 当作数组使用
  return s;
}
int Sum3(int *x,int n)           //形式参数为指针形式
{
  int s=0,i,*p=x;                //再定义一个指针 p,与 x 同时指向数组
  for(i=0;i<n;i++)
  {
    s+=*p;                       //使用指针形式访问数组
    p++;
  }
  return s;
}
  void main()
  {
```

```
        int a[10]={11,22,33,44,55,66,77,88,99,100};
        int t1,t2,t3,t4,t5,*q;
        t1=Sum1(a,10);              //实际参数使用数组名形式
        printf("t1=%d\n",t1);
        t2=Sum2(a,10);              //实际参数使用数组名形式
        printf("t2=%d\n",t2);
        t3=Sum3(a,10);              //实际参数使用数组名形式
        printf("t3=%d\n",t3);
        q=a;
        t4=Sum1(q,10);              //实际参数使用指针形式
        printf("t4=%d\n",t4);
        t5=Sum2(q,10);              //实际参数使用指针形式
        printf("t5=%d\n",t5);
    }
```

【运行结果】

```
    t1=595
    t2=595
    t3=595
    t4=595
    t5=595
```

【程序分析】

① 在 Sum1()函数中,形式参数为数组名。main()函数调用 Sum1()函数时,实际参数可以是数组名:

```
    t1=Sum1(a,10);
```

实际参数也可以是指针形式:

```
    int *q=a;
    t4=Sum1(q,10);
```

指针 q 指向了数组 a,它的值就是数组 a 的首地址。这样将 q 传递给 Sum1()函数后,形式参数 x 就代表着数组 a 的首地址,此时使用数组 x,就是使用数组 a。

② 在 Sum2()函数中,形式参数为指针形式,main()函数调用 Sum2()函数时,实际参数可以是数组名:

```
    t2=Sum2(a,10);
```

实际参数也可以是指针形式:

```
    int *q=a;
    t5=Sum2(q,10);
```

③ 在 Sum3()函数中,形式参数与 Sum2()函数相同,也是指针形式。但在 Sum2()函数

中,通过数组形式使用参数,而在 Sum3() 函数中,通过指针形式使用参数。

9.3.3 指向二维数组的指针作为函数参数

二维数组名可以作为函数的形式参数和实际参数,也可以定义一个指向二维数组的行指针作为函数的参数。

【例 9.13】 通过指向二维数组的指针作为参数传递给函数。

【编写程序】

```
#include <stdio.h>
int Sum1(int xx[][5],int n)    //形式参数为二维数组名形式,必须同时指出列的大小
{
  int s=0,i,j;
  for(i=0;i<n;i++)
    for(j=0;j<5;j++)
    s+=xx[i][j];
  return s;
}
int Sum2(int(*xx)[5],int n) //形式参数为行指针形式,必须给出列的大小
{
  int s=0,i,j;
  for(i=0;i<n;i++)
    for(j=0;j<5;j++)
      s+=xx[i][j];          //指针 xx 当成数组使用
  return s;
}
int Sum3(int(*xx)[5],int n) //形式参数为指针形式
{
  int s=0,i,j;;
  for(i=0;i<n;i++)
    for(j=0;j<5;j++)
    s+=*(*(xx+i)+j);//指针 xx 当成数组使用
  return s;
}
void main()
{
  int aa[3][5]={{11,12,13,14,15},{21,22,23,24,25},{31,32,33,34,35}};
  int t1,t2,t3,t4,t5;
  int(*q)[5];
  t1=Sum1(aa,3);              //实际参数也是数组名形式
  printf("t1=%d\n",t1);
  t2=Sum2(aa,3);              //实际参数使用数组名形式
```

```
    printf("t2=%d\n",t2);
    t3=Sum3(aa,3);
    printf("t3=%d\n",t3);
    q=aa;
    t4=Sum1(q,3);                //实际参数使用指针形式
    printf("t4=%d\n",t4);
    t5=Sum2(q,3);                //实际参数使用指针形式
    printf("t5=%d\n",t5);
}
```

【运行结果】

```
t1=345
t2=345
t3=345
t4=345
t5=345
```

【程序分析】

① 在 Sum1()函数中,形式参数为数组名形式:

```
int Sum1(int xx[][5],int n)
```

其中,必须指出该二维数组的列大小,因为要使用的二维数组 aa 的列大小为 5,所以规定其列大小为 5。在 main()函数调用 Sum1()函数时,实际参数可以是数组名,其中 3 表示该二维数组的行大小:

```
t1=Sum1(aa,3);
```

实际参数也可以是指针形式:

```
int(*q)[5];
q=aa;
t4=Sum1(q,3);
```

指针 q 是一个行指针,可以指向列大小为 5 的二维数组,然后指向了数组 aa,它的值就是二维数组 a 的首地址。这样,将 q 传递给 Sum1()函数后,形式参数 xx 就代表着数组 aa 的首地址,此时,使用数组 xx,就是使用数组 aa。

② 在 Sum2()函数中,形式参数为指针形式:

```
int Sum2(int(*xx)[5],int n)
```

main()函数调用 Sum2()函数时,实际参数可以是数组名:

```
t2=Sum2(aa,3);
```

实际参数也可以是指针形式:

```
int(*q)[5];
```

```
q=aa;
t5=Sum2(q,10);
```

③ 在 Sum3() 函数中,形式参数与 Sum2 相同,也是指针形式。但在 Sum2() 函数中,通过数组形式使用参数,而在 Sum3() 函数中,通过指针形式使用参数。

▶ 9.3.4 指针函数

在 C 语言中,函数的返回值可以是整型、浮点型等基本数据类型,也可以是指针(地址)类型。这种返回指针值的函数称为指针函数。

指针函数的声明一般格式如下:

基类型 ＊函数名(参数列表);

其中,在基类型与函数名之间加了一个"＊"符号,表明这个函数的类型为基类型的指针类型,即该函数返回值是一个该基类型的指针。又由于指针就是地址,所以也可以返回一个该基类型的地址。

【例 9.14】 返回指针的函数。

【编写程序】

```c
#include <stdio.h>
int *GetMax(int *pa,int *pb)
{
  if(*pa>*pb)
    return pa;
  else
    return pb;
}
int *GetMin(int *a,int n)
{
  int i,*pm;
  pm=a;
  for(i=1;i<n;i++)
    if(a[i]<*pm)
      pm=a+i;
    return pm;
}
int *GetMax2(int a,int b)     //注意:这个函数有问题
{
  if(a>b)
    return &a;
  else
    return &b;
}
```

```
void main()
{
    int x=5,y=-7;
    int a[10]={77,55,11,99,44,88,22,33,100,66};
    int * pmax, * pmin, * pz;
    pmax=GetMax(&x,&y);
    pmin=GetMin(a,10);
    printf("%d和%d中的最大值:%d\n",x,y,* pmax);
    (* pmax)++;
    printf("新的x=%d,y=%d\n",x,y);
    printf("数组a中的最小值:%d\n",* pmin);
    pz=GetMax2(x,y);
    printf("调用函数Fun的结果:%d\n",* pz);
}
```

【运行结果】

```
5和-7中的最大值:5
新的x=6,y=-7
数组a中的最小值:11
调用函数Fun的结果:6
```

【程序分析】

① 在 GetMax() 函数中,形式参数为 2 个 int 型指针变量 pa 和 pb,然后判断 pa 和 pb 所指向的变量的值的大小,并返回更大的值的指针。调用 GetMax() 函数时,将 x 和 y 的地址传递过去,这样,通过"pmax=GetMax(&x,&y)"后,pmax 就能得到 x 和 y 中的更大值的地址。由于 x 比 y 大,最终 pmax 就是 x 的地址,pmax 就指向了 x。

需要注意的是,main() 函数通过调用 GetMax() 函数后将得到的指针赋给 pmax,可以通过该指针来访问或修改指针指向的变量,(* pmax)++ 就是将 x 的值加 1。

② 在 GetMin() 函数中,形式参数 int * a 可以指向一个一维数组,然后通过一个循环,将该数组中的最小值的地址返回,其中"pm=a+i"就是将指针 pm 指向了数组 a 中的第 i 个元素。

③ 在 GetMax2() 函数中,形式参数为 2 个 int 型的变量 a 和 b,先判断 a 和 b 的大小,并将更大的数的地址返回(即 a 或 b 的地址)。由于形式参数 a 和 b 是 GetMax() 函数中的局部变量,一旦 GetMax() 函数调用结束返回后,GetMax() 函数的空间会被自动收回,其中的局部变量 a 和 b 也就失效了,a 和 b 的地址就不能再使用了。编译时,VC 会给出一个警告信息:

```
warning C4172: returning address of local variable or temporary
```

这个警告信息的意思是不要返回局部变量的地址(指针)。程序运行后,结果没有出现什么异常,但这种使用方式却是非常危险的。编程时,一定不要返回局部变量的地址或指针。

9.4 函数指针

9.4.1 函数指针的定义

在 C 语言中,函数名也是一个地址,代表着该函数的首地址,是该函数的入口地址。既然函数名也是一个地址,那么完全可以定义一个指针指向这个函数,这个指向函数的指针就是函数指针。

定义函数指针变量的一般格式如下:

```
基类型(＊变量名)(函数参数列表);
```

其中,基类型表示该函数指针所指向的函数的类型,而函数参数列表表示函数指针所指向的函数的参数列表。例如,有 fun()函数定义如下:

```
int fun(float a,int b)
{
    //…
}
```

现在要定义一个函数指针变量 p:

```
int(＊p)(float,int);
```

这表示 p 是一个函数指针,该指针指向的函数应该返回一个 int 型的值,且该函数的两个参数应该分别为 float 和 int 类型。

上面的 fun()函数满足这个条件,所以可以让 p 指向 fun()函数:

```
p=fun;
```

该语句将 fun()函数的入口地址赋给了函数指针变量 p,之后,就可以通过指针 p 来调用对应的 fun()函数。

函数指针需要注意的问题如下:

① 注意定义的方式:

```
int(＊p)(float,int);
```

其中(＊p)的小括号不能省略,否则:

```
int ＊p(float,int);
```

则是在声明一个函数名为 p 的函数,它有两个分别为 float 和 int 类型的参数,而返回值为 int 指针类型;

② 如果函数指针欲指向的函数没有参数,则其参数也应该为空,或注明参数列表为void;如果函数指针指向的函数是指针函数(即返回指针类型的函数),则定义时也需要写明基类型为指针类型。例如:

```
int fun1();          //函数参数为空
int(＊p1)(void);      //定义函数指针时指明参数列表为 void
```

```
p1=fun1;              //函数指针 p1 指向 fun1()函数
int * fun2(int);      //函数类型为 int * 类型
int *( * p2)(int);    //函数指针的基类型也为 int * 类型
p2=fun2;              //函数指针 p2 指向 fun2()函数
```

③ 函数指针定义好之后,它只能指向在定义时指定的参数列表类型及指定的返回值类型的函数,而不能随便指向任何函数。如上面的函数指针 p,它可以指向满足参数列表条件及函数类型的别的函数,但不能指向别的类型的函数。

④ 对指向函数的指针变量不能进行算术运算,如 p++、p--、p=p+2 等运算,因为这些运算是毫无意义的。

9.4.2 通过函数指针调用函数

如果想调用一个函数,除了可以通过函数名调用,还可以通过指向该函数的函数指针变量来调用该函数。通过函数指针调用函数的一般格式如下:

(* 函数指针)(实际参数列表);

在 9.4.1 节中已定义 fun()函数和指向它的指针 p,现在要调用 fun()函数,既可以通过函数名 fun 调用,也可以通过 p 进行:

```
int x=fun(3.14f,567);
int y=( * p)(3.14f,567);
```

通过函数名调用函数,只能调用指定的一个函数。而通过函数指针变量调用函数则比较灵活,由于函数指针可以指向同类型的多个函数,所以可以根据不同情况先后调用不同的函数。

【例 9.15】 通过指针调用多个函数。

【编写程序】

```
# include <stdio.h>
int Add(int a,int b)
{
  return a+b;
}
int Sub(int a,int b)
{
  return a-b;
}
void main()
{
  int x=5,y=-7,u,v;
  int( * p)(int,int);
  p=Add;
  u=( * p)(x,y);
  printf("%d+(%d)=%d\n",x,y,u);
```

```
    p＝Sub;
    v＝(＊p)(x,y);
    printf("％d－(％d)＝％d\n",x,y,v);
}
```

【运行结果】

```
5＋(－7)＝－2
5－(－7)＝12
```

【程序分析】

由于 Add()函数和 Sub()函数的参数相同,返回值类型也相同,与函数指针 p 定义所要求的完全相符,所以 p 既可以指向 Add()函数,也可以指向 Sub()函数。当 p 指向 Add()函数时,通过"u＝(＊p)(x,y)"调用的就是 Add()函数。而当 p 指向 Sub()函数时,通过"v＝(＊p)(x,y)"调用的就是 Sub()函数。

9.4.3　函数指针作为函数参数

函数指针的一个重要用途就是将其作为函数的参数传递到另一个函数中,这样在该函数中就可以通过函数指针来调用实际参数所指定的函数了。函数指针作为函数的实际参数,就是将某个函数的入口地址传递给形参,这样通过该指针可以调用实际所要调用的函数。例如:

```
double fun(double(＊pf)(double),double a,double b);
```

上述代码定义了一个 double 类型的 fun()函数,它有 3 个参数:第一个参数 double(＊pf)(double)是一个 double 类型的函数指针,有一个 double 参数;第二、第三个参数都是 double 类型。

【例 9.16】　函数指针作为函数参数,使用二分法求多个一元 n 次方程在(a,b)中的一个根。

【解题思路】

假设要用一个程序解以下 2 个方程的根:

方程一:$2x^3-4x^2+3x-6=0$ 在(－10,10)中的一个根。

方程二:$x^4-10x^2+9=0$ 在(2,0)中的一个根。

二分法求一元 n 次方程 f(x)＝0 在(a,b)中的一个根的基本思路:如果连续函数f(a)<0且 f(b)>0,则说明 y＝f(x)函数在(a,b)中至少一次穿过 x 轴,则至少有一个根 x∈(a,b),使得 f(x)＝0。为了找到这个根 x,取 mid＝(a＋b)/2,再计算 f(mid)的值,如果f(mid)≈0,则 mid 就是要求的根;如果 f(mid)<0,则说明要求的根必在(mid,b)中,否则根必在(a,mid)中。按这种方法,只要重复若干次,就能找到一个近似的根。

由于要求多个一元 n 次方程 f(x)＝0 的根,可以将一个指向函数的指针作为参数,定义 double SolveEquations(double(＊pf)(double),double a,double b)函数,用来求函数指针 pf 所指向的函数(方程)在(a,b)中的根。调用 SolveEquations()时,可以传递对应的方程函数作为实际参数。

【编写程序】

```
double fun1(double x)
double fun2(double x)
# include <stdio.h>
# include <math.h>
double fun1(double x)    //求 y=2x³-4x²+3x-6 的值,代表方程:2x³-4x²+3x-6=0
{
  double y;
  y=2*x*x*x-4*x*x+3*x-6;
  return y;
}
double fun2(double x)    //求 y=x⁴-10x²+9 的值,代表方程:x⁴-10x²+9=0
{
  double y;
  y=x*x*x*x-10*x*x+9;
  return y;
}
double SolveEquations(double(*pf)(double),double a,doubleb)
{//求函数指针 pf 所指向的函数(方程)在(a,b)中的一个根,要求 f(a)<0
 //且 f(b)>0
  double mid,y;
  while(1){
  mid=(a+b)/2;
  y=(*pf)(mid);
  if(fabs(y)<1E-6)        //如果 y≤|10⁻⁶|,则结束计算
    break;
  else if(y<0)
    a=mid;
  else
    b=mid;
  }
  return mid;
}
void main()
{
  double root,a,b;        //必须自己确保 f(a)<0 且 f(b)>0,否则会形成死循环
  a=-10;                 //f(-10)<0
  b=10;                  //f(10)>0
  root=SolveEquations(fun1,a,b);  //实际参数 fun1 为函数名
  printf("方程一在(%lf,%lf)中的一个根=%lf\n",a,b,root);
```

```
    a=2;//f(2)<0
    b=0;//f(0)>0
    root=SolveEquations(fun2,a,b);//实际参数 fun2 为函数名
    printf("方程二在(%lf,%lf)中的一个根=%lf\n",a,b,root);
  }
```

【运行结果】

```
方程一在(-10.000000,10.000000)中的一个根=2.000000
方程二在(2.000000,0.000000)中的一个根=1.000000
```

【程序分析】

fun1(x)函数用来求方程 $y=2x^3-4x^2+3x-6$ 的值,fun2(x)函数用来求 $y=x^4-10x^2+9$ 的值。函数 SolveEquations(double(*pf)(double),double a,double b)可以灵活通过函数指针 pf 所指向的函数而求出对应的议程的根。通过"root=SolveEquations(fun1,a,b);"将函数名 fun1 作为实际参数,可以求方程一在(a,b)中的一个根;而通过"root=SolveEquations(fun2,a,b);"将函数名 fun2 作为实际参数,可以求方程二在(a,b)中的一个根。

通过这个实例可以看出,通过指向函数的指针作为函数的参数,可以非常灵活地调用实际所要调用的函数。

9.5 指针数组

9.5.1 指针数组的定义

一个数组中的元素可以是 int、float、char 等基本数据类型,也可以是指针类型。如果某个数组中的元素均为指针类型数据,则该数组称为指针数组。也就是说,指针数组中的每一个元素都存放一个地址,每个元素相当于一个指针变量,都可以指向某个变量。

定义一维指针数组的一般格式如下:

```
基类型 * 变量名[常量 n];
```

其中,基类型表示该指针数组中的元素指向的变量的数据类型,符号"*"表示指针数组的数组元素是指针变量,中括号"[]"内的常量 n 表示该指针数组的长度,即数组中共有多少个元素。注意定义指针数组与行指针(即指向二维数组的指针)相区别,定义行指针的一般格式如下:

```
基类型(*变量名)[常量 n];        //行指针多了一个小括号将 * 变量名括起来
```

例如:

```
int * p[3];    //定义一个指针数组 p,它共有 3 个元素,每个元素都是 int * 指针类型
int(* p)[3];   //定义一个行指针,它可以指向一个列长度为 3 的二维数组的某一行
```

9.5.2 指针数组的应用

指针数组定义好之后,该数组中的每个元素都是一个独立的指针,因此可以让每个元素

都指向某个变量。例如：

```
int x＝11,y＝22,z＝33;
p[0]＝&x;p[1]＝&y;p[2]＝&z;
```

由于"p[0]"代表的是指向变量 x 的指针,所以加上指针运算符"＊"后为"＊p[0]",由于运算符"[]"的优先级比"＊"高,所以"＊p[0]"等价于"＊(p[0])",就是"p[0]"所指向的变量也就是 x 的值。因此:

```
(＊p[0])++;                   //相当于"x++;"
＊p[2]＝＊p[0]+(＊p[1]);        //相当于"z＝x+y;"
```

【例 9.17】 指针数组的应用。
【编写程序】

```
#include <stdio.h>
void main()
{
  int x＝11,y＝22,z＝33,i,j;
  int a[3][5]＝{{11,12,13,14,15},{21,22,23,24,25},{31,32,33,34,35}};
  int ＊p[3];
  p[0]＝&x;p[1]＝&y;p[2]＝&z;
  printf("运算前:x＝%d,＊p[0]＝%d,y＝%d,＊p[1]＝%d",x,＊p[0],y,＊p
[1]);
  printf(",z＝%d,＊p[2]＝%d\n",z,＊p[2]);
  (＊p[0])++;                   //相当于"x++;"
  ＊p[2]＝＊p[0]+(＊p[1]);        //相当于"z＝x+y;"
  printf("运算后:x＝%d,＊p[0]＝%d,y＝%d,＊p[1]＝%d",x,＊p[0],y,＊p[1]);
  printf(",z＝%d,＊p[2]＝%d\n",z,＊p[2]);
  //指针数组 p 的 3 个元素分别指向二维数组 a 的 3 行的第 0 个元素
  p[0]＝&a[0][0];p[1]＝&a[1][0];p[2]＝&a[2][0];
  printf("方法一输出二维数组:\n");
  for(i=0;i<3;i++)
  {
    for(j=0;j<5;j++)
    printf("%5d",p[i][j]);     //输出指针 p[i]指向的一维数组的第 j 个元素
putchar('\n');
  }
  printf("方法二输出二维数组:\n");
  for(i=0;i<3;i++)
  {
    for(j=0;j<5;j++)
    {
      printf("%5d",＊(p[i]));  //输出指针 p[i]当前所指的元素
```

```
    p[i]++;          //移动指针p[i]指向该行的下一个元素
    }
    putchar('\n');
    }
}
```

【运行结果】

```
运算前:x=11,*p[0]=11,y=22,*p[1]=22,z=33,*p[2]=33
运算后:x=12,*p[0]=12,y=22,*p[1]=22,z=34,*p[2]=34
方法一输出二维数组:
    11   12   13   14   15
    21   22   23   24   25
    31   32   33   34   35
方法二输出二维数组:
    11   12   13   14   15
    21   22   23   24   25
    31   32   33   34   35
```

【程序分析】

指针数组 p 共有 3 个元素,一开始"p[0]=&x;p[1]=&y;p[2]=&z;",则 p[0]指向了变量 x,p[1]指向了 y,p[2]指向了 z。此时输出 *p[0]的值就是 x 的值。

"(*p[0])++"相当于"x++",因此输出的运算后的 x 的值为 12;而"*p[2]=*p[0]+(*p[1])"就相当于"z=x+y",所以输出的 z 的值为 34。

"p[0]=&a[0][0];p[1]=&a[1][0];p[2]=&a[2][0];"就是让 p[0]指向二维数组 a 的第 0 行的第 0 个元素,p[1]指向第 1 行的第 0 个元素,p[2]指向第 2 行的第 0 个元素。

二维数组 a 可以看作由 3 个一维数组构成的。也就是说,指针 p[0]指向的是第 0 个一维数组,p[1]指向的是第 1 个一维数组,p[2]指向的是第 2 个一维数组。p[0]、p[1]、p[2]分别代表着该一维数组的首地址。

在输出数组的方法一中,p[0]是第 0 行的首地址,因此,p[0][0]就是指该行的第 0 个元素,也就是 a[0][0],而 p[0][1]就是该行的第 1 个元素,即 a[0][1]。依此类推,p[i][j]就是指针 p[i]所指向的一维数组的第 j 个元素,即 a[i][j]。

在输出数组的方法二中,p[0]是第 0 行的首地址,也是 a[0][0]元素的地址,因此 *p[0]就是元素 a[0][0]。此后,如果 p[0]++,那么 p[0]就指向了 a[0][0]的下一个元素(也就是 a[0][1]),此时再输出 *p[0]就得到了元素 a[0][1]的值。依此类推,p[0]不停地向后移动,就能输出二维数组 a 的第 0 行的所有元素。然后将 i 从 0 变化到 1 和 2,就能输出 a 的第 1 行和第 2 行的所有元素。

9.6 字符指针与字符串

在 C 语言中,字符串既可以存放在数组中,也可以通过指针来引用,而且使用指针来引用将更加灵活方便。

9.6.1 通过指针引用字符串

在前面已经介绍过,可以将字符串存放在一个 char 型数组中,例如:

```
char str[100]="China";
```

在这种方式中,字符数组 str 具有 100 个 char 型空间,里面存储了 5 个可见字符"China",后面有 95 个"\0"。

在 C 语言中,也可通过 char 型指针变量引用字符串,该指针也称字符指针。通过指针变量引用字符串的一般格式如下:

```
char * 指针名;
指针名="字符串";
```

或者在定义指针变量的同时赋值:

```
char * 指针名="字符串";
```

例如:

```
char * ps;
ps="Ganzhou";
```

或者在定义指针变量 ps 的同时赋值:

```
char * ps="Ganzhou";
```

在这种方式中,并不是把字符串"Ganzhou"赋值给指针变量 ps,而是 C 语言先在内存中开辟一个大小合适的数组(此例中数组大小为 8 个 char 型),刚好可以容纳要存放的字符串大小,然后将字符串"Ganzhou"(注意后面也会自动加一个"\0"字符)存放到该数组中,再将该数组的首地址赋给 ps 指针。这样,字符指针 ps 就指向了这个数组的首地址,也就是指向了字符串"Ganzhou"。由于在这种方式中,系统开辟的数组没有名字,也就无法通过数组名来引用,而只能通过指针 ps 来进行引用。

需要特别注意的是,指针 ps 指向的内存空间是常量。也就是说,其中所存放的字符串"Ganzhou"是常量,不允许任何形式的修改,否则运行时会引起致命错误。例如:

```
char * ps="Ganzhou";
ps[3]='k';     //试图修改常量,将引起致命错误
```

9.6.2 指向字符数组的指针

前面已经学过,可以定义指针指向基类型相同的一维数组中的某个元素,因此也可以定义一个 char 型的指针指向字符数组。例如:

```
char str[100]="Chinese People";
char * ps;
ps=str;
```

或:

```
ps＝&str[0];
```

这样指针 ps 就指向了字符数组 str 的首地址。

根据前面的知识可以知道,指针是可以执行++和--运算的,如果 ps 指向了字符数组 str 中的某个元素(如 str[5]),那么 ps++后,ps 就指向了数组的下一个元素(即 str[6])。因此,可以通过 ps 的移动,依次访问数组 str 中的每个元素,直到末尾的"\0"元素。基本循环如下:

```
while( * ps! ＝'\0')
{
    操作 * ps;          // * ps 代表 ps 所指向的元素
    ps++;
}
```

【例 9.18】　通过指向字符数组的指针的移动,依次访问字符数组中的元素,并将每个字符加 5,然后输出。

【编写程序】

```
# include ＜stdio.h＞
void main()
{
    char str[100]＝"China";
    char * ps;
    printf("处理前,str＝% s\n",str);
    ps＝str;            //指针 ps 指向数组 str 的首地址
    while( * ps! ＝'\0')
    {
        * ps＝ * ps＋5;
        ps++;
    }
    printf("处理后,str＝% s\n",str);
}
```

【运行结果】

```
处理前,str＝China
处理后,str＝Hmnsf
```

【程序分析】

指针 ps 指向了字符数组 str 的首地址,也就是指向了 str[0]元素。循环条件" * ps! ＝'\0'"用来判断当前 ps 所指向的元素是否为末尾的"\0"。如果不是,则继续循环。在循环体中, * ps表示 ps 所指向的元素," * ps＝ * ps＋5"就是让该元素(字符)转换为它在 ASCII 码表中之后的第 5 个字符;然后 ps++,就让 ps 指向下一个元素。

例 9.18 中的循环是使用指针访问和处理字符数组的一般方式。使用时需要注意以下两点:

① 循环体中一定不要忘记 ps++，否则指针 ps 就始终指向第 0 个元素，会形成死循环。

② 循环结束后，ps 已经指向了字符串末尾的第 1 个"\0"，如果程序后面还想继续通过 ps 指针访问字符数组 str，需要重新执行 ps＝str。

9.6.3　字符串常用操作

字符指针定义好后，就可以通过字符指针引用其中的字符串了。通过字符指针引用字符串可以有以下几种基本方式：

1.字符串的输出

前面已经学过，可以通过 printf 的"%s"格式输出字符串，可以通过 puts()函数输出字符串，也可以通过循环将数组中的字符依次输出，还可以通过字符指针的移动输出数组中的字符。数组形式的字符串和指针引用的字符串都可以通过这 4 种方法输出。

【例 9.19】　4 种方式输出字符串。

【编写程序】

```c
#include <stdio.h>
void main()
{
    char str[100]="China";
    char *ps="Ganzhou";
    char *p1,*p2;
    int i;
    printf("方法一:使用 printf 的%%s格式输出字符串:\n");
    printf("%s\n",str);
    printf("%s\n",ps);
    printf("方法二:使用 puts 输出字符串:\n");
    puts(str);
    puts(ps);
    printf("方法三:使用循环依次输出每个字符:\n");
    i=0;
    while(str[i]! ='\0')
    {
        putchar(str[i]);
        i++;
    }
    putchar('\n');
    i=0;
    while(ps[i]! ='\0')
    {
        putchar(ps[i]);
        i++;
    }
```

```
    putchar('\n');
    printf("方法四:移动字符指针依次输出字符:\n");
    p1=str;
    while( * p1! =′\0′)
    {
      putchar( * p1);
      p1++;
    }
    putchar('\n');
    p2=ps;
    while( * p2! =′\0′)
    {
      putchar( * p2);
      p2++;
    }
    putchar('\n');
}
```

【运行结果】

方法一:使用 printf 的 %s 格式输出字符串:
China
Ganzhou
方法二:使用 puts 输出字符串:
China
Ganzhou
方法三:使用循环依次输出每个字符:
China
Ganzhou
方法四:移动字符指针依次输出字符:
China
Ganzhou

【程序分析】

在方法一和方法二中,通过指针 ps 方式引用字符串"Ganzhou",ps 指向了内存中已存放了字符串"Ganzhou"的数组首地址,这样通过 printf 的"%s"格式和 puts 都可以输出 ps 所指向的字符串。

在方法三中,字符串"Ganzhou"的末尾也存放了一个"\0",所以通过 while(ps[i]! =′\0′)配合 i++操作,就能访问 ps 所指向的字符串的每个字符。

在方法四中,定义了 2 个指针 p1 和 p2,分别指向数组 str 和 ps 的首地址,通过 putchar(* p1)和 putchar(* p2)就能输出 p1 和 p2 当前所指向的元素字符,再通过 p1++和 p2++,将指针依次向后移动,就能访问数组中的每个元素。

2.字符串的输入

字符指针指向字符数组后,也可以通过指针进行字符串的输入。输入的方式有 scanf 方式、gets 方式。例如:

```
char str[100], * ps＝str;        //指针 ps 指向数组 str 首地址
scanf("％s",str);
scanf("％s",ps);
gets(str);
get(ps);
```

以上 4 种方法都能将字符串输入数组 str 中。但是,如果指针 ps 没有被初始化成指向某个字符数组,则该指针是一个"野指针",因此不能输入,否则会造成致命错误。

> **知识拓展**
>
> 移动引用了字符串的指针,可能造成内存垃圾。例如:
>
> char ＊ps＝"Ganzhou";
>
> 由于字符串"Ganzhou"只有指针 ps 知道它存放的内存地址,如果通过 p＋＋移动指针 ps,或者将 ps 指向了其他字符数组或其他字符串,例如:
>
> ps＝"I Love C";
>
> 则 C 语言将在内存中重新划出一个空间,装入字符串"I Love C",再将 ps 指向这段空间的首地址。显然,ps 原来的那段空间就再也取不到了,这就造成内存垃圾。所以编程时,一定要保持原始指针 ps 不要移动,更不要指向其他字符串。
>
> 对字符指针输入时,必须将该指针指向一个实际的字符数组。

3.字符串的数组方式与指针方式的主要区别

① 数组名是常量,不能被赋值和修改;指针是变量,可以赋值和修改。例如:

```
char str1[100]＝"Student";
char str2[]＝"Teacher";
char ＊ps＝str1;
str1＝str2;        //语法错误:数组名是常量,不能被赋值
str1＋＋;          //语法错误:数组名不能被修改
ps＝str2;          //正确,指针可以被修改
ps＋＋;            //正确,指针可以被修改
```

② 赋值方法上有所不同。字符数组不能整体赋值,只能通过 strcpy()函数赋值,而指针可以直接指向其他字符串常量;不能对指针直接进行 strcpy()赋值。例如:

```
char str[100], * ps;
str＝"People";          //语法错误:数组不能整体赋值
strcpy(str,"People"); //数组只能通过 strcpy()函数赋值
ps＝"Teacher";         //正确,指针可以重新指向另一个字符串常量
strcpy(ps,"Teacher"); //致命错误,指针没有指向数组,不能赋值
```

③ 使用指针方式输出时,由于指针的移动可能导致结果不相同。在使用 printf 或 puts

输出字符串时,总是从指针当前位置一直输出到第一个"\0"为止,所以由于指针的移动,导致输出结果不同。例如:

```
char str[100]="Chinese";
char *ps=str;
puts(ps);        //结果为 Chinese
ps+=3;           //指针 ps 已向后移动了 3 个元素,即移动到"n"字符上
puts(ps);        //从指针当前的"n"字符开始输出,结果为 nese
```

9.6.4 字符指针作函数参数

要把一个字符串传递到另一个函数,由于字符串总是存放在数组中,所以可以用地址传递的办法。此时可以用字符数组作参数,也可以用字符指针作参数。由于是地址传递,所以如果在函数中改变了字符数组中的内容,则会对主调函数造成影响。

具体使用时,形式参数和实际参数都可以使用数组形式和指针形式。

【例 9.20】 写一个函数,实现字符串复制功能。

【编写程序】

```
#include <stdio.h>
void  copy1(char str1[],char str2[])      //形式参数使用数组形式
{//函数将 str2 中的字符串复制到 str1 中
  int i=0;
  while(str2[i]! =\0')                     //函数体内使用数组方式
  {
    str1[i]=str2[i];
    i++;
  }
  str1[i]=\0';
}
void  copy2(char str1[],char str2[])      //形式参数使用数组形式
{
  while( *str2! =\0')                      //函数体内使用指针方式
  {
    *str1= *str2;
    str1++;
    str2++;
  }
  *str1=\0';
}
void  copy3(char *str1,char *str2)         //形式参数使用指针形式
{
  while( *str2! =\0')                      //函数体内使用指针方式
```

```
        {
            * str1= * str2;
            str1++;
            str2++;
        }
        * str1=\0';
}
void   copy4(char * str1,char * str2)        //形式参数使用指针形式
{
    int i=0;
    while(str2[i]! =\0')                       //函数体内使用数组方式
    {
        str1[i]=str2[i];
        i++;
    }
    str1[i]=\0';
}
void main()
{
    char   s[100],t[]="Chinese People";
    char * from, * to;
    from=t;
    to=s;
    //copy1(s,t);                              //实际参数使用数组形式
    //copy1(to,from);                          //实际参数使用指针形式
    //copy2(s,t);
    //copy2(to,from);
    //copy3(s,t);
    //copy3(to,from);
    //copy4(s,t);
    copy4(to,from);
    printf("复制后:s= % s,t= % s\n",s,t);
}
```

【运行结果】

复制后:s=Chinese People,t=Chinese People

【程序分析】

在 copy1()函数中,形式参数为 2 个 char 型数组类型 str1 和 str2,在函数体内,通过使用 str1 和 str2 的数组形式。在 main()函数调用函数时,既可以直接传递数组名:copy1(s,t),也可以传递字符指针:copy1(to,from)。

在 copy2() 函数中,形式参数为 2 个 char 型数组类型 str1 和 str2,在函数体内,通过使用 str1 和 str2 的指针形式。

在 copy3() 函数中,形式参数为 2 个 char * 指针类型 str1 和 str2,在函数体内,通过使用 str1 和 str2 的指针形式。在 main() 函数调用函数时,既可以直接传递数组名 copy3(s,t),也可以传递字符指针:copy3(to,from)。

在 copy4() 函数中,形式参数为 2 个 char * 指针类型 str1 和 str2,在函数体内,通过使用 str1 和 str2 的数组形式。

需要注意的是,上述 4 个函数在循环结束后,str2 中的"\0"并没有复制到 str1 中,所以必须在循环结束后添加 str1[i]=\0 或 * str1=\0'。

9.6.5　带参数的 main() 函数

前面定义的 main() 函数都是不带参数的,实际上 main() 函数也可以有参数,且该参数在 DOS 运行方式下有重要的用途。main() 函数是程序的入口,在 DOS 方式下,可以通过它的参数接收来自系统的参数。main() 函数的完整定义格式如下:

```
int main(int argc,char * argv[]);
```

参数 argc 为 int 型,表示在命令行中输入的参数个数(含输入的命令名,即程序名);argv[] 是字符串指针数组,其各元素值为命令行中各字符串的首地址。指针数组 argv 的长度即为参数个数,数组元素初值由系统自动赋予。数组的第一个元素(argv[0])指向要运行程序名的字符串,argv[1] 指向传递的第 2 个参数,依此类推。

main() 函数的函数类型一般为 int,用于返回一个程序运行的结果,通常返回 0。main() 函数的类型也可以为 void,则不需要返回值。

【例 9.21】 带参数的 main() 函数。

【编写程序】

创建一个名为"Ex9_21"的工程名。

```
#include <stdio.h>
int String2Int(char * str)      //将字符串形式的数字 str 转换成 int 值
{
  int n=0;
  while( * str! =\0'&& * str>=0'&& * str<=9')
  {  //如果当前字符是数字字符,则循环处理,直到遇到第 1 个非数字字符
    // * str-0 能将当前数字字符转换成数值,如5'-0'=5
    n=n * 10+( * str)-0';
    str++;
  }
  return n;
}
int main(int argc,char * argv[])
{
  int a=0,b=0,c,i;
  printf("一共有 %d 个参数\n",argc);
```

```
    for(i=0;i<argc;i++)
      printf("参数%d:%s\n",i,argv[i]);
    if(argc>1)          //如果参数个数大于1个,则读取a的值
      a=String2Int(argv[1]);
    if(argc>2)
      b=String2Int(argv[2]);
    c=a+b;
    printf("%d+%d= %d\n",a,b,c);
    return 0;
}
```

图9.8 带参数的main函数运行结果

【运行结果】

编译工程后,将工程目录下 Debug 目录中的可执行文件 Ex9_21.exe 复制到 E 盘的根目录下,运行 CMD 命令,进入 DOS 界面,输入"e:\Ex9_21 123 456"并按 Enter 键,运行结果如图 9.8 所示。

【程序分析】

函数 int String2Int(char * str)的主要功能是将字符串形式的数字 str 转换成 int 值,如 str="123",则函数返回整数 123。

运行时输入"e:\Ex9_21 123 456",则 main()函数的参数 argc 的值为 3,字符串"e:\Ex9_21"就是第 0 个参数,由 argv[0]指针指向;字符串"123"是第 1 个参数,由 argv[1]指针指向;字符串"456"是第 3 个参数,由 argv[2]所指向。程序最后通过调用 String2Int()函数,将参数 2 和参数 3 转换成整数 a 和 b,然后计算并输出 c=a+b 的值,得到"123+456= 579"。

💡 知识拓展

在 VC 中,也可以指定程序运行时的输入参数,这需要对该工程的运行环境进行设置。选择 Project 菜单中的 Settings 命令,打开 Project Settings 对话框,在左边的工程列表中选择 Ex9_21 工程,并选择 Debug 选项卡,在 Program arguments 文本框中输入"123 456",如图 9.9 所示。

单击 OK 按钮,再次编译后运行即可得到结果。

一共有 3 个参数:

参数 0:E:\自编教材\C 语言程序设计\程序代码\第 9 章 指针\Ex9_21\Debug\Ex9_21.exe。

参数 1:123。

参数 2:456。

123+456= 579

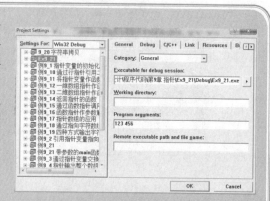

图9.9 设置运行环境

从例 9.21 可以看到,利用指针数组作 main()函数的形参,可以向程序传送命令行参数(这些参数是字符串),这些字符串的长度事先并不知道,而且各参数字符串的长度一般并不相同,命令行参数的数目也可以是任意的。此时用指针数组能较好地满足上述要求。

9.7　二级指针

9.7.1　二级指针概述

指针变量是指向某个变量的指针。例如:

```
int a＝123;
int ＊p＝&a;
```

指针变量指向了变量 a,而这个指针变量 p 本身也是有空间的(4 个字节),也就有地址,因此,也可以定义一个"特殊的指针"指向这个指针变量 p。这种特殊的指针是一个指向指针的指针,也就是二级指针,而该指针类型的变量就是二级指针变量。

定义二级指针变量的一般格式如下:

```
基类型 ＊＊变量名;
```

其中,"基类型"就是该二级指针变量所指向的指针变量所指向的变量的数据类型,两个"＊"符号表明这个变量是一个"指向指针的指针"变量。例如:

```
int ＊＊pp;
```

定义好二级指针 pp 之后,就可以让它指向一个指针变量,例如:

```
pp＝&p;
```

那么指针 p 指向变量 a,而 pp 又指向指针 p,它们之间的指向关系如图 9.10 所示。

图 9.10　二级指针、指针、变量之间的指向关系

指针 p 已经指向了变量 a,而二级指针 pp 又指向了指针变量 p,因此,要使用变量 a 的值可以有三种方式:

① 直接使用 a,如 a＝567。

② 通过 ＊p,如 ＊p＝567。

③ 通过 ＊＊pp,如 ＊＊pp＝567。

其中,＊＊pp 就是 pp 所指向的指针所指向的变量,即 a。

此时 ＊＊pp 代表 a,那么 ＊pp 代表什么呢? ＊pp 代表 pp 所指向的指针变量 p,即 a 的地址。

【例 9.22】　二级指针的一般使用方式。

【编写程序】

```
#include <stdio.h>
void main()
```

```
{
    int a=1234;
    int *p=&a;
    int **pp=&p;
    printf("a=%d  &a=%p\n",a,&a);
    printf("*p=%d  p=%p  &p=%p\n",*p,p,&p);
    printf("**p=%d  *pp=%p  pp=%p  &pp=%p\n",**pp,*pp,pp,
    &pp);
}
```

【运行结果】

```
a=1234          &a=0018FF44
*p=1234         p=0018FF44          &p=0018FF40
**p=1234        *pp=0018FF44        pp=0018FF40        &pp=0018FF3C
```

【程序分析】

程序定义了一个变量 a=1234,定义了一个指针变量 p 指向了变量 a,又定义了一个二级指针变量 pp 指向了指针变量 p,然后输出各种信息。

从程序运行结果可以看出:

① a、*p 和 **pp 的值相等,都是指 a 的值。

② &a、p、*pp 的值相等,都是指变量 a 的地址。

③ pp、&p 的值相等,都是指指针变量 p 的地址。

④ 二级指针 pp 也有地址,此例中为 0x0018FF3C。

9.7.2 二级指针的主要应用

在编程过程中,二级指针的主要应用有 2 个:

① 作为函数的参数,可以改变指针的值(指向)。

② 可以由二级指针通过动态内存管理申请二维数组空间。

第 2 个应用将在 9.8 节学习,下面介绍二级指针的第 1 个应用。

假设把一个指向变量 a 的指针 p 传递给 fun()函数,那么在 fun()函数中修改 *p 的值,就是修改了变量 a 的值。如果在 fun()函数中修改 p 的值,则函数返回后,主调函数中 p 的值并没有改变,仍然指向变量 a。这时如果想要通过 fun()函数改变 p 的值,则必须把 p 的地址传递给 fun()函数,而 p 的地址显然就是指向指针的指针。

【例 9.23】 二级指针作函数参数可修改指针的值。

【编写程序】

```
#include <stdio.h>
#include <stdio.h>
void Swap_1(int *p,int *q)
{
    int *t;
```

```
    t=p;p=q;q=t;
}
void Swap_2(int * *pp,int * *qq)        //形式参数为二级指针
{
    int *t;                             //交换的是指针值,所以中间变量t也是
    指针类型
    t= *pp;                             //*pp代表二级指针pp所指向的指针
    pa,相当于t=pa;
    *pp= *qq;                           //*qq代表二级指针qq所指向的指针
    pb,相当于pa=pb;
    *qq=t;                              //相当于pb=t,从而完成了pa与pb的
    值的交换,即交换了pa和pb的指向
}
void main()
{
    int a=5,b=-7;
    int *pa=&a, *pb=&b;
    printf("a的地址=%p,b的地址=%p\n",&a,&b);
    printf("调用Swap_1函数前:pa=%p,pb=%p\n",pa,pb);
    Swap_1(pa,pb);
    printf("调用Swap_1函数后:pa=%p,pb=%p\n",pa,pb);
    printf("调用Swap_2函数前:pa=%p,pb=%p\n",pa,pb);
    Swap_2(&pa,&pb);
    printf("调用Swap_2函数后:pa=%p,pb=%p\n",pa,pb);
}
```

【运行结果】

```
a的地址=0018FF44,b的地址=0018FF40
调用Swap_1函数前:pa=0018FF44,pb=0018FF40
调用Swap_1函数后:pa=0018FF44,pb=0018FF40
调用Swap_2函数前:pa=0018FF44,pb=0018FF40
调用Swap_2函数后:pa=0018FF40,pb=0018FF44
```

【程序分析】

在main()函数中定义了2个指针pa和pb,分别指向变量a和b。然后将pa和pb作为实际参数传递给Swap_1()函数。在Swap_1()函数中,使用2个指针p和q作形式参数,在函数中交换了p和q的值。但是由于C语言遵循的是"值的单向传递",即值由实际参数传递给形式参数,然后在被调函数中对形式参数所做的修改,不会影响实际参数。所以Swap_1()函数中虽然交换了p和q的值,但是对主调函数main中的pa和pb并没有影响。从程序运行结果可以看出,调用Swap_1()函数后,pa的值仍然是a的地址,而pb的值仍然是b的地址,即Swap_1()函数并没有改变指针pa和pb的值。

在 main()函数中将 pa 的地址 &pa 和 pb 的地址 &pb 传递给了 Swap_2()函数。在 Swap_2()函数中,使用 2 个二级指针 * * pp 和 * * qq 作形式参数,并在函数中交换了 * pp 和 * qq 的值。由于 pp 和 qq 是 main()函数中 pa 和 pb 的地址,故 * pp 和 * qq 就是 pa 和 pb 的值,因此在 Swap_2()函数中交换了 * pp 和 * qq 的值,实际上就是交换了 main()函数中的 pa 和 pb 的值。函数 Swap_2()函数的运行原理如图 9.11 所示。

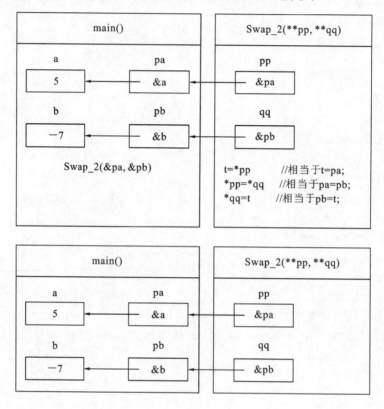

图 9.11 Swap_2()函数的运行原理

从例 9.23 可以看出,若将指针变量的地址作为参数传递给函数,则在函数中对该指针的修改将会影响到主调函数中指针值。

9.8 动态内存管理

9.8.1 为什么需要动态内存管理

在使用数组编程的过程中,有时会遇到一个尴尬的问题:不好事先准确判断所需要的数组大小。例如要声明一个 int 数组 a,用来存放并处理某校每个学生的数学成绩。那么编程时就必须确定数组 a 的大小,而这个大小很不好确定。有些学校人数较少(如只有 50 人),而有些学校人数较多(如有 5000 人),那么编写的程序如果定义 a 小了则可能不够,如果定义得大一些则浪费了内存空间。

可不可以在程序运行时临时根据需要再声明 a 的大小呢?例如:

```
int n;
printf("请输入你要的数组大小:");
scanf("%d",&n);
int a[n];
```

然而这段代码通不过编译。错误有两个:

① C 语言规定,所有的变量声明必须在所有的可执行语句之前完成,所以上面声明数组 a 的语句 int a[n]在可执行语句 printf 和 scanf 语句之后,是错误的。

② C 语言还规定,声明数组时,数组中的大小必须是常量,而不能是变量,上面的 n 就是变量,因此也是错误的。

类似于这种编程时考虑空间大小的问题,要求既能满足各种应用需要,又不会浪费空间,就需要使用 C 语言的"动态内存管理",能够灵活地根据需要申请和释放大小合适的空间。

9.8.2　什么是动态内存管理

在第 8 章中已经学过,全局变量是分配在内存中的静态存储区的,非静态的局部变量是分配在内存中的动态存储区的,这些存储区是一个称为栈(Stack)的区域。除此之外,C 语言还建立并维护了一个叫作堆(Heap)的区域,以存放一些临时用的数据。这些数据不需要在程序的声明部分定义(只需要定义一个相应类型的指针),也不必等到函数结束时才由系统自动释放,而是可以在程序中在需要时临时申请,不需要用时随时释放。由于未在声明部分定义它们为变量或数组,因此不能通过变量名或数组名去引用这些数据,而只能通过指针来引用。

在程序中,需要时临时"申请"空间,不需要时及时"释放"的机制,就是 C 语言的"动态内存管理"。

9.8.3　实现动态内存管理的函数

C 语言中,对内存进行动态管理的函数是通过系统提供的库函数来实现的,主要有 malloc()函数、calloc()函数、realloc()函数和 free()函数。要使用这四个函数,需要包含 malloc.h 头文件或 stdlib.h 头文件。下面简要介绍一下这 4 个函数。

1.malloc()函数

malloc()函数的原型如下:

```
void * malloc(unsigned int size);
```

函数的作用是在向系统申请 size 个字节的连续空间,C 语言会在堆区进行分配,并将所分配到的空间的首地址返回。参数 size 为无符号整型数据,表示要申请的空间的字节数。函数的返回值为 void * 指针类型,这是一种特殊的指针类型,表示未定型指针类型,可以根据需要强制转化为任何想要的指针类型。如果 malloc()函数执行成功,则返回空间的首地址(必然不为 0);如果函数执行失败(如申请的空间过大,内存空间不足),则返回 NULL。可以根据函数的返回来判断空间申请是否成功。

需要注意的是,malloc()函数所分配的内存空间未经过初始化操作,该内存空间中存放的数据未知。

malloc()函数的一般使用方式如下：

```
基类型 * 指针变量名；
指针变量名＝(基类型 *)malloc(所需空间大小)；
```

例如：

```
int * pa；
pa＝(int *)malloc(100)；
if(pa＝＝NULL)  exit(－1)；
```

则申请了100个字节的空间大小，并将该首地址赋给了指针变量 pa。如果申请空间失败，则直接使用 exit(－1)函数退出程序。其中，exit()库函数也是在 stdlib.h 头文件中所声明的。

同时由于 malloc 以字节为单位，有时要先计算基类型的大小才能算出需要多少字节。例如上面申请到100个字节的空间，但是在不同的 C 语言编译器中 int 所占的空间不同，在 Turbo C 2.0 中一个 int 占2个字节，而在 VC 中一个 int 占4个字节，所以申请的100个字节空间可能能容纳50个 int，也可能只能容纳25个 int。一般使用 sizeof(基类型)运算符来计算所需的空间大小。例如：

```
pa＝(int *)malloc(100 * sizeof(int))；
```

就可以在任何系统中申请100个 int 类型的空间。

通过 malloc()函数申请到空间并赋给指针变量后，就可以使用这个空间了，通常可以将该指针变量当成一个数组使用，例如：

```
for(i=0;i<100;i++
    pa[i]=i * 2;//或：*(pa+i)=2 * i；
```

知识拓展

由于通过 malloc 申请的空间首地址赋给了指针变量 pa，此时 pa 是这段空间的唯一标志。在使用 pa 时，一定要注意尽量不要移动指针 pa，更不要让 pa 指向其他位置，否则申请到的空间首地址就会丢失，可能再也找不回来了，后面也无法通过该指针释放。例如：

```
int b[10]={11,22,33,44,55,66,77,88,99,100}
int * pa；
pa＝(int *)malloc(100 * sizeof(int))；
//使用 pa
pa++；      //pa 移动后，pa 不再指向空间的首地址
pa=b；      //pa 指向了数组 b，则 pa 原来的空间将永远丢失
```

上述移动指针或让指针重指向其他位置，在 C 语言语法上是完全正确的。这种因为指针的移动或指针的重指向而导致空间丢失的情况称为"内存的泄漏"。

编程时尽量不要出现这种情况，否则无法释放这段内存空间。特别地，如果强行释放已移动或已重指向的指针，还可能会出现致命错误。

2. calloc()函数

calloc()函数的原型如下：

```
void * calloc(unsigned int n,unsigned int size);
```

calloc()函数的作用是在向系统申请 n 个长度为 size 个字节的连续空间，如果申请失败，返回 NULL；申请成功，返回该空间的首地址。

用 calloc()函数可以直接对应着一个一维数组的动态存储空间，n 对应着所需数组元素的个数，而 size 对应着每个元素的基类型的长度。calloc()函数与 malloc()函数的一个显著不同是，calloc()函数得到的内存空间是经过初始化，其中所有的数据均会被自动赋为 0。而 malloc()函数申请的空间未初始化，其中的数据未知，所以 calloc()函数更适合为动态数组申请空间。如申请 100 个 int 型的动态数组空间：

```
int * pa;
pa=(int * )calloc(100,sizeof(int));
```

3. realloc()函数

如果通过 malloc()或 calloc()函数申请到的空间太大或不够用，可以使用 realloc()函数重新分配，以改变空间大小。realloc()函数可以实现新内存空间的分配和老空间的释放的功能，其函数原型如下：

```
void * realloc(void * oldPtr,unsigned int newSize);
```

realloc()函数的作用是在向系统重新申请长度为 newSize 个字节的连续空间。参数 oldPtr 表示原来申请的空间指针，调用 realloc()函数成功后，oldPtr 指向的原空间会被自动释放。函数如果申请失败，则返回 NULL；申请成功，返回该空间的首地址。

realloc()函数的工作原理如下：

① 如果将新分配的内存减少，realloc()仅仅是改变索引的信息。

② 如果是将新分配的内存扩大，则有以下情况：

a. 如果当前内存段后面有需要的内存空间，则直接扩展这段内存空间，realloc()将返回原指针。

b. 如果当前内存段后面的空闲字节不够，那么就使用堆中的第一个能够满足这一要求的内存块，将原空间的数据复制到新的位置，并将原来的数据块释放掉，返回新的内存块位置。

c. 如果申请失败，将返回 NULL，此时，原来的指针仍然有效。

需要注意：

① 如果调用成功，不管当前内存段后面的空闲空间是否满足要求，都会释放掉原来的指针，重新返回一个指针，虽然返回的指针有可能和原来的指针一样，即不能再次释放掉原来的指针。

② realloc()函数分配的空间也是未初始化的。

通过 realloc()函数重新申请空间后，原空间指针会被释放，但原空间中的数据会被自动复制到新空间中来。例如：

```
int * pa, * pb,i;
pa=(int * )malloc(100 * sizeof(int));      //原空间指针 pa,有 100 个 int 空间
for(i=0;i<100;i++)
```

```
        pa[i]=2*i;
        //新空间 pb 有 200 个,且会释放原 pa 空间
        pb=(int*)realloc(pa,200*sizeof(int));
```

则会先分配 200 个 int 空间给 pb,并将 pa 所指向的原空间数据全部复制到 pb 的前 100 个对应的位置上,然后释放掉 pa 指针所指向的原空间。

4. free( )函数

使用 malloc( )函数、calloc( )函数和 realloc( )函数分配的内存空间是在堆区上分配的,所以在程序结束前,系统不会将其自动释放,需要程序员自己主动释放。C 语言提供了 free( )函数来释放内存,其函数原型如下:

```
    void free(void*ptr);
```

参数 ptr 为指向堆内存空间的指针,即由 malloc( )函数、calloc( )函数或 realloc( )函数分配空间的指针。

在使用 free( )函数释放空间时,需要注意以下问题:

① 一段空间不能重复释放,否则运行时会出现致命错误,例如:

```
    int*pa=(int*)malloc(100*sizeof(int));
    free(pa);
    free(pa);        //对空间 pa 释放了两次,会造成致命错误
```

一般要养成一种良好的习惯,释放一个空间后,应该立即将该指针值置为 NULL,之后即使再次释放也不会出错,即一个 NULL 指针不存在重复释放的错误。例如:

```
    int*pa=(int*)malloc(100*sizeof(int));
    free(pa);              //第一次释放 pa
    pa=NULL;              //立即将 pa 置为 NULL
    free(pa);              //重复释放 NULL 指针,不会出错
```

② 通过 pa 申请到的空间,也可以通过 pb 释放,例如:

```
    int*pa=(int*)malloc(100*sizeof(int));
    int*pb=pa;            //pb 指向 pa 的空间
    free(pb);              //正确
```

但是一定要注意,通过 pb 释放后,原 pa 指向的空间已不存在了,也就不能再被使用,而且也不能再次通过 free(pa)释放。

③ 释放空间时的指针一定要是原空间的首地址,如果对原指针进行了移动或者重新指向了别的空间,则释放也可能出现致命的错误,例如:

```
    int*pa=(int*)malloc(100*sizeof(int));
    pa=pa+5;              //指针 pa 已向后面移动了 5 个字节
    free(pa);              //再释放空间,也可能出现致命错误
```

④ 原空间被 realloc 后,会被自动释放,不要再次释放原空间,例如:

```
    int*pa,*pb;
```

```
pa=(int * )malloc(100 * sizeof(int));      //原空间指针 pa,有 100 个 int 空间
//新空间 pb 有 200 个,且会释放原 pa 空间
pb=(int * )realloc(pa,200 * sizeof(int));
//错误,pa 已被 realloc 自动释放,不能重复释放
free(pa);
free(pb);                                  //正确
```

【例 9.24】 动态申请空间,使用后释放。

【编写程序】

```
# include <stdlib.h>
# include <stdio.h>
void main()
{
  int * pa, * pb,i;
  pa=(int * )malloc(10 * sizeof(int));       //申请 10 个元素空间给 pa
  if(pa==NULL)                               //如果申请失败,程序直接退出
    exit(-1);
  for(i=0;i<10;i++)
    pa[i]=i * 2;
  printf("数组 pa 共有 10 个元素,它们是:\n");
  for(i=0;i<10;i++)
    printf("%5d", * (pa+i));
  pb=(int * )realloc(pa,20 * sizeof(int));   //重新申请 20 个元素空间给 pb
  if(pb==NULL)                               //如果申请失败,程序直接退出
    exit(-1);
  for(i=10;i<20;i++)
    pb[i]=-i * 3;
  printf("\n 数组 pb 共有 20 个元素,它们是:\n");
  for(i=0;i<20;i++)
  {
    printf("%5d", * (pb+i));
    if((i+1)%10==0)
      putchar('\n');
  }
  free(pb);                                  //释放 pb
}
```

【运行结果】

```
数组 pa 共有 10 个元素,它们是:
 0  2  4  6  8  10  12  14  16  18
```

数组 pb 共有 20 个元素，它们是：
```
 0   2   4   6   8  10  12  14  16  18
-30 -33 -36 -39 -42 -45 -48 -51 -54 -57
```

【程序分析】

① 程序先通过"pa＝(int *)malloc(10 * sizeof(int))"申请了 10 个 int 型空间给 pa，然后使用一个 for 循环对这 10 个元素赋值，"pa[i]＝2 * i"，然后将这 10 个元素打印出来。

② 程序再通过"pb＝(int *)realloc(pa,20 * sizeof(int))"重新申请了 20 个 int 型空间给 pb，注意原空间 pa 会被自动释放。然后对新空间的后 10 个元素进行赋值，"pb[i]＝3 * i"，然后将这 20 个元素打印出来。从结果也可以看出，原空间 pa 的 10 个元素被自动复制到新空间 pb 的前 10 个位置上。

③ 由于要使用 malloc()函数、realloc()函数、free()函数和 exit()函数，所以需要在程序开头添加"#include <stdlib.h>"。

9.8.4　内存操作

使用 malloc()函数、calloc()函数或 realloc()函数申请到空间后，有时需要对这段空间进行直接的操作。C 语言提供了 memset()函数、memcpy()函数、memmove()函数、memcmp()函数和 memchr()函数对内存进行直接的操作，这 5 个函数均在 string.h 头文件中进行了声明，所以在程序中需要包含头文件 #include <string.h>。

1. memset()函数

memset 函数用于对给定的内存进行初始化操作，其函数原型如下：

```
void * memset(void * ptr,int ch,unsigned int length);
```

参数 ptr 为指向要操作的内存空间首地址的指针，通常是由 malloc()函数、calloc()函数或 realloc()函数分配空间的指针，也可以是一个数组名；ch 是将要被初始化的内容；length 为内存中将多少个字节初始化。

memset()函数将指针 ptr 所指空间的前 length 个字节设置成值为 ch 的 ASCII 码值，一般用于给数组、字符串或新申请到的空间赋值。

【例 9.25】　使用 memset()函数初始化内存空间。

【编写程序】

```
#include <string.h>
#include <stdlib.h>
#include <stdio.h>
void main()
{
  int a[10],i;
  int * pa;
  memset(a,0,20);          //数组 a 的前 20 个字节(即前 5 个元素)用 0 初始化
  printf("数组 a 前 10 个元素为:\n");
  for(i＝0;i<10;i++)
    printf("%d  ",a[i]);
```

```
    pa=(int * )malloc(100 * sizeof(int));
    memset(pa,1,100 * sizeof(int));   //指针 pa 指向的内存的每个字节用 1 初始化
    printf("\n 指针 pa 指向的内存前 5 个元素为:\n");
    for(i=0;i<5;i++)
      printf("%d  ",pa[i]);
    putchar('\n');
}
```

【运行结果】

数组 a 前 10 个元素为:

0 0 0 0 0 －858993460 －858993460 －858993460 －858993460 －858993460

指针 pa 指向的内存前 5 个元素为:

16843009 16843009 16843009 16843009 16843009

【程序分析】

① 数组 a 定义后,其中的数据未被初始化,数据是不确定的值,可以需要使用 memset() 函数进行初始化:memset(a,0,20),对数组 a 的前 20 个字节用 0 来初始化,由于在 VC 中, 一个 int 占 4 个字节,所以实际上只对前 5 个 int 元素进行了赋 0 初始化(注意每个字节都赋 为 0,因此一个 int 占的 4 个字节都赋了 0),而数组 a 中的后面的 5 个元素没有被初始化。 因此,输出数组 a,前 5 个元素为 0,后 5 个值不确定。

② 对指针 pa 使用 malloc() 函数申请了 100 个 int 型的空间,然后对其 100 * sizeof(int) (即 400 个字节的空间进行初始化):memset(pa,1,100 * sizeof(int)),每个字节都赋 1。对 于一个 int 数据来说,由 4 个字节组成,每个字节都是 1,那么这个 int 型数的值用二进制表 示就是 $(0000\ 0001\ 0000\ 0001\ 0000\ 0001\ 0000\ 0001)_2 = 1 * 256 * 256 * 256 + 1 * 256 * 256 + 1 * 256 + 1 = 16843009$,所以打印出的 pa 的前 5 个元素都是 16843009。

2. memcpy() 函数

memcpy() 函数用于将一块内存空间的内容复制到另一块内存空间中,其函数原型 如下:

```
void * memcpy(void * destin,void * source,unsigned int size);
```

参数 destin 为目标内存空间首地址,source 为源内存空间首地址,size 为要复制的字节 数。调用函数的结果是,将 source 所指的内存地址的起始位置开始拷贝 size 个字节到目标 destin 所指的内存地址的起始位置中。函数返回指向 destin 的指针。例如:

```
memcpy(pb,pa,100);
```

则将 pa 所指空间的首地址开始的 100 个字节的值复制到 pb 所指空间的首地址开始的 内存中。

需要注意:

① source 和 destin 所指的内存区域可能重叠,但是如果 source 和 destin 所指的内存区 域重叠,那么这个函数并不能够确保 source 所在重叠区域在拷贝之前不被覆盖。而使用 memmove() 函数可以用来处理重叠区域。

② 如果目标数组 destin 本身已有数据,执行 memcpy()函数后,将覆盖原有的前 size 个字节数据。

③ source 和 destin 可以是数组,也可以是动态申请的空间指针,对任意的可读写的空间都可以。

【例 9.26】 使用 memcpy()函数复制内存空间。

【编写程序】

```
# include <string.h>
# include <stdlib.h>
# include <stdio.h>
void main()
{
  int a[10]={11,22,33,44,55,66,77,88,99,100};
  int * pb,i;
  pb=(int *)malloc(10 * sizeof(int));
  printf("复制内存前,pb 中的内容:\n");
  for(i=0;i<10;i++)
    printf("%d  ",pb[i]);
  memcpy(pb,a,5 * sizeof(int));//将 a 中前 5 个 int 数据复制到 pb 所指向的空间中
  printf("\n 复制内存后,pb 中的内容:\n");
  for(i=0;i<10;i++)
    printf("%d  ",pb[i]);
}
```

【运行结果】

```
复制内存前,pb 中的内容:
-842150451  -842150451  -842150451  -842150451  -842150451  -
842150451  -842150451  -842150451  -842150451  -842150451
复制内存后,pb 中的内容:
11  22  33  44  55  -842150451  -842150451  -842150451  -842150451
-842150451
```

【程序分析】

程序通过 malloc()函数申请了 10 个 int 型空间给 pb,此时 pb 中的值是不确定的,直接输出后就得到不确定的数。程序通过 memcpy(pb,a,5 * sizeof(int))将数组 a 中的前 5 个 int 数复制到 pb 中,再输入 pb,则前 5 个元素的值就是原数组 a 的前 5 个数的值,但后 5 个值仍然不确定。

3. memmove()函数

memmove()函数与 memcpy()函数的功能类似,也是将源内存区的内容复制到目标内存区,但是与 memcpy()唯一的区别在于,在遇到内存区重叠的问题时,memcpy()函数可能会产生不可预料的结果,但 memmove()函数可以正确处理内存区重叠的问题并保证复制后目标内存区内数据的正确性。memmove()函数的原型如下:

```
void * memcpy(void * destin,void * source,unsigned int size);
```

其中,参数与 memcpy()函数中含义一致,函数也返回指向 destin 的指针。

【例 9.27】　使用 memmove()函数复制有重叠的内存空间。

【编写程序】

```
# include <string.h>
# include <stdlib.h>
# include <stdio.h>
void main()
{
    int a[10]={11,22,33,44,55,66,77,88,99,100}, * pb,i;
    pb=&a[3];                        //指针 pb 指向数组元素 a[3]
    printf("memmove 复制重叠内存前,数组 a 中的内容:\n");
    for(i=0;i<10;i++)
    printf("%d  ",a[i]);
    memmove(a,pb,5 * sizeof(int));   //将 pb 中前5个 int 数据复制到 a 所指向的空间中
                                     //即将 a[3]~a[7]复制到 a[0]~a[4]中
    printf("\nmemmove 复制重叠内存后,数组 a 中的内容:\n");
    for(i=0;i<10;i++)
      printf("%d  ",a[i]);
    putchar('\n');
}
```

【运行结果】

```
memmove 复制重叠内存前,数组 a 中的内容:
11  22  33  44  55  66  77  88  99  100
memmove 复制重叠内存后,数组 a 中的内容:
44  55  66  77  88  66  77  88  99  100
```

【程序分析】

程序中指针 pb 指向数组元素 a[3],然后使用 memmove(a,pb,5 * sizeof(int))将 pb 中前 5 个 int 数据复制到 a 所指向的空间中,其实就是将 a[3]~a[7]复制到 a[0]~a[4]中,显然这两个空间具有一定的重叠,所以应该使用 memmove(),而不要使用 memcpy()函数。

4.memcmp()函数

memcmp()函数用比较 2 个内存空间中数据的大小,其函数原型如下:

```
int memcmp(const void * buf1,const void * buf2,unsigned int count);
```

参数 buf1 和 buf2 为 2 个内存空间的首地址或指针,count 用于要比较的字节数大小。函数返回值类型为 int 型,用于表示 2 个内存中数据的大小。函数比较 buf1 和 buf2 2 个空间内前 count 个字节的大小。比较规则:首先比较 2 个内存区的第 1 个字节,若不相等,则停止比较并得出 2 个字节的数值大小比较的结果;如果相等就接着比较第 2 个字节……直至比较到 2 个不同的字节,或者比较到 count 所指出的最后一个字节仍相等。当 buf1 的内存区的前 count 字节

小于 buf2 的内存区的前 count 字节时,返回负数,值为对应的第一个不相等的 2 个字节的差;当 2 个内存区相等时,返回 0;当 buf1 的内存区的前 count 字节大于 buf2 的内存区的前 count 字节时,返回正数,值为对应的第一个不相等的 2 个字节的差。例如:

```
char buf1[100]="ChinaBank",buf2[100]="ChinesePeople";
int com1=memcmp(buf1,buf2,8); //com1 的值为 -4,因为不同的字节'a'-'e'=-4
int com2=memcmp(buf1,buf2,4); //com2 的值为 0,因为只比较前 4 个字节,相等
```

5. memchr( )函数

memchr()函数用来在内存区中查找指定的字符,其函数原型如下:

```
void * memchr(const void * buf,int ch,size_t count);
```

参数 buf 为待查找的内存区首地址(指针),ch 为要查找的字符,count 为指定区域要查找的前 count 个字节。如果查找成功,当第一次遇到字符 ch 时停止查找,返回指向字符 ch 的指针;如果 buf 中的前 count 中没有 ch 字符,则否则返回 NULL。如:

```
char buf[100]="ChinaBank",ch='a';
//loc 得到 NULL,因为前 4 个字节中没有字符'a'
char * loc=memchr(buf,ch,4);
//loc 为指向 buf[4]的指针,因为那是第 1 个'a'
loc=memchr(buf,ch,9);
```

需要特别注意的是,以上内存操作函数与字符串操作函数有区别,字符串操作函数是以字符串为单位进行的,而内存操作函数是以字节为单位进行的。字符串操作函数都以字符串结束符"\0"为终点,"\0"后面的字符不作处理,而内存操作函数则只以函数调用时给的字节数为终点,而不以"\0"符号为结束标志。例如:

```
//注意"Chinese"和"People"中手动加了一个符号"\0"
char buf1[100]="Chinese\0People";
char buf2[100]={0},buf3[100]={0};
strcpy(buf2,buf1);          //buf2 只能复制到"Chinese"
memcpy(buf3,buf1,100);      //buf3 能复制到完整的"Chinese\0People"及后面的
```

【例 9.28】 内存操作函数与字符串操作函数的区别。
【编写程序】

```
#include <string.h>
#include <stdlib.h>
#include <stdio.h>
void DisplayCharArray(char str[],int n)     //输出字符数组的前 n 个字符
{
  for(int i=0;i<n;i++)
    putchar(str[i]);
  putchar('\n');
}
```

```
void main()
{
    //注意字符数组 buf1 的 Chinese 和 People 中有一个\0
    char buf1[20]="Chinese\0People";
    char buf2[20],buf3[20],buf4[20]="Chinese";
    memset(buf2,0,20);
    strcpy(buf2,buf1);
    printf("使用 strcpy 函数复制后,buf2 为:");
    DisplayCharArray(buf2,20);
    memset(buf3,0,20);
    memcpy(buf3,buf1,20);
    printf("使用 memcpy 函数复制后,buf3 为:");
    DisplayCharArray(buf3,20);
    if(strcmp(buf1,buf4)==0)
    printf("strcmp 比较:相等\n");
    else
    printf("strcmp 比较:不相等\n");
    if(memcmp(buf1,buf4,20)==0)
        printf("memcmp 比较:相等\n");
    else
        printf("memcmp 比较:不相等\n");
}
```

【运行结果】

```
使用 strcpy 函数复制后,buf2 为:Chinese
使用 memcpy 函数复制后,buf3 为:Chinese People
strcmp 比较:相等
memcmp 比较:不相等
```

【程序分析】

函数 DisplayCharArray(char str[],int n)是将字符数组 str 的前 n 个字符输出,"\0"也会输出,但显示出来为一个空白区域。

字符数组 buf1[20]="Chinese\0People",其中故意加入了一个"\0"字符。

main()函数中先通过 memset(buf2,0,20),将数组 buf2 全部置 0,然后通过 strcpy(buf2,buf1)函数将 buf1 复制到 buf2 中去,由于 buf1 中间有一个"\0",所以只能复制"\0"前面的字符串到 buf2 中,因此 buf2 中的内容为"Chinese"。

程序然后通过 memset(buf3,0,20)将数组 buf2 全部置 0,然后通过 memcpy(buf3,buf1,20)函数将 buf1 按字节复制到 buf3 中去,即使 buf1 中间有"\0",仍然能将 buf1 的前 20 个字节原样复制到 buf3 中去,因此 buf3 中的内容为"Chinese\0People"。

程序再使用 strcmp(buf1,buf4)的大小,buf4 字符串为"Chinese",通过 strcmp 比较时,比较到第 1 个"\0"后就会结束,所以比较结果为 0,即认为 buf1 和 buf4 相等。

程序再通过 memcmp(buf1,buf4,20)来比较两个内存空间的前 20 个字节的大小,虽然 buf1 中间有一个"\0",但仍然会继续比较下去,buf1[8]为"P",而 buf4[8]的值为"\0",所以 buf1＞buf4,即两者并不相等。

9.9 指针应用举例

【例 9.29】 输入一个十进制正整数,将其转换成二进制数、八进制数、十六进制数并输出。

【解题思路】

可以写一个函数 void Conversion(int N,int r),将十进制数 N 转换成 r 进制数。其基本原理:N 除以 r 取余数作为转换后的数的最低位。若商不为 0,则商继续除以 r,取余数作为次低位,以此类推,直到商为 0 为止。由于求得的余数序列是低位到高位,而屏幕显示先显示高位,所以所得余数序列转换成字符保存在 int 型数组 a 中,然后输出数组 a 时要反向进行。

对于十六进制数中大于 9 的 6 个数字是用 A、B、C、D、E、F 来表示。余数中大于 9 的数 10～15 要转换成字母,减去 10 再加上 'A'(ASCII 码 65)就转换成'A'、'B'、'C'、'D'、'E'、'F'了。

【编写程序】

```c
#include <stdio.h>
#include <string.h>
int Conversion(int * a,int N,int hex)
{
  int r,i=0;                //r 表示余数,i 表示当前已得到几个余数
  while(N>0)                //循环,直到 N 为 0
  {
    r=N % hex;              //求余数
    N=N/hex;
    a[i]=r;                 //余数保存到数组 a 中
    i++;                   //指针向后移动,以便保存下一个余数
  }
  return i;
}
void main()
{
  int a[100],n,h,i,j;
  memset(a,0,100 * sizeof(int));  //数组 a 全置 0
  printf("请输入你要转换的正整数 N 及进制 r:");
  scanf(" % d % d",&n,&h);
  i=Conversion(a,n,h);
  for(j=i-1;j>=0;j--)
  if(a[j]<10)//0~9,直接打印
  printf(" % 2d",a[j]);
  else//10~15,需要输出对应的'A'~'F'
```

```
        printf("%2c",a[j]-10+'A');
    putchar('\n');
}
```

【运行结果】

请输入你要转换的正整数 N 及进制 r:14927 16
3　A　4　F

【程序分析】

函数 int Conversion(int * a,int N,int hex)用来将整数 N 转换为 hex 进制,结果保存在数组 a 中,函数返回保存在 a 中的个数。

由于在转换进制时,最先得到的余数实际上是最低位,也保存在数组 a[0]中,而最后得到的余数是最高位,保存在数组 a[i-1]中,所以在 main()函数中,需要反向打印数组 a 中的元素,即先打印 a[i-1],然后打印 a[i-2],直到 a[0]。

【例 9.30】　动态生成二维数组。

【解题思路】

一般来说,要动态生成 row 行 col 列的二维数组 a,需要 3 步:

第一步:定义一个二级指针。

```
    int * * aa;    //二级指针,用来生成二维数组
```

第二步:申请 row 个行指针空间,每个指针都可以指向二维数组的一行。

```
    aa=(int * * )malloc(row * sizeof(int * ));    //先申请行指针空间,row 行
```

第三步:按行生成每一行 col 个元素空间。

```
    for(i=0;i<row;i++)                            //共 row 行,申请列空间
    aa[i]=(int * )malloc(col * sizeof(int)); //每行都要申请 col 个元素
```

【编写程序】

```
#include <stdlib.h>
#include <stdio.h>
void main()
{
    int row,col;                                  //行数,列数
    int * * aa;                                   //二级指针,用来生成二维数组
    int i,j;
    printf("请输入你要生成的二维数组的行数和列数:");
    scanf("%d%d",&row,&col);
    aa=(int * * )malloc(row * sizeof(int * ));    //先申请行指针空间,row 行
    for(i=0;i<row;i++)                            //共 row 行,申请列空间
        aa[i]=(int * )malloc(col * sizeof(int)); //每行都要申请 col 个元素
```

```
   for(i=0;i<row;i++)                  //给二维数组赋初值
     for(j=0;j<col;j++)
       aa[i][j]=i*2+j*3;               //数组形式使用二维数组a
   for(i=0;i<row;i++)                  //输出二维数组
   {
     for(j=0;j<col;j++)
       printf("%5d",*(*(aa+i)+j));     //指针形式使用二维数组a
     putchar('\n');
   }
}
```

【运行结果】

运行时,如果输入5 10

请输入你要生成的二维数组的行数和列数:5 10
```
0   3   6   9   12  15  18  21  24  27
2   5   8   11  14  17  20  23  26  29
4   7   10  13  16  19  22  25  28  31
6   9   12  15  18  21  24  27  30  33
8   11  14  17  20  23  26  29  32  35
```

练习题

一、选择题

1.变量的指针,其含义是指该变量的(   )。

   A.值　　　　　　　　　　　　B.地址

   C.名　　　　　　　　　　　　D.一个标志

2.若有语句"int *point,a=4;"和"point=&a;",下面均代表地址的是(   )。

   A. a,point,*&a　　　　　　　B. &*a,&a,*point

   C. *&point,*point,&a　　　　D. &a,&*point,point

3.若有说明"int *p,m=5,n;",以下正确的程序段是(   )。

   A. p=&n;　　　　　　　　　　B. p=&n;

      scanf("%d",&p);　　　　　　　scanf("%d",*p);

   C. scanf("%d",&n);　　　　　D. p=&n;

      *p=n;　　　　　　　　　　　*p=m;

4.以下程序中调用scanf()函数给变量a输入数值的方法是错误的,其错误原因是(   )。

```
int *p,*q,a,b;
p=&a;
scanf("%d",*p);
```

  A. *p表示的是指针变量p的地址

    B. ＊p 表示的是变量 a 的值,而不是变量 a 的地址

    C. ＊p 表示的是指针变量 p 的值

    D. ＊p 只能用来说明 p 是一个指针变量

5. 有以下程序段,程序运行后的输出结果是(　　)。

```
int m＝1,n＝2, * p＝&m, * q＝&n, * r;
r＝p;p＝q;q＝r;
printf(" % d, % d, % d, % d\n",m,n, * p, * q);
```

    A.1,2,1,2　　　　　　　　　B.1,2,2,1

    C.2,1,2,1D　　　　　　　　.2,1,1,2

6. 有以下程序段,执行后的输出结果是(　　)。

```
int  a＝1,b＝3,c＝5;
int  * p1＝&a, * p2＝&b, * p＝&c;
* p ＝ * p1 * ( * p2);
printf(" % d\n",C. ;
```

    A.1　　　　　　　　　　　　B.2

    C.3　　　　　　　　　　　　D.4

7. 在 VC 中,若有"int a[]＝{10,20,30}, * p＝a[",当执行"p＋＋;"后,下列说法错误的是(　　)。

    A.p 向高地址移了一个字节　　B.p 向高地址移了一个存储单元 V

    C.p 向高地址移了两个字节　　D.p 与 a＋1 等价

8. 以下程序段中,b 的值是(　　)。

```
int a[10]＝{1,2,3,4,5,6,7,8,9,10}, * p＝&a[3],b＝p[5];
```

    A.5　　　　　　　　　　　　B.6

    C.8　　　　　　　　　　　　D.9

9. 若有以下定义,则对 a 数组元素的正确引用是(　　)。

```
int a[5], * p＝a;
```

    A. ＊&a[5]　　　　　　　　　B.a＋2

    C. ＊(p＋5)　　　　　　　　D. ＊(a＋2)

10. 若有以下说明和语句"int c[4][5],(* p)[5];p＝c;",能正确引用 c 数组元素的是(　　)。

    A.p＋1　　　　　　　　　　B. ＊(p＋3)

    C. ＊(p＋1)＋3　　　　　　D. ＊(p[0]＋2))

11. 有定义"char a[10], * b＝a;",不能给数组 a 输入字符串的语句是(　　)。

    A.gets(a)　　　　　　　　　B.gets(a[0])

    C.gets(&a[0]);　　　　　　D.gets(b)

12. 以下程序段中,编译时系统会提示错误的是(　　)。

    A.char s[10]＝"abcdefg";　　B.char * t＝"abcdefg";

    C.char s[10];s＝"abcdefg"; D.char s[10];strcpy(s,"abcdefg");

13. 设 p1 和 p2 是指向同一个字符串的指针变量,c 为字符变量,则以下不能正确执行的赋值语句是(   )。

    A. c＝ * p1＋ * p2;   B. p2＝c

    C. p1＝p2   D. c＝ * p1 * (* p2);

14. 以下程序段的运行结果是(   )。

```c
char * s1="AbDeG";
char * s2="AbdEg";
s1+=2;s2+=2;
printf("%d\n",strcmp(s1,s2));
```

    A. 正数   B. 负数

    C. 零   D. 不确定的值

15. 以下程序段的运行结果是(   )。

```c
void main(){
  char a;
  char * str=&a;
  strcpy(str,"hello");
  puts(str);
}
```

    A. hello   B. null

    C. h   D. 发生异常

16. 下列选项中,属于函数指针的是(   )。

    A. (int *)p(int,int)   B. int * p(int,int)

    C. A、B 都是   D. A、B 都不是

17. 若有"void max(a,b);",并且已使函数指针变量 p 指向函数 max,当调用该函数时,正确的调用方法是(   )。

    A. (* p)max(a,b);   B. * pmax(a,b);

    C. (* p)(a,b);   D. * p(a,b);

18. 下列选项中声明了一个指针数组的是(   )。

    A. int * p[2];   B. int(* p)[2];

    C. A、B 都是   D. A、B 都不是

19. 对于语句"int * pa[5];",下列描述中正确的是(   )。

    A. pa 是一个指向数组的指针,所指向的数组是 5 个 int 型元素

    B. pa 是一个指向某数组中第 5 个元素的指针,该元素是 int 型变量

    C. pa[5]表示某个元素的第 5 个元素的值

    D. pa 是一个具有 5 个元素的指针数组,每个元素是一个 int 型指针

20. 若有定义"int b[4][6], * p, * q[4];",且 0≤i<4,则不正确的赋值语句是(　　)。

　　A. q[i] = b[i];　　　　　　　B. p = b;

　　C. p = b[i]　　　　　　　　D. q[i] = &b[0][0];

21. 下列定义中,能做 a++操作的是(　　)。

　　A. int a[3][2];　　　　　　　B. char * a[] = {"12","ab"};

　　C. char(* a)[3];　　　　　　D. int b[10], * a = b;

22. 若有以下说明语句:

```
char * language[] = {"FORTRAN","BASIC","PASCAL","JAVA","C"};

char * * q = language+2;
```

则语句"printf("%p\n", * q);"输出的是(　　)。

　　A. language[2]元素的地址;　　B. 格式说明不正确,无法得到确定的输出

　　C. 字符串 PASCAL　　　　　　D. language[2]元素的值,它是字符串 PASCAL 的首地址

二、填空题

1. 若有定义"int a[]={2,4,6,8,10,12}, * p=a;"则 * (p+1)的值是_____, * (a+5)的值是_____。

2. 设有如下定义,则程序段的输出结果为_____。

```
int arr[]={6,7,8,9,10};

int * ptr=arr;

* (ptr+2)+=2;

printf("%d,%d\n", * ptr, * (ptr+2));
```

3. 以下程序段的运行结果是_____。

```
char * s="abcde";

s+=2;

printf("%d",s);
```

4. 有以下程序段:

```
#include <stdio.h>
void main()
{   int x[] = {10,20,30};
    int * px = x;++ * px;
    printf("%d", * px);
    px = x;( * px)++;
    printf("%d", * px);
    px = x;* px++;
    printf("%d,", * px);
    px = x;* ++px);
```

```
    printf("%d\n",*px);
}
```

写出程序运行后的输出结果_____。

5. 以下程序的输出结果是_____。

```
void main()
{
    char a[]="programming",b[]="language";
    char *p1,*p2;
    int i;
    p1=a;p2=b;
    for(i=0;i<7;i++)
    if(*(p1+i)==*(p2+i))
    printf("%c",*(p1+i));
}
```

6. 以下程序的输出结果是_____。

```
void f(int *x,int *y)
{
    int t;
    t=*x;*x=*y;*y=t;
}
void main()
{
    int a[8]={1,2,3,4,5,6,7,8},i=0,*p,*q;
    p=a;q=&a[7];
    while(*p! =*q && i<8)
    {
        f(p,q);p++;q--;i++;
    }
    for(i=0;i<8;i++)
    printf("%d,",a[i]);
}
```

7. 函数 int * fun(int *p)的返回值是_____类型。

8. 以下程序的输出结果是_____。

```
void sum(int *a){
    a[0]=a[1];
```

```
}
void main(){
    int aa[10]={1,2,3,4,5,6,7,8,9,10},i;
    for(i=2;i>=0;i--)sum(&aa[i]);
    printf("%d\n",aa[0]);
}
```

9. 以下程序段的运行结果是_____。

```
char *p,*q;
char str[]="Hello,World";
q = p = str;
p+=6;
printf("%s,%s",p,q);
```

10. 以下程序的运行结果是_____。

```
void fun(char *c,int d){
    *c=*c+1;
    d=d+1;
    printf("%c,%c,",*c,d);
}
void main(){
    char a='A',b='a';
    fun(&b,a);
    printf("%c,%c\n",a,b);
}
```

11. 以下程序段的运行输出是_____。

```
char *a[3] = {"I","love","China"};
char **ptr = a;
printf("%c  %s",*(*(a+1)+1),*(ptr+1));
```

三、编程题

1. 计算字符串中某字符出现的次数。要求:用一个子函数 int countChar(char *str,char ch)实现,参数 str 为指向目标字符串的指针,ch 为要查找的字符,返回 ch 在 str 中的次数。如 str="Chinese People",ch='e',则函数返回 4。

2. 计算字符串中某子字符吕出现的次数。要求:用一个子函数 int countSubString(char *str,char *sub)实现,参数 str 为指向目标字符串的指针,sub 为要查找的子字符串,返回 sub 在 str 中出现的次数。如 str="People's Daily Online focuses on China news,China society,China military,Chinese culture,China travel guide.",sub="China",

则函数返回 4。

3. 字符替换。要求用函数 void replace(char * str)将字符串 str 中所有的字符 o 和 O 都替换为 x 和 X,并返回替换字符的个数。如 str="People's Daily Online focuses on China news",则调用 replace( )函数替换后,str="Pexple's Daily Xnline fxcuses xn China news"。

4. 使用动态内存管理函数定义一个 int 型动态数组 a,长度为变量 n,适当对它赋初值,写一个函数 void Display(int * p),用于输出数组;再写一个函数 void Reverse(int * p),用于将数组逆置。

5. 写一个用矩形法求定积分的通用函数,分别求定积分:

$$\int_0^1 \sin x \mathrm{d}x \quad \int_0^1 \cos x \mathrm{d}x \quad \int_0^1 \mathrm{e}^x \mathrm{d}x$$

第 10 章 结构体与共用体

本章主要内容：

① 结构体类型的定义。

② 结构体变量的初始化与内存分配方式。

③ 结构体变量的引用。

④ 结构体类型数组的定义与引用。

⑤ 结构体指针的定义与使用。

⑥ 结构体类型变量作为函数参数。

⑦ 共用体类型的定义与变量的引用。

⑧ 共用体变量的内存分配方式。

10.1 结构体类型和结构体变量

10.1.1 结构体类型概述

编程时经常会碰到这样一个问题，就是有些信息由多个数据构成，或者说一个实体需要用多个数据来描述。例如，要描述一个学生的信息，需要用到学号、姓名、性别、年龄和成绩等数据，那么可以分别定义多个变量来完成：

```
long sno;
char sname[50];
char sgender;
int sage;
float sscore;
```

这些数据一起构成了一个学生的完整信息，但是编程时会有许多不便。

① 这些数据（变量）零散分布，彼此之间好像没有关系，难以反映出它们之间的内在关联，也让阅读程序的人感觉变量太多，难以理解。

② 如果要写一个函数来处理学生信息，则每个数据都要对应一个参数，这就需要写许多参数，如果漏写了某个参数，则得到的数据就不完整了。

③ 如果要处理的不是一个学生，而是多个学生，则以上数据都应该写成数组形式，这些数据之间的存储和逻辑关系如图 10.1 所示。这将进一步导致数据之间的杂乱性，也非常难以更新和维护这些数据。

显然每个学生的信息（数据）应该是统一的一个整体，密不可分。应该考虑怎样更合理地组织这些数据，使得这些数据之间具有一定的逻辑性，即应该将一个人的所有信息项放在一起，从而保持数据的相关性。可以考虑将这些信息组织成图 10.2 所示的形式。

在这种形式中，每个学生的多个信息（数据）构成一个整体，从而彼此之间具有紧密的逻辑关系，也体现了"封装"的思想。这使得管理起来更为容易，编程也更容易实现。

在 C 语言中，要将多个数据封装在一起，可以使用结构体类型。

231

	学生1学号	学生2学号	…	学生10学号
学号数组sno	1001	1002	…	1010

	学生1姓名	学生2姓名	…	学生10姓名
姓名数组sname	"石强"	"何乐"	…	"盛建飞"

	学生1性别	学生2性别	…	学生10性别
性别数组sgender	'M'	'M'	…	'M'

	学生1年龄	学生2年龄	…	学生10年龄
年龄数组sage	19	20	…	18

	学生1成绩	学生2成绩	…	学生10成绩
成绩数组sscore	82.5	79	…	64

图 10.1 多个数组构成 10 个学生的信息

	学生1信息					学生2信息					…
学生数组Stu	1001	"石强"	'M'	19	82.5	1002	"何乐"	'M'	20	79	…

图 10.2 多个数组构成 10 个学生的信息

10.1.2 结构体类型的定义

在 C 语言中,允许用户自己建立由若干个相同或不同类型的数据组成一个组合型的数据结构,称为结构体(Structure)。例如上面所述的学生信息 Stu,由学号、姓名及性别等多种数据"封装"在一起组成了一个数据结构,这就是结构体。

结构体是一种用户自己根据需要所构造的数据结构,是一些元素的集合,这些元素称为结构体的成员变量,且这些成员可以是不同的数据类型。由于结构体可以由用户根据需要定义结构,所以处理问题比较灵活,在编程中应用也十分广泛。

结构体类型定义的一般格式如下:

```
struct 结构体类型名称
{
    数据类型    成员名1;
    数据类型    成员名2;
    …
    数据类型    成员名n;
};
```

其中,"struct"是定义结构体类型的关键字,其后是所定义的结构体类型名称,在大括号中,定义了若干个(1 个或多个)结构体类型的成员项,每个成员是由"数据类型"和"成员名"共同组成的。另外,注意结构体定义完成后,大括号后还要加上一个分号。

如要定义学生信息结构体,定义如下:

```
struct Student
{
    int sno;              //数据成员1:学号
    char sname[50];       //数据成员2:姓名
    char sgender;         //数据成员3:性别
    int sage;             //数据成员4:年龄
    float sscore;         //数据成员5:成绩
};
```

在结构体类型 Student 中,共定义了5个成员:sno、sname、sgender、sage 和 sscore。它们的结构如图 10.3 所示。

sno	sname	sgender	sage	sscore

图 10.3 Student 结构体类型结构图

此处结构体 Student 的数据类型都是基本数据类型或数组类型。结构体成员的类型可以是任意类型,包括指针类型和结构体类型。例如已定义日期结构体类型 Date:

```
struct Date              //日期结构体类型
{
    int year;
    int month;
    int day;
};
```

那么在其他结构体中就可以有 Date 类型成员,例如:

```
struct People
{
    char name[50];
    char gender;
    struct Date birthday;    //成员:struct Date 类型
    ...                      //其他成员
};
```

则 People 结构体类型结构图如图 10.4 所示。

name	gender	birthday			...
		year	month	day	

图 10.4 People 结构体类型结构图

在定义结构体类型时,需要说明的是:

① 结构体类型定义以关键字 struct 开头,后面跟的是结构体类型的名称(该名称的命名规则需要遵循 C 语言的命名规范),且习惯上一般以一个大写字母开头。

② 一个结构体中成员个数不定,可以是 1 个或多个(当然,如果只有 1 个成员,则使用结构体意义不大),注意每个成员都要指明类型,且每个成员后面都要加分号。

③ 定义好一个结构体类型后,这并不意味着立即分配一块内存单元来存放各个数据成员,它只是告诉编译器,该结构体类型由哪些数据类型的成员构成,各占多少个字节,按什么方式存储,并把它们当成一个整体来处理。只有通过结构体类型声明变量后,才会真正分配空间。

④ 结构体类型定义末尾的大括号后面的分号不可缺少。

10.1.3 结构体变量的定义

定义了结构体类型之后,就可以由该类型来定义变量了。一般有 3 种方法来定义结构体变量。

方法一:先定义结构体类型,后定义变量。

如 10.2 节已经定义了 Student 结构体类型,那么就可以用它来定义变量:

```
struct Student s1,s2;
```

注意前面的关键字 struct 不可缺少,此处定义了 2 个 Student 结构体类型的变量 s1 和 s2,这样 s1 和 s2 就会被分配内存,且每个变量内部的多个成员在内存中是连续存放的,也就是说,s1 中的多个成员被"封装"在一起了。s1 和 s2 在内存中的结构如图 10.5 所示。

s1	1001	"石强"	'M'	19	82.5

s2	1002	"何乐"	'M'	20	79

图 10.5 结构体变量 s1 和 s2 的存储结构

方法二:定义结构体类型的同时定义变量。

该方法的作用与方法一相同,其一般格式如下:

```
struct 结构体类型名称
{
    数据类型     成员名 1;
    数据类型     成员名 2;
    …
    数据类型     成员名 n;
}变量名 1,变量名 2,…;
```

例如:

```
struct Student
{
    int sno;            //数据成员 1:学号
    char sname[50];     //数据成员 2:姓名
    char sgender;       //数据成员 3:性别
    int sage;           //数据成员 4:年龄
```

```
        float sscore;//数据成员5:成绩
    }s3,s4;
```

则在定义结构体类型 Student 的同时,又定义了 2 个变量 s3 和 s4。该结构体类型 Student 仍然可以用来定义其他变量,如:

```
    struct Student s5;
```

方法三:直接定义结构体变量,不给出结构体类型名称。
该方法可以直接定义结构体变量,但不给出结构体类型的名称,其一般格式如下:

```
struct//没有给出结构体类型名称
{
    数据类型    成员名1;
    数据类型    成员名2;
    ...
    数据类型    成员名n;
}变量名1,变量名2,…;
```

例如:

```
struct                //没有给出结构体类型名称
{
    int sno;          //数据成员1:学号
    char sname[50];   //数据成员2:姓名
    char sgender;     //数据成员3:性别
    int sage;         //数据成员4:年龄
    float sscore;     //数据成员5:成绩
}s6,s7;
```

定义结构体变量时,没有给出结构体类型名称的,称为匿名结构体类型。此处使用匿名结构体类型方式定义了两个结构体变量 s6 和 s7,同时由于没有结构体类型的名称,故定义了 s6 和 s7 变量后,就无法再定义其他变量了。

10.1.4 结构体变量的内存分配

定义结构体变量后,系统就会为变量分配内存。结构体中有多项数据成员,所以它所占据的内存大小与每个成员有关,同时要遵循"字节对齐"规则。

1.什么是字节对齐,为什么要对齐

现代计算机中内存空间都是按照字节(byte)划分的,从理论上讲,对任何类型的变量的访问可以从任何地址开始,但实际情况是在访问特定类型变量的时候经常在特定的内存地址访问,这就需要各种类型数据按照一定的规则在空间上排列,而不是顺序的、一个接一个的排放,这就是字节对齐。

那么为什么要对齐呢?各个硬件平台对存储空间的处理上有很大的不同。一些平台对某些特定类型的数据只能从某些特定地址开始存取。比如有些架构的 CPU 在访问一个没

有进行对齐的变量的时候会发生错误,那么在这种架构下编程必须保证字节对齐。其他平台虽然可能不会出错,但是如果不按照适合其平台要求对数据存放进行对齐,将会影响存取效率。比如有些平台每次读都是从偶地址开始,如果一个 int 型(假设为 32 位系统)存放在偶地址开始的地方,那么一个读周期就可以读出这 32 位(bit);而如果存放在奇地址开始的地方,就需要 2 个读周期,并对两次读出的结果的高低字节进行拼凑才能得到该 32 位数据。显然这在读取效率上下降很多。

2. 结构体中的字节对齐方式

Visual C++对结构体类型变量的存储会进行一个特殊处理。为了提高 CPU 的存储速度,VC 对一些变量的起始地址做了"对齐"处理。默认情况下,VC 规定各成员变量存放的起始地址相对于结构体的起始地址的偏移量必须为该变量的类型所占用的字节数的倍数。下面是在 VC 中常用的数据类型的对齐方式:

char 型:偏移量必须为 sizeof(char)(即 1)的倍数,意味着可以存放在任何起始位置。

short 型:偏移量必须为 sizeof(short)(即 2)的倍数,也就是偶数地址。

int 型:偏移量必须为 sizeof(int)(即 4)的倍数。

float 型:偏移量必须为 sizeof(float)(即 4)的倍数。

double 型:偏移量必须为 sizeof(double)(即 8)的倍数。

各成员变量在存放的时候根据在结构中出现的顺序依次申请空间,同时按照上面的对齐方式调整位置,VC 会自动填充空缺的字节。同时 VC 为了确保结构的大小为结构体的字节边界数(即该结构体中占用最大空间的类型所占用的字节数)的倍数,所以在为最后一个成员变量申请空间后,还会根据需要自动填充空缺的字节。

例如有结构体:

```
struct MyStruct
{
    double da;          //占 8 个字节
    charcb;             //占 1 个字节
    intic;              //占 4 个字节
};
```

显然,结构体 MyStruct 的 3 个成员理论上占 13 个字节(8+1+4),但是当在 VC 中测试上面结构体的大小时,发现 sizeof(MyStruct)的结果 16。

【例 10.1】 结构体中的字节对齐方式。

【编写程序】

```
# include <stdio.h>
struct MyStruct
{
    double da;          //占 8 个字节
    char cb;            //占 1 个字节
    int ic;             //占 4 个字节
};
void main()
{
```

```
    struct MyStruct s1;
    printf("结构体变量 s1 所占空间大小:%d\n",sizeof(s1));
    printf("结构体变量 s1 的地址:%d\n",&s1);
    printf("成员 da 的地址:%d\n",&s1.da);
    printf("成员 cb 的地址:%d\n",&s1.cb);
    printf("成员 ic 的地址:%d\n",&s1.ic);
}
```

【运行结果】

```
结构体变量 s1 所占空间大小:16
结构体变量 s1 的地址:1638200
成员 da 的地址:1638200
成员 cb 的地址:1638208
成员 ic 的地址:1638212
```

【程序分析】

为上面的结构体变量 s1 分配空间的时候,VC 根据成员变量出现的顺序和对齐方式,先为第一个成员 da 分配空间,其起始地址跟结构体 s1 的起始地址相同(地址:1638200,偏移量为 0,刚好为 8(即 sizeof(double)的倍数),该成员变量占用 sizeof(double)=8 个字节;接下来为第二个成员 cb 分配空间,这时下一个可以分配的地址对于结构的起始地址为1638208,偏移量为 8,是 sizeof(char)的倍数,所以把 cb 存放在偏移量为 8 的地方满足对齐方式,该成员变量占用 sizeof(char)=1 个字节;接下来为第三个成员 ic 分配空间,这时下一个可以分配的地址对于结构的起始地址的偏移量为 9,不是 sizeof(int)=4 的倍数,为了满足对齐方式对偏移量的约束问题,VC 自动先填充 3 个字节(这 3 个字节没有放什么东西),这时下一个可以分配的地址对于结构的起始地址为 1638212,偏移量为 12,刚好是 sizeof(int)=4 的倍数,所以把 ic 存放在偏移量为 12 的地方,该成员变量占用 sizeof(int)=4 个字节;这时整个结构的成员变量已经都分配了空间,总的占用的空间大小为 8+1+3(填充)+4=16,刚好为结构体的字节边界数(即结构体中占用最大空间的类型所占用的字节数 sizeof(double)=8)的倍数,所以没有空缺的字节需要填充。所以整个结构的大小为 sizeof(MyStruct)=8+1+3+4=16,其中有 3 个字节是 VC 自动填充的,没有放任何有意义的东西。结构体变量 s1 所占的内存空间如图 10.6 所示。

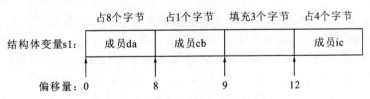

图 10.6　结构体变量 s1 所占的内存空间

如果将结构体 MyStruct 中的成员换一下顺序,结果会怎么样呢?

```
struct MyStruct2
{
```

```
      char cb;          //占 1 个字节
      double da;        //占 8 个字节
      int ic;           //占 4 个字节
    }s2;
```

成员 cb 从偏移地址 0 开始,占 1 个字节;成员 da 为 double 型,必须从偏移地址为 8 的倍数开始,所以 cb 后面需要填充 7 个无用的字节,因此 da 从偏移地址 8 开始存放;成员 ic 从偏移地址 16 开始存放,占 4 个字节;以上 3 个成员加上填充的 7 个字节,共有 20 个字节,同时由于该结构体中占用最大空间的类型所占用的字节数为 8,所以整个结构体所占空间应该为 8 的倍数,所以需要在 ic 后面再填充 4 个字节,因此整个结构体共占用 24 个字节。其所占的内存空间如图 10.7 所示。

图 10.7 结构体变量 s2 所占的内存空间

如果再将结构体 MyStruct 中的成员换成以下顺序,则结构体变量 s3 共占多少字节,各成员所占内存空间情况如何?

```
    struct MyStruct3
    {
      char cb;          //占 1 个字节
      int ic;           //占 4 个字节
      double da;        //占 8 个字节
    }s3;
```

总之,在 Visual C++中,结构体变量的内存分配按照以下规则进行:

① 结构体变量的首地址能够被其最宽基本类型成员的大小所整除。编译器在给结构体开辟空间时,首先找到结构体中最宽的基本数据类型,然后寻找内存地址能被该基本数据类型所整除的位置,作为结构体的首地址。将这个最宽的基本数据类型的大小作为上面介绍的对齐模数。

② 结构体每个成员相对于结构体首地址的偏移量(Offset)都是成员大小的整数倍,如有需要,编译器会在成员之间加上填充字节(Internal Adding)。为结构体的一个成员开辟空间之前,编译器首先检查预开辟空间的首地址相对于结构体首地址的偏移是否是本成员的整数倍,若是,则存放本成员,反之,则在本成员和上一个成员之间填充一定的字节,以达到整数倍的要求,也就是将预开辟空间的首地址后移几个字节。

③ 结构体的总大小为结构体最宽基本类型成员大小的整数倍,如有需要,编译器会在最末一个成员之后加上填充字节(Trailing Padding),结构体总大小包括填充字节。最后一个成员满足上面两条以外,还必须满足第三条,否则就必须在最后填充几个字节以达到本条要求。

关于结构体变量的内存分配情况,不同的编译器可能有不同的分配规则,不同的系统下也有不同的分配规则,读者了解即可,在实际编程应用中,可以使用 sizeof(变量名)来直接求出该变量在内存中所占空间的大小。

> **💡知识拓展**
>
> C 语言中,结构体类型的定义可以在函数内部,也可以在所有的函数外部进行。如果定义在函数的内部,则只有该函数可以使用该类型来定义变量;如果定义在函数的外部,则定义之后的所有函数均可以使用该类型来定义变量。更为一般的方法是,将结构体类型定义在一个头文件中,在需要使用该类型的地方,使用♯include 该头文件后就可以使用该类型了。

▶ 10.1.5 结构体变量的初始化

结构体变量在定义时,其值也是不确定的,因此也需要进行初始化。对结构体变量的初始化过程,就是对其中每个成员赋初值的过程。依据结构体变量定义方式的不同,结构体变量的初始化可分为以下 3 种方法:

① 定义结构体类型和结构体变量的同时,对结构体变量初始化。例如:

```
struct Student
{
    int sno;              //数据成员 1:学号
    char sname[50];       //数据成员 2:姓名
    char sgender;         //数据成员 3:性别
    int sage;             //数据成员 4:年龄
    float sscore;         //数据成员 5:成绩
}s3={1001,"石强",'M',19,82.5f};
```

在定义结构体类型 Student 的同时定义了结构体变量 s3,同时对 s3 进行了初始化。在一对大括号中给出各个值,需要注意以下 3 点。

a.值的顺序必须与该结构体中成员的顺序完全对应。此例中,sno 的值就是 1001,字符数组 sname 中的值为字符串"石强",sgender 的值为'M',sage 的值为 19,而 sscore 的值为82.5f。

b.给定的值的数目可以比结构体变量成员数目少,此时没有给定值的成员的值被全部赋为 0,但只能缺少最右边的,而不能缺少左边或中间的。例如:

```
struct Student
{
    int sno;              //数据成员 1:学号
    char sname[50];       //数据成员 2:姓名
    char sgender;         //数据成员 3:性别
    int sage;             //数据成员 4:年龄
    float sscore;         //数据成员 5:成绩
}s3={1001,"石强"};
```

则只给变量 s3 的 2 个成员进行赋值,而后面 3 个成员的值全部为 0。

c.如果结构体类型中的成员为数组类型或结构体类型,则需要另外使用大括号分别将数组的值和内嵌结构体成员值括起来。例如:

```
struct Date                        //日期结构体类型
{
    int year;
    int month;
    int day;
};
struct People
{
    int no;
    struct Date birthday;          //成员:struct Date 类型
    int icCard[3];                 //成员:int 数组类型
    float salary;
}p1={1234,{2000,5,23},{234,456,567},8888.8f};
```

② 定义好结构体类型后,再定义结构体变量的同时初始化。例如:

```
struct Student s4={1002,"何乐",'M',20,79};
```

同样地,如果结构体的成员有数组类型或内嵌结构体成员,也需要再使用大括号将它们的值分别括起来。

③ 定义结构体变量后,如果想让变量中的成员全部为0,可以使用memset函数。例如:

```
struct Student s;
memset(&s,0,sizeof(s));
```

▶ 10.1.6 结构体变量的引用

结构体中的成员分量类似一般的变量,如果要对其进行引用,则需要使用成员运算符".",其引用的一般格式如下:

```
结构体变量名.成员变量
```

如已经定义了 Student 结构体类型的变量 s5:

```
struct Student s5;
可以引用变量 s5 中的成员:
s5.sno=1005;
strcpy(s5.sname,"熊琪");
s5.sgender='F';
```

对于具有数组类型成员的结构体变量,也可以通过"."方式引用;对于具有内嵌结构体成员的结构体变量,引用内嵌的成员可以通过"变量名.内嵌结构体成员名.成员名"进行,例如:

```
strcut People p2;
p2.no=11111;
p2.birthday.year=2000;        //引用内嵌结构体中的成员
p2.icCard[0]=8888;            //引用数组
```

【例 10.2】 由键盘上输入信息到 People 结构体变量中,然后输出。

【编写程序】

```
#include <stdio.h>
struct Date                    //日期结构体类型
{
  int year;
  int month;
  int day;
};
struct People
{
  int no;
  struct Date birthday;        //成员:struct Date 类型
  int icCard[3];               //成员:int 数组类型
  float salary;
};
void main()
{
  struct People p1;
  printf("请输入信息(号码、年、月、日、IC卡1、IC卡2、IC卡3、薪水):\n");
  scanf("%d%d%d%d%d%d%d%f",&p1.no,&p1.birthday.year,&p1.birthday.
  month,&p1.birthday.day,&p1.icCard[0],
    &p1.icCard[1],&p1.icCard[2],&p1.salary);
  printf("号码:%d\n出生日期:%d年%d月%d日\nIC卡:%d,%d,%d\n薪
  水:%f\n",p1.no,p1.birthday.year,p1.birthday.month,p1.birthday.day,
    p1.icCard[0],p1.icCard[1],p1.icCard[2],p1.salary);
}
```

【运行结果】

```
请输入信息(号码、年、月、日、IC卡1、IC卡2、IC卡3、薪水):
1111 2000 10 23 77777 88888 99999 5678.9
号码:1111
出生日期:2000 年 10 月 23 日
IC卡:77777,88888,99999
薪水:5678.899902
```

相同类型的结构体变量之间如果要进行赋值，可以有以下 2 种方式：

方式一：结构体变量整体赋值，例如：

```
struct Student s4＝{1002,"何乐",'M',20,79};
struct Student s5;
s5＝s4;        //将一个结构体变量整体赋值给另一个结构体变量
```

方式二：逐个成员进行赋值，例如：

```
struct Student s4＝{1002,"何乐",'M',20,79};
struct Student s5;
s5.sno＝s4.sno;
strcpy(s5.sno,s4.sno);        //字符串类型赋值，需要使用 strcpy 库函数
s5.sgender＝s4.sgender;
s5.sage＝s4.sage;
s5.sscore＝s4.sscore;
```

10.2 结构体类型数组

从前面的学习可知，一个 Student 结构体类型变量可以存放一个学生的信息，如果要存放 10 个学生的信息，可以采用结构体类型数组。结构体类型数组中每个元素都是一个结构体类型，它们都具有若干个成员的项。

10.2.1 结构体类型数组的定义

定义结构体类型数组与定义普通的结构体类型变量没有很大的区别，既可以在定义结构体类型时定义数组，也可以在定义类型之后进行，例如：

```
struct Student
{
  //结构体成员列表
}sa[10];
struct Student sb[20];
```

要初始化结构体类型数组，可以在定义的同时进行，其中每个元素的值都应该用一个大括号括起来，例如：

```
struct Student sc[3]＝{
  {1001,"石强",'M',20,82.5f},     //对 sc[0]进行初始化
  {1002,"何乐",'M',19,75},        //对 sc[1]进行初始化
  {1003,"何俊钦",'M',21,64}       //对 sc[2]进行初始化
};
```

但如果结构体数组一旦定义完成，则不能再这样整体进行初始化，而只能按每个元素中的每个成员单独进行赋值，如下面的初始化是错误的：

```
struct Student sc[3];
sc[0]={1001,"石强",'M',20,82.5f};        //错误
```

10.2.2 结构体数组的引用

引用结构体数组,就是引用数组中的元素,由于每个结构体数组元素都是一个结构体类型的变量,所以通常只能逐个引用某个元素中的某个成员,其一般格式如下:

数组名[元素标号].成员名

例如:

```
sc[2].sno=1111;
strcpy(sc[2].sname,"刘和堵");
```

【例10.3】 将3名学生的原始成绩乘以70%,然后加上平时成绩(85分 * 30%)并输出。
【编写程序】

```
#include <stdio.h>
struct Student
{
  int sno;                        //数据成员1:学号
  char sname[50];                 //数据成员2:姓名
  char sgender;                   //数据成员3:性别
  int sage;                       //数据成员4:年龄
  float sscore;                   //数据成员5:成绩
};
void main()
{
  int i;
  struct Student sc[3]={
    {1001,"石强",'M',20,82.5f},    //对sc[0]进行初始化
    {1002,"何乐",'M',19,75},       //对sc[1]进行初始化
    {1003,"何俊钦",'M',21,64}      //对sc[2]进行初始化
  };
  printf("原始成绩:\n");
  for(i=0;i<3;i++)
    printf("学号:%d\t姓名:%s\t成绩:%.1f\n",sc[i].sno,sc[i].sname,sc
    [i].sscore);
  for(i=0;i<3;i++)                //处理成绩,加上平时成绩
    sc[i].sscore=sc[i].sscore * 0.7+85 * 0.3;
  printf("有效成绩:\n");
  for(i=0;i<3;i++)
```

```
        printf("学号:%d\t姓名:%s\t成绩:%.1f\n",sc[i].sno,sc[i].sname,sc
    [i].sscore);
    }
```

【运行结果】

原始成绩:
学号:1001	姓名:石强	成绩:82.5
学号:1002	姓名:何乐	成绩:75.0
学号:1003	姓名:何俊钦	成绩:64.0
有效成绩:
学号:1001	姓名:石强	成绩:83.3
学号:1002	姓名:何乐	成绩:78.0
学号:1003	姓名:何俊钦	成绩:70.3

10.3 结构体指针

在 C 语言中,指针除了可以指向基本数据类型,还可以指向结构体。指向结构体的指针变量称为结构体指针变量,此时指针变量中存放的是该结构体的首地址,之后就可以通过指针来引用结构体。

▶ 10.3.1 结构体指针的定义与使用

结构体指针的定义方式与一般指针类似,其一般格式如下:

struct 结构体类型名 *指针变量名;

例如:

struct Student *ps;

指针定义好后,应该让它指向某个同类型的结构体变量,其一般格式如下:

指针变量名=&结构体变量;

例如:

struct Student s={1001,"石强",'M',20,82.5f};
ps=&s;

也可以在定义指针变量 ps 的同时指向某个结构体变量,例如:

struct Student s={1001,"石强",'M',20,82.5f};
struct Student *ps =&s;

结构体指针指向了某个结构体变量后,就可以通过指针来引用结构体变量中的成员,引用的方法有两种。

1.通过"(*指针变量名).成员"方式

在第 9 章已经介绍过,如果指针 ps 指向了变量 s,那么 *ps 就代表着变量 s,此时引用 s

中的成员当然可以通过"＊ps.成员"进行,但是由于成员运算符"."的优先级比指针运算符"＊"的优先级高,所以需要将"＊ps"加上小括号。例如:

```
( * ps). sno＝1002;
strcpy(( * ps). sname,"何乐");
```

2.通过"指针变量→成员"方式

还可以通过"指针变量→成员"方式进行,此时"→"称为指向运算符,由减号"－"和大于号"＞"连起来表示,如果是手写,可以写成箭头"→"。例如:

```
ps→sno＝1002;
strcpy(ps→sname,"何乐");
```

一般来说,使用"ps→成员"方式要比"(＊ps).成员"写起来更简单一些,可以少输入两个符号,看起来也更简洁,所以C语言推荐使用"→"运算符方式。

【例10.4】 通过结构体指针输出结构体变量的值。

【编写程序】

```
♯include <stdio.h>
struct Student
{
    int sno;                //数据成员1:学号
    char sname[50];         //数据成员2:姓名
    char sgender;           //数据成员3:性别
    int sage;               //数据成员4:年龄
    float sscore;           //数据成员5:成绩
};
void main()
{
    struct Student s＝{1001,"石强",M′,20,82.5f};
    struct Student * ps ＝&s;
    printf("学号:%d\t姓名:%s\t性别:%c\t年龄:%d\t成绩:%.1f\n",
    s. sno,s. sname,s. sgender,s. sage,s. sscore);
    printf("学号:%d\t姓名:%s\t性别:%c\t年龄:%d\t成绩:%.1f\n",
    ( * ps). sno,( * ps). sname,( * ps). sgender,( * ps). sage,( * ps). sscore);
    printf("学号:%d\t姓名:%s\t性别:%c\t年龄:%d\t成绩:%.1f\n",
    ps→sno,ps→sname,ps→sgender,ps→sage,ps→sscore);
}
```

【运行结果】

学号:1001	姓名:石强	性别:M	年龄:20	成绩:82.5
学号:1001	姓名:石强	性别:M	年龄:20	成绩:82.5
学号:1001	姓名:石强	性别:M	年龄:20	成绩:82.5

【程序分析】

程序定义并初始化了一个结构体变量 s,然后定义了一个指针变量 ps,并指向了 s,然后通过 3 种方式输出结构体变量 s 的值,第一种方式是直接通过"s. 成员"方式,第二种通过"(∗ps).成员"方式,第三种通过"ps→成员"方式。从输出结果可以看出,这 3 种方式输出的结果是一致的,输出的都是结构体变量 s 的成员。

▶ 10.3.2 结构体数组指针

结构体指针也可以指向同类型的结构体数组中的元素,即将结构体数组中的某个元素的地址赋给指针,这种指针就是结构体数组指针。例如:

```
struct Student sa[10];
struct Student ∗ps;
ps＝sa;              //ps 指向数组 sa 的首地址
ps＝&sa[5];          //ps 指向数组 sa 中的 sa[5]元素
```

结构体数组指针与普通的数组指针之间没有很大的区别,如果 ps 指向某个元素后,∗ps 也同样代表该元素。此时可以通过"(∗ps).成员"或"ps→成员"来取到该元素的成员。同样地,ps++能让 ps 移动到下一个元素,而 ps−−能让 ps 移动到上一个元素。特别地,如果 ps 指向数组 sa 首地址,那么 ps[i]也就是 sa[i]元素。

【例 10.5】 改写例 10.3 中的程序,用指针实现。

【编写程序】

```
# include ＜stdio.h＞
struct Student
{
  int sno;                    //数据成员 1:学号
  char sname[50];             //数据成员 2:姓名
  char sgender;               //数据成员 3:性别
  int sage;                   //数据成员 4:年龄
  float sscore;               //数据成员 5:成绩
};
void main()
{
  int i;
  struct Student sc[3]＝{
    {1001,"石强",'M',20,82.5f},    //对 sc[0]进行初始化
    {1002,"何乐",'M',19,75},       //对 sc[1]进行初始化
    {1003,"何俊钦",'M',21,64}      //对 sc[2]进行初始化
  };
  struct Student ∗ ps＝sc;        //结构体指针指向了数组首元素的地址
  printf("原始成绩:\n");
  //使用"ps[i].成员"方式,输出原始成绩
```

```
for(i=0;i<3;i++)
    printf("学号:%d\t 姓名:%s\t 成绩:%.1f\n",ps[i].sno,ps[i].sname,ps
    [i].sscore);
//使用"(*ps).成员"方式,处理成绩,加上平时成绩
ps=sc;
for(i=0;i<3;i++)
{
    (*ps).sscore=(*ps).sscore*0.7+85*0.3;
    ps++;
}
//使用"ps→成员"方式,逆序输出有效成绩
printf("有效成绩:\n");
for(ps=sc+2;ps>=sc;ps--)
printf("学号:%d\t 姓名:%s\t 成绩:%.1f\n",ps→sno,ps→sname,ps→
sscore);
}
```

【运行结果】

```
原始成绩:
学号:1001        姓名:石强        成绩:82.5
学号:1002        姓名:何乐        成绩:75.0
学号:1003        姓名:何俊钦      成绩:64.0
有效成绩:
学号:1003        姓名:何俊钦      成绩:70.3
学号:1002        姓名:何乐        成绩:78.0
学号:1001        姓名:石强        成绩:83.3
```

【程序分析】

① 指针 ps 先通过"*ps=sc"语句指向数组 sc 的首地址。

② 使用"ps[i].成员"方式输出原始成绩,在一个 for 循环中,i 从 0 到 2,可将数组 sc 中的成员全部输出。使用这种方式时,需要注意 ps 必须指向 sc 数组的首地址,否则 ps[i]不是 sc[i]元素。

③ 使用"(*ps).成员"方式处理成绩。为了防止 ps 可能已经移动了,一般在 for 循环之前让 ps=sc;重新指向 sc 的首地址。在 for 循环中,通过 ps++;移动指针 ps,能取到数组 sc 中的每个元素。

④ 通过"ps→成员"方式,逆序输出有效成绩。这可以通过以下 for 循环实现。

```
for(ps=sc+2;ps>=sc;ps--)
```

先 ps=sc+2,这样 ps 就指向了 sc 的第 2 个元素,也就是最后一个元素 sc[2];输出它后,再计算 ps--,从而 ps 指向上一个元素,也就是 sc[1];最后指向 sc[0],此时继续执行 ps--,就会指出 sc 了,于是不满足条件 ps>=sc,从而 for 循环结束。

10.4 结构体与函数

结构体变量可以作为函数的参数,可作为实际参数,也可以作为形式参数;结构体变量成员可以作为函数的实际参数;函数可以返回结构体类型的值;结构体数组也可以作为函数的参数;结构体指针也可以作为函数的参数。

10.4.1 结构体变量成员作函数的实际参数

将结构体变量的成员作函数的实际参数,用法和普通变量作实参是一样的,属于"值传递",要遵循"值的单向传递"规则,当然需要注意形参的类型要与实参保持一致。

函数中如果改变形参的值,会不会影响到实参的结构体变量中成员的值呢? 需要分情况而定:

① 如果该结构体成员为数组类型或指针类型,则传递的实际上是地址(指针),在函数中改变形参数组元素或指针指向的元素的值,会影响到实参的结构体变量中相应成员的值。

② 如果该结构体成员不是数组类型和指针类型,则在函数中改变形参的值,不会影响到实参的结构体变量中相应成员的值。

【例 10.6】 结构体变量成员作实参传递给函数,在函数中修改形参的值。

【编写程序】

```c
#include <stdio.h>
struct Student
{
    int sno;                        //数据成员 1:学号
    char sname[50];                 //数据成员 2:姓名
    char sgender;                   //数据成员 3:性别
    int sage;                       //数据成员 4:年龄
    float sscore;                   //数据成员 5:成绩
};
void fun(int no,char name[])        //形参与实参类型相匹配
{
    int i=0;
    no=no*2;
    while(name[i]!='\0')
    {
        name[i]=name[i]+1;
        i++;
    }
}
void main()
{
    struct Student s={1001,"石强",'M',20,82.5f};
```

```
printf("调用函数前,结构体 s 内容:\n");
printf("学号:%d,姓名:%s\n",s.sno,s.sname);
fun(s.sno,s.sname);//结构体变量成员作为函数实参
printf("调用函数后,结构体 s 内容:\n");
printf("学号:%d,姓名:%s\n",s.sno,s.sname);
}
```

【运行结果】

```
调用函数前,结构体 s 内容:
学号:1001,姓名:石强
调用函数后,结构体 s 内容:
学号:1001,姓名:税壤
```

【程序分析】

在 main() 函数中,将结构体变量 s 的 2 个成员 s.sno 和 s.sname 作为实参传递给了 fun() 函数。在 fun() 函数中,形参为 int 型的 no 和 char 型数组 name,并分别对这 2 个形参的值做了改变。

由于实参 s.sno 是普通的 int 型,所以 fun() 函数中对形参的改变,根据"值的单向传递"规则,并不会影响到实参的值。

实参 s.sname 是 char 型数组,传递的实际上是地址,所以 fun() 函数中修改了数组中的值,修改的其实就是 s.sname 数组中的值,所以会影响到结构体变量 s 中的成员的值。

10.4.2　结构体变量作函数的参数

将一个结构体变量作实参传递给函数,根据"值的单向传递"规则,函数的形参实际上是实参的一个副本,因此在函数中对形参的改变,不会影响到实参的值。

【例 10.7】　结构体变量作实参传递给函数,在函数中修改形参的值。

【编写程序】

```
#include <stdio.h>
struct Student
{
    int sno;                        //数据成员 1:学号
    char sname[50];                 //数据成员 2:姓名
    char sgender;                   //数据成员 3:性别
    int sage;                       //数据成员 4:年龄
    float sscore;                   //数据成员 5:成绩
};
void fun(struct Student t)          //函数形参也是结构体类型
{
    int i=0;
    t.sno=t.sno*2;
```

```
    while(t.sname[i]!=\0')
    {
      t.sname[i]=t.sname[i]+1;
      i++;
    }
}
void main()
{
    struct Student s={1001,"石强",'M',20,82.5f};
    printf("调用函数前,结构体 s 内容:\n");
    printf("学号:%d,姓名:%s\n",s.sno,s.sname);
    fun(s);//结构体变量作函数实参
    printf("调用函数后,结构体 s 内容:\n");
    printf("学号:%d,姓名:%s\n",s.sno,s.sname);
}
```

【运行结果】

```
调用函数前,结构体 s 内容:
学号:1001,姓名:石强
调用函数后,结构体 s 内容:
学号:1001,姓名:石强
```

【程序分析】

在 main()函数中,将结构体变量 s 整体作为实参传递给 fun()函数。在 fun()函数中,形参为结构体类型变量 t,然后对 t 中的两个成员做了修改。根据"值的单向传递"规则,函数的形参 t 实际上是实参 s 的一个副本,因此在函数中对形参 t 的改变,与实参 s 没有任何关系,不会影响到实参 s 的值。

10.4.3 返回结构体类型值的函数

函数的返回值类型也可以是结构体类型,此时函数的类型为结构体类型。调用函数后,可以将返回值赋值给一个相同类型的结构体变量。

【例 10.8】 返回结构体类型的函数。

【编写程序】

```
#include <stdio.h>
#include <string.h>
struct Student
{
    int sno;              //数据成员1:学号
    char sname[50];       //数据成员2:姓名
    char sgender;         //数据成员3:性别
    int sage;             //数据成员4:年龄
```

```
    float sscore;//数据成员 5:成绩
};
struct Student fun(struct Student s1,struct Student s2)
{
    struct Student sTemp;
    sTemp.sno=1003;
    strcpy(sTemp.sname,"林俊钦");
    sTemp.sgender='M';
    sTemp.sage=21;
    sTemp.sscore=(s1.sscore+s2.sscore)/2;
    return sTemp;
}
void main()
{
    struct Student sa={1001,"石强",'M',20,82.5f};
    struct Student sb={1002,"何乐",'M',19,75};
    struct Student sc;
    sc=fun(sa,sb);
    printf("学号:%d\t 姓名:%s\t 性别:%c\t 年龄:%d\t 成绩:%.1f\n",
        sc.sno,sc.sname,sc.sgender,sc.sage,sc.sscore);
}
```

【运行结果】

学号:1003　　姓名:林俊钦　　性别:M 年龄:21　　成绩:78.8

【程序分析】

在 main()函数中,先定义并初始化了 2 个 struct Student 结构体变量 sa 和 sb,并把它们作为实参传递给 fun()函数。在 fun()函数中,函数类型为 struct Student 类型,形参也是 2 个 struct Student 结构体变量 s1 和 s2,然后定义了一个局部变量 sTemp,并对 sTemp 进行了初始化赋值,其中的 sTemp.sscore 值为 s1.sscore 和 s2.sscore 的平均数。最后 fun()函数返回了 sTemp。在 main()函数中,通过 sc=fun(sa,sb)调用 fun()函数,将 fun()函数返回的值保存在 sc 中,最后输出了 sc 的各成员值,从结果可以看出,sc 的值正是 fun()函数返回的 sTemp 的值。

10.4.4 结构体数组作为函数参数

不仅可以将结构体变量作为实际参数传递给函数,还可以将结构体数组传递给函数。此时实际参数为结构体数组类型,而形式参数可以是结构体数组类型,也可以是结构体指针类型。通过前面的指针一章知道,将数组传递给函数,实际上传递的是地址,因此在函数中如果修改了数组中的值,会影响到实际参数数组的值。

【例 10.9】 改写实例 10.5 中的程序,用函数实现修改成绩及输出数组。结构体类型数组作函数参数。

【编写程序】

```c
#include <stdio.h>
struct Student
{
    int sno;                //数据成员1:学号
    char sname[50];         //数据成员2:姓名
    char sgender;           //数据成员3:性别
    int sage;               //数据成员4:年龄
    float sscore;           //数据成员5:成绩
};
void ModifyScore(struct Student sa[],int n)      //形式参数为结构体数组类型
{
    int i;
    for(i=0;i<3;i++)
        sa[i].sscore=sa[i].sscore*0.7+85*0.3;
}

void DisplayArray(struct Student *ps,int n)      //形式参数为结构体指针类型
{
    int i;
    for(i=0;i<n;i++)
    {
        printf("学号:%d\t姓名:%s\t成绩:%.1f\n",ps->sno,ps->sname,ps->
        sscore);
        ps++;
    }
}
void main()
{
    struct Student sc[3]={
        {1001,"石强",'M',20,82.5f},          //对sc[0]进行初始化
        {1002,"何乐",'M',19,75},             //对sc[1]进行初始化
        {1003,"何俊钦",'M',21,64}            //对sc[2]进行初始化
    };
    printf("原始成绩:\n");
    DisplayArray(sc,3);                      //实际参数为结构体数组类型
    ModifyScore(sc,3);
    printf("有效成绩:\n");
    DisplayArray(sc,3);
}
```

【运行结果】

```
原始成绩：
学号：1001        姓名：石强        成绩：82.5
学号：1002        姓名：何乐        成绩：75.0
学号：1003        姓名：何俊钦      成绩：64.0
有效成绩：
学号：1001        姓名：石强        成绩：83.3
学号：1002        姓名：何乐        成绩：78.0
学号：1003        姓名：何俊钦      成绩：70.3
```

【程序分析】

① 在 main()函数中,先定义并初始化了一个结构体类型数组 sc,并马上调用 DisplayArray(sc,3)函数,将结构体数组 sc 作为实际参数传递给函数,实际上是将数组 sc 的首地址传递给了函数。

② 在 DisplayArray()函数中,使用了结构体指针类型 struct Student ＊ps 作为形式参数,这样,指针 ps 就指向了实际参数的 sc 数组的首地址,此时输出"ps→成员"就是输出 sc 数组中对应的元素的值。

③ 在 main()函数中,再通过"ModifyScore(sc,3);"调用函数,将结构体数组 sc 作为实际参数传递给函数。

④ 在 ModifyScore()函数中,使用了结构体数组 struct Student sa[]作为形式参数,这样 sa 就代表着实际参数 sc 的首地址。因此,操作(修改)sa 数组元素,就是操作(修改)实际参数 sc 数组中对应的元素。

⑤ 在 main()函数中,最后又调用了一次 DisplayArray()函数,输出被修改后的数组 sc 的值,从结果可以看出,ModifyScore()函数确实影响了实际参数数组的值。

10.4.5　结构体指针作为函数参数

结构体指针变量用于存放结构体变量的首地址,所以将指针作为函数参数传递时,其实就是传递结构体变量的首地址,在被调函数中改变指针所指向的结构体成员的值,就是改变主调函数中结构体成员的值。

【例 10.10】　结构体类型指针作函数参数,在函数中交换两个指针所指向的变量的值。

【编写程序】

```c
# include <stdio.h>
struct Student
{
    int sno;              //数据成员1:学号
    char sname[50];       //数据成员2:姓名
    char sgender;         //数据成员3:性别
    int sage;             //数据成员4:年龄
    float sscore;         //数据成员5:成绩
};
```

```
//形式参数为结构体指针类型
void Swap(struct Student * ps1,struct Student * ps2)
{
    struct Student t;
    t= * ps1;
    * ps1= * ps2;
    * ps2=t;
}
void Display(struct Student * ps)          //形式参数为结构体指针类型
{
    printf("学号:%d\t姓名:%s\t成绩:%.1f\n",ps→sno,ps→sname,ps→
    sscore);
}
void main()
{
    struct Student sa={1001,"石强",'M',20,82.5f};
    struct Student sb={1002,"何乐",'M',19,75};
    struct Student * psa, * psb;
    psa=&sa;
    psb=&sb;
    printf("交换前:\n\tsa 的值:");
    Display(&sa);      //实际参数为结构体变量地址
    printf("\tsb 的值:");
    Display(&sb);
    Swap(psa,psb);      //实际参数为结构体指针类型
    printf("交换后:\n\tsa 的值:");
    Display(&sa);
    printf("\tsb 的值:");
    Display(&sb);
}
```

【运行结果】

```
交换前:
        sa 的值:学号:1001       姓名:石强        成绩:82.5
        sb 的值:学号:1002       姓名:何乐        成绩:75.0
交换后:
        sa 的值:学号:1002       姓名:何乐        成绩:75.0
        sb 的值:学号:1001       姓名:石强        成绩:82.5
```

【程序分析】

① 在 main()函数中,先定义并初始化了 2 个结构体类型变量 sa 和 sb,然后定义了 2 个

结构体类型指针 psa 和 psb，并分别指向了 sa 和 sb。再调用 Display（&sa）和 Display（&sb），将 sa 和 sb 变量的地址作为实际参数传递给 Display（）函数，以输出结构体变量的值。

② 在 Display（）函数中，使用了结构体类型指针 ps 作为形式参数，两次函数调用时 ps 会分别指向实际参数 sa 和 sb，这样就能输出 sa 和 sb 的值。

③ 在 main（）函数中，再通过 Swap（psa，psb）函数调用，将指针变量 psa 和 psb 作为实际参数传递给 Swap（）函数。

④ 在 Swap（struct Student ＊ ps1，struct Student ＊ ps2）函数中，此时形式参数 ps1 和 ps2 分别得到实际参数 psa 和 psb 的值，这样 ps1 就指向了 sa，而 ps2 就指向了 sb，也就是说，＊ps1 就是 sa，而 ＊ps2 就是 sb。Swap（）函数中，通过中间变量 t，交换了 ＊ps1 和 ＊ps2，实际上就是交换 sa 和 sb 的值。

⑤ 调用 Swap（）函数后，再次调用 Display（）函数，输出了 sa 和 sb 的值。从结果可以看出，sa 和 sb 确实被交换了。

10.5　结构体的动态内存管理

在第 9 章中已经学过，C 语言中内存动态管理是通过系统提供的库函数 malloc（）函数、calloc（）函数、realloc（）函数和 free（）函数来实现的。C 语言的内存管理也可以以结构体类型为单位进行管理。

【例 10.11】 结构体类型的动态内存管理。动态申请空间，由用户输入若干个学生的信息，程序调用函数对成绩进行处理，然后输出有效成绩。

【编写程序】

```
# include <stdio.h>
# include <stdlib.h>
struct Student
{
    int sno;                    //数据成员1:学号
    char sname[50];             //数据成员2:姓名
    float sscore;               //数据成员5:成绩
};
//修改成绩:考试成绩＊0.7＋85＊0.3
void ModifyScore(struct Student sa[],int n)
{
    int i;
    for(i=0;i<3;i++)
    sa[i].sscore=sa[i].sscore＊0.7＋85＊0.3;
}
void DisplayArray(struct Student ＊ ps,int n)       //输出结构体数组内容
{
    int i;
```

```
        for(i=0;i<n;i++)
        {
            printf("学号:%d\t姓名:%s\t成绩:%.1f\n",ps→sno,ps→sname,ps→
            sscore);
            ps++;
        }
    }
    void main()
    {
        int n,i;
        struct Student *ps;
        printf("请输入学生数:");
        scanf("%d",&n);
        //动态申请n个结构体类型空间
        ps=(struct Student *)malloc(n*sizeof(struct Student));
        for(i=0;i<n;i++)
        {
            printf("请输入第%d个人的学号、姓名、考试成绩:",i+1);
            scanf("%d%s%f",&ps[i].sno,ps[i].sname,&ps[i].sscore);
        }
        ModifyScore(ps,n);
        DisplayArray(ps,n);
    }
```

【运行结果】

运行时,先输入 3,表示共有 3 个学生信息,然后分别输入每个学生的信息。

```
请输入学生数:3
请输入第1个人的学号、姓名、考试成绩:1001    石强 82.5
请输入第2个人的学号、姓名、考试成绩:1002    何乐 75
请输入第3个人的学号、姓名、考试成绩:1003    何俊钦 64
学号:1001        姓名:石强        成绩:83.3
学号:1002        姓名:何乐        成绩:78.0
学号:1003        姓名:何俊钦      成绩:70.3
```

【程序分析】

① 在 main()函数中先定义了一个 struct Student 指针类型变量 ps,然后通过语句"ps=(struct Student *)malloc(n*sizeof(struct Student));"动态申请了 n 个 struct Student 结构体类型的空间,这样 ps 就可以当成一个有 3 个元素的数组来使用。

② 在这个程序中,需要由用户先输入学生数 n(此例输入是 3),才根据 n 的值来动态申请 n 个空间。这在实际应用中,显得程序不够友好,也不够实际。应该由用户输入学生信息,直接输入一个特殊的数(如输入的学号为一1)结束输入。这样事先无法确定所需内存的

大小,因此需要更为动态地管理内存。可以事先申请一个固定大小的空间(如5个),然后用户每输入一个学生信息,就将信息插入这个数组中,如果数组已满,则可以将这个数组再拉大。插入一个学生信息的函数可以如下:

```
void AppendStudent(struct Student * * ps,struct Student one,int
 * pArraySize,int * pN)
{   //向 ps 中插入一个学生信息 one,ps 空间总大小为 pArraySize 指向的变量,
    //其中已存放了 pN 指向的变量个元素如果 ps 空间已满,则让 ps 再扩大 10 个
    //空间
    if( * pN>= * pArraySize)         //空间已满,需要扩大空间
    {
        * ps = (struct Student * )realloc( * ps,( * pArraySize + 10) * sizeof
    (struct Student));
        //使用 realloc()函数,将原空间 ps 扩大 10 个
        * pArraySize + =10;          //空间大小扩大
    }
    ( * ps)[ * pN]=one;            //将 one 追加到数组 * ps 的末尾,也就是 * pN 处
    ( * pN)++;                     //元素个数加 1
}
```

函数 AppendStudent 中由于可能会通过 realloc 改变指针 ps 的值,所以需要使用二级指针,同时 pArraySize 和 pN 的大小也会改变,所以需要使用指针。相应地,main()函数如下:

```
void main()
{
    int arraySize,n;
    struct Student * ps,one;
    //动态申请 5 个结构体类型空间
    ps=(struct Student * )malloc(5 * sizeof(struct Student));
    arraySize=5;
    n=0;
    while(1)
    {
        printf("请输入第%d个人的学号、姓名、考试成绩(学号为-1结束输入):",n
        +1);
        scanf("%d%s%f",&one.sno,one.sname,&one.sscore);
        if(one.sno<0)
        break;
        AppendStudent(&ps,one,&arraySize,&n);
    }
```

```
    DisplayArray(ps,n);
}
```

运行时,如果输入以下信息,则效果如下:

请输入第 1 个人的学号、姓名、考试成绩(学号为 -1 结束输入):1001 aaaa 11
请输入第 2 个人的学号、姓名、考试成绩(学号为 -1 结束输入):2002 bbbb 22
请输入第 3 个人的学号、姓名、考试成绩(学号为 -1 结束输入):3003 cccc 33
请输入第 4 个人的学号、姓名、考试成绩(学号为 -1 结束输入):4004 dddd 44
请输入第 5 个人的学号、姓名、考试成绩(学号为 -1 结束输入):5005 eeee 55
请输入第 6 个人的学号、姓名、考试成绩(学号为 -1 结束输入):6006 ffff 66
请输入第 7 个人的学号、姓名、考试成绩(学号为 -1 结束输入):7007 gggg 77
请输入第 8 个人的学号、姓名、考试成绩(学号为 -1 结束输入):-1 xyz 0

学号:1001	姓名:aaaa	成绩:11.0
学号:2002	姓名:bbbb	成绩:22.0
学号:3003	姓名:cccc	成绩:33.0
学号:4004	姓名:dddd	成绩:44.0
学号:5005	姓名:eeee	成绩:55.0
学号:6006	姓名:ffff	成绩:66.0
学号:7007	姓名:gggg	成绩:77.0

10.6　typedef 类型说明

定义结构体 Student 之后,如果要用它来定义变量,仍然要在 Student 前加上 struct 关键字:

```
struct Student sa, * ps;
```

如果不想每次都加上这个关键字 struct 的话,可以使用 typedef。

在 C 语言中,typedef 是一个关键字,作用是为一种数据类型定义一个新名字。这里的数据类型包括内部数据类型(int、char 等)和自定义的数据类型(struct 等)。在编程中使用 typedef 的目的一般有两个:一个是给变量一个易记且意义明确的新名字,另一个是简化一些比较复杂的类型声明。

① 使用 typedef 为现有类型创建别名,定义易于记忆的类型名。

typedef 一般的使用格式如下:

```
typedef 原类型说明符 新标识符;
```

例如:

```
typedef int ZS;
```

上述代码说明了与 int 的同义字 ZS,即 ZS 是 int 的别名。这样要定义一个 int 类型的变量,既可以使用 int,也可以使用 ZS:

```
int a=123;
ZS b=456;
```

② 简化一些比较复杂的类型声明,可以隐藏一些笨拙而又难以理解的语法细节。

a.用在结构体类型上:

```
struct Student
{
    //结构体成员定义
};
typedef stuct Student STU;
```

或者在定义结构体类型时同时进行:

```
typedef struct Student
{
    //结构体成员定义
}STU;
```

这样就可以直接使用 STU 而不需要加 struct 来声明变量了:

```
STU s1,sa[10], * ps;
```

b.用在复杂的变量声明上,如数组、指针、函数。其基本的方法是,按原定义变量的方式,在变量声明表达式中用类型名替代变量名,然后把关键字 typedef 加在该语句的开头即可。

定义普通数组:

```
typedef int IA[10];
IA a;      //相当于:int a[10]
```

定义指针类型:

```
typedef int * PTR;
PTR pa;      //相当于 int * pa
```

定义指针数组类型:

```
typedef int * PA[10];
PA a;      //相当于 int * a[10],定义的 a 有 10 个元素,每个都是 int * 指针类型
```

定义行指针类型:

```
typedef int( * PLA)[10];
PLA pa;
```

上述代码相当于 int(* pa)[10],定义的 pa 是一个行指针,它可以指向一个二维数组的一行,该二维数组每行都是 10 个元素。

定义指向函数的指针类型:

```
typedef int * ( * PF)(int,int);
PF p;
```

上述代码相当于 int ＊（＊p）(int,int)，定义的 p 是一个指向函数的指针，该函数应该有两个 int 型的参数，且返回类型为 int 指针类型。

10.7 共用体

共用体(Union)又称联合体，与结构体类似，也是一种构造数据类型，但却与结构体有着不同的行为方式。共用体一般至少由一种数据类型构成，所有成员引用的是内存中相同的位置，成员之间会互相重写、互相覆盖。灵活地使用共用体，可以减少程序所使用的内存，有时还可以有一些特殊的应用。

10.7.1 共用体类型的定义

在 C 语言中，共用体类型的定义与结构体相似，但要使用关键字 union 取代 struct，其一般格式如下：

```
union 共用体类型名称
{
    数据类型      成员名1;
    数据类型      成员名2;
    ...
    数据类型      成员名n;
};
```

例如：

```
union Data
{
    char ch[2];
    short int si;
    int i;
};
```

该代码定义了一个名为 Data 的共用体类型，该类型由三个成员组成，这些成员共享同一块存储空间。其中，第 1 个成员 ch 是一个 char 型数组，它有 2 个元素，共占 2 个字节(2B)；第 2 个成员 si 是一个 short int 型变量，它占 2 个字节(2B)；第 3 个成员 i 是一个 int 型变量，它占 4 个字节(4B)。

10.7.2 共用体变量的定义及引用

1.共用体变量的定义

共用体变量的定义方式与结构体变量的定义类似，也可以有以下几种方式。

方法一：先定义共用体类型，后定义变量。

如上面已经定义了 Data 共用体类型，那么就可以用它来定义变量。

```
union Data u1,u2;
```

注意：前面的关键字 union 不可缺少，此处定义了两个 Data 共用体类型的变量 u1 和

u2,这样 u1 和 u2 就会被分配内存,其内存分配方式参见10.7.3节。

方法二:定义共用体类型的同时定义变量。

该方法的作用与方法一相同,其一般格式如下:

```
union 共用体类型名称
{
    数据类型    成员名1;
    数据类型    成员名2;
    …
    数据类型    成员名n;
}共用体变量名列表;
```

例如:

```
union Data
{
    char ch[2];
    short int si;
    int i;
}u3,u4;
```

上述代码在定义共用体类型 Data 的同时,又定义了 2 个变量 u3 和 u4。该结构体类型 Data 仍然可以用来定义其他变量,例如:

```
union Data u5;
```

方法三:直接定义共用体变量,不给出共用体类型名称。

该方法可以直接定义共用体变量,但不给出共用体类型的名称,其一般格式如下:

```
union                //没有给出共用体类型名称
{
    数据类型    成员名1;
    数据类型    成员名2;
    …
    数据类型    成员名n;
}共用体变量名列表;
```

例如:

```
union                //没有给出共用体类型名称
{
    char ch[2];
    short int si;
    int i;
}u6,u7;
```

方法四:使用 typedef 定义新类型后再定义变量。

可以使用 typedef 定义新的共用体类型,之后再用它来定义共用体变量。例如:

```
typedef union Data
{
    char ch[2];
    short int si;
    int i;
}Data;
Data u8;
```

2.共用体变量中成员的引用

如果要引用共用体变量 u1 中的成员 i,则可以通过"u1.i"方式,例如:

```
u1.i=1234;
```

如果要引用共用体指针变量 pu 所指向的变量中的成员 i,则可以通过"(*pu).i"方式,也可以使用"pu→i"方式,例如:

```
Data  *pu=&u1;
(*pu).i=1234;
pu→i=1234;
```

▶ 10.7.3 共用体变量的内存分配

在共用体中,各个成员共享同一个内存段。也就是说,每个成员的首地址是相同的,都是从共用体的首地址开始存放的。共用体变量中起作用的成员是最后一次存放的成员,在存入一个新成员后,原有成员就会被覆盖而失去作用。同时,共用体的内存分配也与结构体类型,遵循两个准则:

① 共用体的内存必须大于或等于其成员变量中大数据类型(包括基本数据类型和数组)的大小。

② 共用体也遵循"字节对齐"规则,其内存必须是最宽基本数据类型的整数倍,如果不是,则填充字节。

下面以共用体类型 Data 所定义的变量 u1 为例:

```
typedef union Data
{
    char ch[2];
    short int si;
    int i;
}Data;
Data u1;
```

共用体 u1 由 3 个成员组成,这些成员共享同一块存储空间。其中,第 1 个成员 ch 是一个 char 型数组,它有 2 个元素,共占 2 个字节;第 2 个成员 si 是一个 short int 型变量,它占 2 个字节;第 3 个成员 i 是一个 int 型变量,它占 4 个字节。根据上面两个规则,变量 u1 共占

4 个字节(而不结构体类型的 8 字节)。它们在内存中的存放情况如图 10.8 所示。

	高字节			低字节	
	占1个字节	占1个字节	占1个字节	占1个字节
共用体变量u1:			ch[1]	ch[0]
			si的第2个字节	si的第1个字节
	i的第4个字节	i的第3个字节	i的第2个字节	i的第1个字节

图 10.8　共用体变量 u1 的内存空间

　　显然,这 3 个成员共享 4 个字节的空间,且彼此覆盖。如果修改其中一个成员则其他的成员的值也会被修改。如假设先对 u1 中的 ch 数组赋初值:

```
u1.ch[0]='A';       //'A'的 ASCII 码为 65,相当于 u1.ch[0]=65=(0100 0001)₂
u1.ch[1]='a';       //'a'的 ASCII 码为 97,相当于 u1.ch[1]=97=(0110 0001)₂
```

此时对于 u1 中的 si 成员来说,其低位字节值为 $65=(0100\ 0001)_2$,而高位字节值为 $97=(0110\ 0001)_2$,因此 u1.si 的值为 $97*256+65=24897=(0110\ 0001\ 0100\ 0001)_2$。但对于 u1 中的 i 成员来说,由于第 3 和第 4 字节中的值不确定,因此,整个 i 的值也不确定。

　　下面以一个实例,演示修改共用体变量 u1 中某个成员的值,进而影响其他成员的值。

【例 10.12】　共用体类型的成员会彼此覆盖。

【编写程序】

```
# include <stdio.h>
typedef union Data
{
  char ch[2];
  short int si;
  int i;
}Data;
void main()
{
  Data u1;
  printf("共用体 u1 所占的空间大小:%d 字节\n",sizeof(u1));
  printf("u1 的地址:%p,u1.ch[0]的地址:%p\n",&u1,&u1.ch[0]);
  printf("u1.si 的地址:%p,u1.i 的地址:%p\n",&u1.si,&u1.i);
  printf("修改成员 ch 的值后:");
  u1.ch[0]='A';          //ASCII 码为 65
  u1.ch[1]='a';          //ASCII 码为 97
  printf("ch[0]=%c,ch[1]=%c,si=%d\n",u1.ch[0],u1.ch[1],u1.si);
  printf("修改成员 i 的值后:");
  u1.i=0X77665544;       //就是十进制的 2003195204
```

```
    printf("ch[0]=%c,ch[1]=%c,si=%d,i=%d\n",u1.ch[0],u1.ch[1],u1.
    si,u1.i);
    printf("再次修改成员ch的值后:");
    u1.ch[0]='#';//ASCII 码为 35
    u1.ch[1]='9';//ASCII 码为 57
    printf("ch[0]=%c,ch[1]=%c,si=%d,i=%d\n",u1.ch[0],u1.ch[1],u1.
    si,u1.i);
}
```

【运行结果】

```
共用体 u1 所占的空间大小:4 字节
u1 的地址:0018FF44,u1.ch[0]的地址:0018FF44
u1.si 的地址:0018FF44,u1.i 的地址:0018FF44
修改成员 ch 的值后:ch[0]=A,ch[1]=a,si=24897
修改成员 i 的值后:ch[0]=D,ch[1]=U,si=21828,i=2003195204
再次修改成员 ch 的值后:ch[0]=#,ch[1]=9,si=14627,i=2003188003
```

【程序分析】

① 从输出结果可以看出,共用体 u1 中,数组中第 0 个元素的首地址与共用体的首地址相同,其他变量的首地址均与共用体的首地址相同。

② 如果赋值:u1.ch[0]='A'(即 65),u1.ch[1]='a'(即 97),则 u1.si 的高字节为 97,低字节为 65,显然 u1.si=97*256+65=24897。

③ 如果修改成员 i 的值为 0X77665544(即十进制的 2003195204),则 i 的第 1 字节(最低字节)为 0X44(即 68),第 2 字节为 0X55(即 85),第 3 字节为 0X66(即 102),第 4 字节(最高字节)为 0X77(即 119),因此此时的 ch[0]的值为最低的第 1 字节值 0x44 即 68,也就是'D'的 ASCII 码,ch[1]的值为第 2 字节值 0X55(即 85),也就是'U'的 ASCII 码,可以计算出成员 si 为第 1、第 2 字节的值=85*256+68=21828。

④ 如果再次修改成员 ch 的值:ch[0]='#'(ASCII 码 35),ch[1]='9'(ASCII 码 57),可计算出成员 si=57*256+35=14627,而于 i,由于最高的两个字节并没有被修改,所以 i 的值为 119*256*256*256+102*256*256+57*256+35=2003188003。

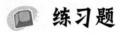 **练习题**

一、选择题

1.设有以下说明语句:

```
struct STR
{
  int x;
  float y;
}abc;
```

则以下叙述正确的是(　　　)。

　A. abc 是结构体类型名　　　　　B. abc 是结构体变量名

　C. STR 是结构体类型名　　　　　D. struct STR 是结构体变量名

2. 设有以下说明语句：

```
typedef struct STR
{
    int x;
    float y;
}abc;
```

则以下叙述正确的是(　　　)。

　A. abc 是结构体类型名　　　　　B. abc 是结构体变量名

　C. STR 是结构体类型名　　　　　D. struct STR 是结构体变量名

3. 已知有以下结构体定义：

```
struct student
{
    int sno;
    char sname[20];
}s1={1234,"孙悟空"},s2;
```

则以下操作正确的是(　　　)。

　A. s2={4567,"唐僧"};　　　　　B. s2=s1;

　C. s2. sname="唐僧"　　　　　　D. printf("%d,%s",s2);

4. 已知 char 型占 1 个字节,int 占 4 个字节,double 占 8 个字节,若有以下结构体定义：

```
struct STR
{
    char s[3];
    int i;
    char t[4];
    double d;
}a;
```

则变量 a 占(　　　)个字节。

　A. 19　　　　　　　　　　　　　B. 20

　C. 24　　　　　　　　　　　　　D. 32

5. 已知 char 型占 1 个字节,int 占 4 个字节,double 占 8 个字节,若有以下共用体定义：

```
union UNI
{
    char s[3];
    int i;
    char t[4];
```

```
    double d;
    }b;
```

则变量 b 占( )个字节。

A. 1   B. 3

C. 4   D. 8

6.已知有以下结构体定义：

```
    struct student
    {
      int sno;
      char sname[20];
    }s1;
```

则以下正确的输入语句是( )。

A. scanf("%d",s1. sno);   B. scanf("%s",&s1. sname);

C. scanf("%d",&s1→sno);   D. scanf("%s",s1→sname);

7.已知有以下结构体定义：

```
    struct student
    {
      int sno;
      char sname[20];
    }s1, * ps=&s1;
```

则以下正确的输入语句是( )。

A. scanf("%d",(* ps). sno);   B. scanf("%s",&(* ps). sname);

C. scanf("%d",ps→sno);   D. scanf("%s",ps→sname);

8.已知有以下共用体定义：

```
    union UNI
    {
      int i;
      char ch;
    }t;
```

执行语句 t. i=0X98765432 后,t. ch 的值为( )。

A. 32   B. 54

C. 50   D. 43

9.下列程序的输出结果是( )。

```
    typedef struct
    {
      int i;
```

```
    char ch;
}STR;
void fun(STR x)
{
    x.i*=2;
    x.ch+=32;
}
void main()
{
    STR a={1234,'A'};
    fun(a);
    printf("%d,%c\n",a.i,a.ch);
}
```

A. 1234,A   B. 1234,a
C. 2468,A   D. 2468,a

10. 下列程序的输出结果是(   )。

```
typedef struct
{
    int i;
    char ch;
}STR;
STR fun(STR x)
{
    STR t;
    t.i=x.i*2;
    t.ch=x.ch+32;
    return t;
}
void main()
{
    STR a={1234,'A'},b;
    b=fun(a);
    printf("%d,%c\n",b.i,b.ch);
}
```

A. 1234,A   B. 1234,a
C. 2468,A   D. 2468,a

11. 下列程序的输出结果是(   )。

```
typedef struct
```

```
{
    int i;
    char ch[2];
}STR;
void fun(int x,char c[])
{
    x=x*2;
    c[0]=c[0]+32;
    c[1]=c[1]+32;
}
void main()
{
    STR a={1234,{'A','B'}};
    fun(a.i,a.ch);
    printf("%d,%c,%c\n",a.i,a.ch[0],a.ch[1]);
}
```

A. 1234,A,B   B. 1234,a,b
C. 2468,A,B   D. 2468,a,b

12. 如有结构体类型定义以及有关的语句：

```
struct ms
{
    int x;
    int *p;
}s1,s2;
s1.x=10;
s2.x=s1.x+10;
s1.p=&s2.x;
s2.p=&s1.x;
*(s1.p)+=*(s2.p);
```

则执行以上语句后,s1.x 和 s2.x 的值应该是(   )。
A. 10,30   B. 10,20
C. 20,20   D. 20,10

二、填空题

1. 下列程序的运行结果是_____。

```
void main()
{
    struct byte
```

```
    {
        short int x;
        char y;
    };
    union
    {
        short int i[2];
        long j;
        char m[2];
        struct byte d;
    }r, * s=&r;
    s→j=0x98765432;
    printf(" % x, % x\n",s→d.x,s→d.y);
}
```

2. 下列程序的运行结果是_____。

```
struct Tree
{
    int x;
    char * s;
}t;
void func(struct Tree a)
{
    a.x=10;
    a.s="Teacher";
}
void main()
{
    t.x=1;
    t.s="Student";
    func(t);
    printf(" % d, % s\n",t.x,t.s);
}
```

3. 下列程序的运行结果是_____。

```
# include <stdio.h>
struct ST
{
    int   x;
    int   * y;
```

```
      } * p;
      void main()
      {
          int s[]={10,20,30,40};
          struct ST a[]={1,&s[0],2,&s[1],3,&s[2],4,&s[3]};
          p=a;
          printf("%d,",p→x);
          printf("%d,",(++p)→x);
          printf("%d\n",*(++p)→y);
      }
```

4.下列程序的运行结果是_____。

```
      typedef  union{
          char c[9];
          int b;
          double a;
      }TY;
      void main()
      {
          TYone;
          printf("%d\n",sizeof(one));
      }
```

三、简答题

1.什么是字节对齐方式？请以结构体为例举例说明。

2.简述结构体变量和共用体变量的内存分配情况,并说明两者有什么异同点。

四、编程题

1.有若干运动员,每个运动员包括编号、姓名、性别、年龄、身高、体重。如果性别为男,参赛项目为长跑和登山;如果性别为女,参赛项目为短跑、跳绳。用一个函数输入运动员信息,用另一个函数输出运动员的信息,再建立一个函数求所有参赛运动员每个项目的平均成绩。

2.一个班有若干名学生,每个学生的数据包括学号、姓名、性别及2门课的成绩,现从键盘上输入这些数据(参照例10.11的动态内存管理方式),并且要求以函数形式完成:

　① 写一个函数,输入学生信息,直到输入学号为-1为止。

　② 输出每个学生2门课的平均分。

　③ 输出每门课的全班平均分。

　④ 输出学生 zhangliang 的2门课的成绩,如果不存在,则输出不存在信息。

第11章 文　件

本章主要内容：

① 文件的概念及分类。
② 文件类型与文件指针。
③ 文件打开及关闭的基本操作。
④ 文件读写的相关函数使用方法。
⑤ 文件定位的相关函数使用方法。
⑥ 文件出错检测相关函数的使用方法。

11.1　文件基本知识

11.1.1　文件概述

文件(file)是指一种信息组织的方式,即存储在外部介质上数据的集合。对于操作系统来说,以文件为单位对数据进行管理;对于计算机使用者来说,通过文件可以实现数据的有序存储,便于信息的管理和检索。

计算机以处理器为中心。对于处理器处理数据来说,需要实现数据的输入输出,它们是数据传送的过程,数据如流水一样从一处流向另一处,因此常将输入输出形象地称为流(stream),即数据流。流表示了信息从源到目的端的流动。在输入操作时,数据从文件流向计算机内存;在输出操作时,数据从计算机流向文件(如打印机、磁盘文件)。

C语言把文件看作一个字符(或字节)的序列,即由一个一个字符(或字节)的数据顺序组成。一个输入输出流就是一个字符流或字节(内容为二进制数据)流。

C的数据文件由一连串的字符(或字节)组成,而不考虑行的界限,两行数据间不会自动加分隔符,对文件的存取是以字符(字节)为单位的。输入输出数据流的开始和结束仅受程序控制而不受物理符号(如回车换行符)控制,这就增加了处理的灵活性。这种文件称为流式文件。

文件有不同的类型。根据文件的作用不同,在程序设计中,主要用到2种文件:

① 程序文件:包括源程序文件(扩展名为.c)、目标文件(扩展名为.obj)和可执行文件(扩展名为.exe)等。这种文件的内容是程序代码。

② 数据文件:文件的内容不是程序,而是供程序运行时读写的数据。如在程序运行过程中输出到磁盘(或其他外部设备)的数据;或在程序运行过程中供读入的数据,如一批学生的成绩数据、货物交易的数据等。

根据文件的数据组织形式,可以分为以下2种:

① ASCII文件:又被称为文本文件(text file),文件内容的每一个字节都是一个ASCII码,对应了一个字符。

② 二进制文件:又被称为映像文件(image file),这种文件把内存中的数据,按照其在内存中的存储形式原样输出到磁盘上存放。

字符一律以 ASCII 形式存储,数值型数据既可以用 ASCII 形式存储,也可以用二进制形式存储,如图 11.1 所示。

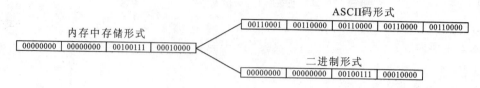

图 11.1　字符的存储形式

用 ASCII 码形式输出时字节与字符一一对应,一个字节代表一个字符,因而便于对字符进行逐个处理,也便于输出字符,但一般占存储空间较多,而且要花费转换时间(二进制形式与 ASCII 码间的转换)。用二进制形式输出数值,可以节省外部存储空间和转换时间,把内存中的存储单元中的内容原封不动地输出到磁盘(或其他外部介质)上,此时每一个字节并不一定代表一个字符。

为了简化用户对输入输出设备的操作,使用户不必去区分各种输入输出设备之间的区别,操作系统把各种设备都统一作为文件来处理。从操作系统的角度看,每一个与主机相连的输入输出设备都看作一个文件。例如,终端键盘是输入文件,显示屏和打印机是输出文件。

计算机中存在非常多的文件,需要使用某种方法将文件区分开来,也就是需要为每个文件设定一个唯一的文件标识,以便用户识别和引用。通常,文件标识包括三部分:文件路径、文件名主干和文件扩展名。其中,文件路径表示文件在外部存储设备中的位置,文件名主干的命名规则遵循标识符的命名规则,文件扩展名用来表示文件的性质。需要注意的是,为方便起见,文件标识常被称为文件名,但应了解此时所称的文件名,实际上包括以上三部分内容,而不仅是文件名主干。

ANSI C 标准采用缓冲文件系统处理数据文件,所谓缓冲文件系统,是指系统自动地在内存区为程序中每一个正在使用的文件开辟一个文件缓冲区,如图 11.2 所示。从内存向磁盘的输出数据必须先送到内存中的缓冲区,装满缓冲区后才一起送到磁盘去。如果从磁盘向计算机读入数据,则一次从磁盘文件将一批数据输入文件缓冲区(充满缓冲区),然后从缓冲区逐个地将数据送到程序数据区(给程序变量)。这样做是为了节省存取时间,提高效率。缓冲区的大小由各个具体的 C 编译系统确定。

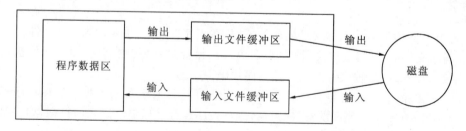

图 11.2　文件输入输出缓冲区示意图

每一个文件在内存中只有一个缓冲区。在向文件输出数据时,它就作为输出缓冲区;在从文件输入数据时,它就作为输入缓冲区。

与缓冲文件系统相对应的是非缓冲文件系统,它是指系统不会自动开辟确定大小的缓冲区,而是由程序为每个文件设定缓冲区。在 ANSI C 中,采用缓冲文件系统。此外,C 语言中没有专门的输入输出语句,对文件的读写都采用库函数来实现。

11.1.2 文件类型指针

缓冲文件系统中,关键的概念是文件类型指针,简称文件指针。每个被使用的文件都在内存中开辟一个相应的文件信息区,用来存放文件的有关信息(如文件的名字、文件状态及文件当前位置等)。这些信息被保存在一个结构体变量中。该结构体类型是由系统声明的,取名为 FILE。

```
typedef struct
{
    short level;                    //缓冲区"满"或"空"的程度
    unsigned flags;                 //文件状态标志
    char fd;                        //文件描述符
    unsigned char hold;             //如缓冲区无内容,则不读取字符
    short bsize;                    //缓冲区的大小
    unsigned char * buffer;         //数据缓冲区的位置
    unsigned char * curp;           //文件位置标记指针当前的指向
    unsigned istemp;                //临时文件指示器
    short token;                    //用于有效性检查
}FILE;
```

利用上面定义的 FILE 数据类型,可以定义 FILE 类型变量,存放文件信息;也可以定义 FILE 类型数组,存放具有相同属性的文件信息。

此外,还可以定义文件类型指针变量,例如:

```
FILE * fp;          //定义一个指向 FILE 类型数据的指针变量
```

可以使 fp 指向某一个文件的文件信息区(是一个结构体变量),通过该文件信息区中的信息就能够访问该文件。也就是说,通过文件指针变量能够找到与它关联的文件。如果有 n 个文件,应设 n 个指针变量,分别指向 n 个 FILE 类型变量,以实现对 n 个文件的访问。为方便起见,通常将这种指向文件信息区的指针变量简称为指向文件的指针变量。例如,图 11.3 中给出了 3 个文件指针的指向位置。指向文件的指针变量并不是指向外部介质上的数据文件的开头,而是指向内存中的文件信息区的开头。

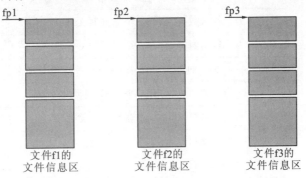

图 11.3　文件的指针变量

11.2　文件的打开与关闭

文件作为一个保存信息的单位,通常是关闭的,如果需要对其进行读写操作,必须首先打开,在访问完成之后,必须将其关闭,本节主要介绍文件的打开与关闭的相关函数。

11.2.1　文件的打开

文件的打开,是指为文件建立存放有关文件信息的信息区和暂时存放输入输出的数据的文件缓冲区。使用 fopen()函数来完成文件的打开。在编写程序时,在打开文件的同时,一般都指定一个指针变量指向该文件,也就是建立起指针变量与文件之间的联系,这样就可以通过该指针变量对文件进行读写。

文件的关闭,是指撤销文件信息区和文件缓冲区,使文件指针变量不再指向该文件,显然就无法对文件进行读写了。使用 fclose()函数来实现文件的关闭。

fopen 函数的一般形式如下:

```
fopen(文件名,文件使用方式);
```

例如:

```
FILE * fp;              //定义一个指向文件的指针变量 fp
fp=fopen("a1","r");     //将 fopen()函数的返回值赋给指针
```

在上面的代码中,"文件使用方式"指明为"r",表示以"读入"方式打开名字为 a1 的文件。打开一个文件时,必须通知编译系统以下 3 个信息:

① 需要打开文件的名字,也就是准备访问的文件的路径及名字。

② 使用文件的方式("读"还是"写"等)。

③ 让哪一个指针变量指向被打开的文件。

表 11.1 给出了文件打开时可以指定的文件使用方式。

表 11.1　文件使用方式列表

文件使用方式	含　义	如果指定的文件不存在
"r"(只读)	为了输入数据,打开一个已存在的文本文件	出错
"w"(只写)	为了输出数据,打开一个文本文件	建立新文件
"a"(追加)	向文本文件尾添加数据	出错
"rb"(只读)	为了输入数据,打开一个二进制文件	出错
"wb"(只写)	为了输出数据,打开一个二进制文件	建立新文件
"ab"(追加)	向二进制文件尾添加数据	出错
"r+"(读写)	为了读和写,打开一个文本文件	出错
"w+"(读写)	为了读和写,建立一个新的文本文件	建立新文件
"a+"(读写)	为了读和写,打开一个文本文件	出错
"rb+"(读写)	为了读和写,打开一个二进制文件	出错

续表 11.1

文件使用方式	含义	如果指定的文件不存在
"wb+"(读写)	为了读和写,建立一个新的二进制文件	建立新文件
"ab+"(读写)	为读写打开一个二进制文件	出错

说明:

① 用"r"方式打开的文件只能用于向计算机输入而不能用作向该文件输出数据,而且该文件应该已经存在,并存有数据,这样程序才能从文件中读数据。不能用"r"方式打开一个并不存在的文件,否则出错。

② 用"w"方式打开的文件只能用于向该文件写数据(即输出文件),而不能用来向计算机输入。如果原来不存在该文件,则在打开文件前新建立一个以指定的名字命名的文件。如果原来已存在一个以该文件名命名的文件,则在打开文件前先将该文件删去,然后重新建立一个新文件。

③ 如果希望向文件末尾添加新的数据(不希望删除原有数据),则应该用"a"方式打开。但此时应保证该文件已存在,否则将得到出错信息。在每个数据文件中自动设置了一个隐式的"文件读写位置标记",它指向的位置就是当前进行读写的位置。如果"文件读写位置标记"在文件开头,则下一次的读写就是文件开头的数据;然后"文件读写位置标记"自动移到下一个读写位置,以便读写下一个数据。以添加方式打开文件时,"文件读写位置标记"移到文件末尾。

④ 用"r+""w+""a+"方式打开的文件既可用来输入数据,也可用来输出数据。

⑤ 如果不能实现"打开"的任务,fopen()函数将会带回一个空指针值 NULL。

打开一个文件的常用方法如下:

```
if((fp=fopen("file1","r"))==NULL)
{
    printf("对不起,文件无法打开\n");
    exit(0);
}
```

⑥ C标准建议用表 11.1 列出的文件使用方式打开文本文件或二进制文件,但目前使用的有些 C 编译系统可能不完全提供所有这些功能,需要注意所用系统的规定。

⑦ 有 12 种文件使用方式,其中有 6 种是在第一个字母后面加了字母 b(如 rb、wb、ab、rb+、wb+、ab+),b 表示二进制方式。其实,带 b 和不带 b 只有一个区别,即对换行的处理。由于 C 语言用一个 \n 即可实现换行,而在 Windows 系统中为实现换行必须用"回车"和"换行"两个字符,即 \r 和 \n。因此,如果使用的是文本文件并且用"w"方式打开,在向文件输出时,遇到换行符 \n 时,系统就把它转换为 \r 和 \n 两个字符,否则在 Windows 系统中查看文件时,各行连成一片,无法阅读。同样,如果有文本文件且用"r"方式打开,从文件读入时,遇到 \r 和 \n 两个连续的字符,就把它们转换为 \n 一个字符。如果使用的是二进制文件,在向文件读写时,不需要这种转换。加 b 表示使用的是二进制文件,系统就不进行转换了。

⑧ 如果用"wb"的文件使用方式,并不意味着在文件输出时把内存中按ASCII形式保存的数据自动转换成二进制形式存储。输出的数据形式是由程序中采用什么读写语句决定

的。例如,fscanf()和 fprintf()函数是按 ASCII 方式进行输入输出,而 fread()和 fwrite()函数是按二进制进行输入/输出的。

⑨ 程序中可以使用 3 个标准的流文件:标准输入流、标准输出流和标准出错输出流。系统已对这 3 个文件指定了与终端的对应关系:标准输入流是从终端的输入,标准输出流是向终端的输出,标准出错输出流是当程序出错时将出错信息发送到终端。程序开始运行时,系统自动打开这 3 个标准流文件。

11.2.2 文件的关闭

用 fclose()函数关闭数据文件,其一般格式如下:

```
fclose(文件指针);
```

例如:

```
fclose(fp);
```

在使用完一个文件后应该关闭它,以防止它被误用。关闭就是撤销文件信息区和文件缓冲区,使文件指针变量不再指向该文件,也就是文件指针变量与文件"脱钩",此后不能再通过该指针对原来与其相联系的文件进行读写操作,除非再次打开,使该指针变量重新指向该文件。

如果不关闭文件就结束程序运行将会丢失数据。因为在向文件写数据时,是先将数据输出到缓冲区,待缓冲区充满后才正式输出给文件。如果当数据未充满缓冲区时程序结束运行,就有可能使缓冲区中的数据丢失。用 fclose()函数关闭文件时,先把缓冲区中的数据输出到磁盘文件,然后才撤销文件信息区。有的编译系统在程序结束前会自动先将缓冲区中的数据写到文件,从而避免了这个问题,但还是应当养成在程序终止之前关闭所有文件的习惯。

在 C 语言中,使用 fclose()函数关闭数据文件,它的一般形式如下:

```
fclose(文件指针);
```

例如:

```
fclose(fp);
```

fclose()函数有一个返回值,如果成功地执行了关闭操作,则返回值为 0;否则,返回EOF(−1)。

11.3 文件的读写

文件打开的目的就是对其进行读写操作,本节主要介绍文件的读写操作。

11.3.1 fgetc()函数及 fputc()函数的使用

fgetc()函数和 fputc()函数用于对文件内的一个字符进行读写操作,表 11.2 给出了它们的使用说明。fgetc()函数的第 1 个字母 f 代表文件(file),中间的 get 表示"获取",最后一个字母 c 表示字符(character),fgetc 的含义很清楚:从文件读取一个字符。fputc 中的 put 表示推入,即将字符推入(写入)文件之中。

表 11.2　读写文件字符的函数

函数名	调用形式	功　能	返回值
fgetc()	fgetc(fp)	从 fp 指向的文件读入一个字符	读成功,带回所读的字符,失败则返回文件结束标志 EOF(即−1)
fputc()	fputc(ch,fp)	把字符 ch 写到文件指针变量 fp 所指向的文件中	输出成功,返回值就是输出的字符;输出失败,则返回 EOF(即−1)

【例 11.1】　从键盘上输入一些字符,并逐个把它们送到磁盘上,直到用户输入一个"♯"为止。

【解题思路】

① 用来存储数据的文件名可以在 fopen()函数中直接写成字符串常量形式 ,也可以在程序运行时由用户临时指定。

② 用 fopen()函数打开一个"只写"的文件("w"表示只能写入不能从中读数据)。若成功,函数返回该文件所建立的信息区的起始地址给文件指针变量 fp;若失败,则显示"无法打开此文件",用 exit()函数终止程序运行,此函数在 stdlib. h 头文件中。

③ 用 getchar()函数接收用户从键盘输入的字符。注意,每次只能接收一个字符。

【编写程序】

```
# include <stdio. h>
# include <stdlib. h>
int main()
{
  FILE ∗fp;                    //定义文件指针 fp
  char ch,filename[10];
  printf("请输入所用的文件名：");
  scanf("%s",filename);      //输入文件名
  getchar();//用来消化最后输入的回车符
  if((fp = fopen(filename,"w"))== NULL)   //打开输出文件并使 fp 指向此文件
  {
    printf("cannot open file\n");     //如果打开出错就输出"cannot open file"
    exit(0);                          //终止程序
  }
  printf("请输入一个准备存储到磁盘的字符串(以♯结束)：");
  ch = getchar();                     //接收从键盘上输入的第一个字符
  while(ch ! = '♯')                   //当输入"♯"时结束循环
```

```
    {
        fputc(ch,fp);//向磁盘文件输出一个字符
        putchar(ch);//将输出的字符显示在屏幕上
        ch = getchar();//接收从键盘上输入的一个字符
    }
    fclose(fp);//关闭文件
    putchar(10);//向屏幕输出一个换行符
    return 0;
}
```

【运行结果】

运行时输入文件名 file1.dat,并输入若干个文本,运行结果如下:

请输入所用的文件名:file1.dat
请输入一个准备存储到磁盘的字符串(以 # 结束):China is a country with a long history. #
China is a country with a long history.

在计算机的资源管理器中打开工程所在的文件夹,可以看到已经创建了一个名为"file1.dat"的文件,用记事本打开后,可看到如图 11.4 所示的效果。

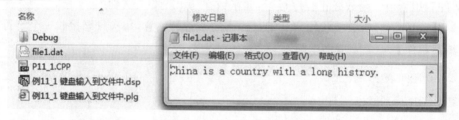

图 11.4　读写文件字符的函数

【例 11.2】 将一个磁盘文件中的信息复制到另一个磁盘文件中。要求将上例建立的 file1.dat 文件中的内容复制到另一个磁盘文件 file2.dat 中。

【解题思路】

① 当读取磁盘文件时,采用的是逐个字符进行的方式,那么要确定当前读写的位置是在哪里时,就需要使用文件读写位置标记来确定。文件读写位置标记会根据读写的进度,从第 1 个字节开始,逐渐指向后续的字节,也就是它会自动向后移动。

② 为了知道对文件的读写是否完成,只需看文件读写位置是否移到文件的末尾。

【编写程序】

```
# include <stdio.h>
# include <stdlib.h>
int main()
{
    FILE * in, * out;                    //定义指向FILE类型的指针变量
    //定义 2 个字符数组,分别存放 2 个数据文件名
```

```
char ch,infile[10],outfile[10];
printf("输入读入文件的名字:");
scanf("%s",infile);                    //输入一个输入文件的名字
printf("输入输出文件的名字:");
scanf("%s",outfile);                   //输入一个输出文件的名字
if((in = fopen(infile,"r"))== NULL) //打开输入文件
{
    printf("无法打开此文件\n");
    exit(0);
}
if((out = fopen(outfile,"w"))== NULL)  //打开输出文件
{
    printf("无法打开此文件\n");
    exit(0);
}
ch = fgetc(in);              //从输入文件读入一个字符,赋给变量 ch
while(! feof(in))            //如果未遇到输入文件的结束标志
{
    fputc(ch,out);           //将 ch 写到输出文件
    putchar(ch);             //将 ch 显示到显示器上
    ch=fgetc(in);            //再从输入文件读入一个字符,赋给变量 ch
}
putchar(10);                 //显示完全部字符后换行
fclose(in);                  //关闭输入文件
fclose(out);                 //关闭输出文件
return 0;
}
```

【运行结果】

读入文件的名字:file1.dat
输入输出文件的名字:file2.dat
China is a country with a long history.

11.3.2 fgets()函数及 fputs()函数的使用

fgets()函数及 fputs()函数用于对文件的字符串进行读写操作,表 11.3 给出了它们的使用方法。fgets()函数中最后一个字母 s 表示字符串(string),即从文件读取一个字符串。

表 11.3 读写文件字符串的函数

函数名	调用形式	功 能	返回值
fgets()	fgets(str,n,fp)	从 fp 指向的文件读入一个长度为(n-1)的字符串,存放到字符数组 str 中	读成功,返回地址 str,失败则返回 NULL

函数名	调用形式	功　能	返回值
fputs()	fputs(str,fp)	把 str 所指向的字符串写到文件指针变量 fp 所指向的文件中	输出成功,返回 0;否则返回非 0 值

fgets()函数的函数原型如下:

```
char * fgets(char * str,int n,FILE * fp);
```

其作用是从文件读入一个字符串。

例如:

```
fgets(str,n,fp);
```

其中,n 是要求得到的字符个数,但实际上只从 fp 所指向的文件中读入 n−1 个字符,然后在最后加一个"\0"字符,这样得到的字符串共有 n 个字符,把它们放到字符数组 str 中。如果在读完 n−1 个字符之前遇到换行符"\n"或文件结束符 EOF,读入即结束,但将所遇到的换行符"\n"也作为一个字符读入。若执行 fgets()函数成功,则返回值为 str 数组首元素的地址,如果一开始就遇到文件尾或读数据出错,则返回 NULL。

fputs()函数的函数原型如下:

```
int fputs(char * str,FILE * fp);
```

其作用是将 str 所指向的字符串输出到 fp 所指向的文件中。

例如:

```
fputs("China",fp);
```

把字符串"China"输出到 fp 指向的文件中。fputs 函数中第一个参数可以是字符串常量、字符数组名或字符型指针。字符串末尾的\0不输出。若输出成功,函数值为 0;失败时,函数值为 EOF(即−1)。

fgets 和 fgets 这两个函数的功能类似于 gets 和 puts 函数,只是 gets 和 puts 以终端为读写对象,而 fgets 和 fputs 函数以指定的文件作为读写对象。

【例 11.3】　从键盘读入若干个字符串,对它们按字母大小的顺序排序,然后把排好序的字符串送到磁盘文件中保存。

【编写程序】

```
# include <stdio.h>
# include <stdlib.h>
# include <string.h>
int main()
{
    FILE * fp;
    //str 是用来存放字符串的二维数组,temp 是临时数组
    char str[3][20],temp[20];
```

```
    int i,j,k,n=3;
    printf("请输入 3 行字符串:\n");          //提示输入字符串
    for(i=0;i<n;i++)
    gets(str[i]);                        //输入字符串
    for(i=0;i<n-1;i++)                    //用选择法对字符串排序
    {
      k=i;
      for(j=i+1;j<n;j++)
      {
        if(strcmp(str[k],str[j])>0)
          k=j;
      }
      if(k ! = i)
      {
        strcpy(temp,str[i]);
        strcpy(str[i],str[k]);
        strcpy(str[k],temp);
      }
    }
    //打开磁盘文件,\'为转义字符的标志,因此在字符串中要表示\'用\\'
    if((fp = fopen("string.dat","w+"))== NULL)
    {
        printf("对不起,文件 string.dat 无法打开! \n");
        exit(0);
    }
    printf("\n 新的字符串序列为:\n");
    for(i=0;i<n;i++)
    {
        fputs(str[i],fp);
        fputs("\n",fp);
        //向磁盘文件写一个字符串,然后输出一个换行符
        printf("%s\n",str[i]);            //在屏幕上显示
    }
    return 0;
}
```

【运行结果】

请输入 3 行字符串:
Chinese
Socialist

```
Republic
```

新的字符串序列为：
```
Chinese
Republic
Socialist
```

string.dat 文件的内容如图 11.5 所示。

图 11.5　读写文件字符的函数

11.3.3　fread()函数及 fwrite()函数的使用

前面两小节介绍了对文件进行字符及字符串的读写操作函数,C 语言还可以使用 fread()函数从文件中读一个数据块,使用 fwrite()函数向文件写一个数据块。在读写时是以二进制形式进行的。在向磁盘写数据时,直接将内存中一组数据原封不动、不加转换地复制到磁盘文件上,在读入时也是将磁盘文件中若干字节的内容整体读入内存。

fread()函数及 fwrite()函数的一般调用方法如下:

```
fread(buffer,size,count,fp);
fwrite(buffer,size,count,fp);
```

其中,buffer 是一个地址。对 fread()函数来说,它用来存放从文件读入的数据的存储区的起始地址。对 fwrite()函数来说,用于把此地址开始的存储区中的数据向文件输出。

size 为要读写的字节数。Count 为要读写多少个数据项(每个数据项长度为 size)。

例如:

```
float f[10];
fread(f,4,10,fp);
```

这里从 fp 所指向的文件读入 10 个 4 个字节的数据,存储到数组 f 中。

【例 11.4】　从键盘输入 10 个学生的有关数据,然后把它们转存到磁盘文件上去。

【编写程序】

```
#include <stdio.h>
#define SIZE 10
typedef struct              //学生信息结构体
{
    char name[10];
    int num;
    int age;
```

```
      char addr[15];
}Student;
void save(Student stud[])//函数 save 向文件输出 SIZE 个学生的数据
{
    FILE *fp;
    int i;
    if((fp = fopen("stu.dat","wb+"))== NULL)   //打开输出文件 stu.dat
    {
        printf("打开文件失败,程序退出\n");
        return;
    }
    for(i=0;i<SIZE;i++)
        if(fwrite(&stud[i],sizeof(Student),1,fp)!= 1)
            printf("文件写入失败\n");
    fclose(fp);
}
int main()
{
    int i;
    Student stud[SIZE];
    printf("Please enter data of students:\n");
    for(i=0;i<SIZE;i++)
    {
        //输入 SIZE 个学生的数据,存放在数组 stud 中
        scanf("%s%d%d%s",stud[i].name,&stud[i].num,&stud[i].age,stud[i].
        addr);
    }
    save(stud);
    return 0;
}
```

▶ 11.3.4　fprintf()函数及 fscanf()函数的使用

可以使用 printf 向屏幕输出信息,也可以使用 scanf 从键盘获得输入。格式化输入输出 fprintf()函数和 fscanf()函数的作用与 printf 和 scanf 类似,所不同的是,它们读写的对象不是终端,而是文件。它们的一般调用方式如下:

```
fprintf(文件指针,格式字符串,输出表列);
fscanf(文件指针,格式字符串,输出表列);
```

例如:

```
fprintf(fp,"%d,%6.2f",i,f);
```

该语句将 int 型变量 i 和 float 型变量 f 的值，按%d 和%6.2f 的格式输出到 fp 指向的文件中。

再如：

```
fscanf(fp,"%d,%f",&i,&f);
```

该语句表示磁盘文件上如果有字符"3,4.5"，则从中读取整数 3 送给整型变量 i，读取实数 4.5 送给 float 型变量 f。

fprintf()函数和 fscanf()函数采用 ASCII 码的形式读写数据，而在文件中通常采用二进制的方式存储数据，因此，它们在完成读写的时候，必须进行 ASCII 码与二进制数据的转换，会加大开销。对于在与磁盘需要进行频繁操作的情况下，最好使用 fread()函数及 fwrite()函数来代替 fprintf()函数和 fscanf()函数。

【例 11.5】 要求使用 fprintf()函数和 fscanf()函数，读取文件 data.dat 的内容，然后写入文件 ttt.txt 中。

【编写程序】

```
#include <stdio.h>
#include <stdlib.h>int main()
{
  FILE *fp1,*fp2;
  int i;
  float f;
  if((fp1=fopen("data.dat","r"))==NULL)
  {
    printf("打开文件出错,程序将退出!\n");
    exit(-1);
  }
  if((fp2=fopen("ttt.txt","w+"))==NULL)
  {
    printf("打开文件出错,程序将退出!\n");
    exit(-1);
  }
  fscanf(fp1,"%d,%f",&i,&f);        //从文件中读取,注意用逗号隔开
  printf("i=%d,f=%f\n",i,f);        //输出到屏幕上
  fprintf(fp2,"%d,%f",i,f);         //输出到文件中
  putchar('\n');
  fclose(fp1);
  fclose(fp2);
  return 0;
}
```

11.3.5 其他读写函数的使用

1. putw()函数及 getw()函数

在 C 语言中,大部分的操作都以字节为单位,但有的时候也会以字为单位进行操作。因此,大多数的 C 语言编译器都提供可以基于字进行读写操作的函数:putw()函数及 getw()函数。

例如:

```
putw(20,f);
```

它的作用是将整数 20 写入 f 所指向的文件。

再如:

```
A = getw(f);
```

它的作用是从 f 所指向的文件中读取一个整数到变量 i 所指向的内存中。

如果有的 C 语言编译器不支持 putw()函数及 getw()函数,而在实际使用中又需要进行基于字的操作,则可以使用 putc()函数及 getc()函数来自行实现与 putw()函数及 getw()函数一样的功能。要实现这一功能,主要是通过指针实现对 2 个字节的连续读写操作。

2. fgets()函数及 fputs()函数

与 gets()函数和 puts()函数可以进行字符串的操作类似,fgets()函数及 fputs()函数多了一个"f",表示它们可以对文件进行字符串的读写操作。fgets()函数的一般形式如下:

```
fgets(str,n,f);
```

它的作用是从 f 指向的文件中读取由 n 个字符组成的字符串,并保存到 str 所指向的存储空间。需要注意的是,实际读到的字节数并不是 n,而是 n-1,因为第 n 个空间会存放"\0",用于表示字符串的结束。此外,如果在读取到 n-1 个字符之前,遇到了文件结束符 EOF 或者换行符,则整个读取结束。

fputs()函数的一般形式如下:

```
fputs(str,f);
```

它的作用是将 str 所指向的字符串写入 f 所指向的文件。该函数的第一个参数可以是字符串常量、字符串指针或字符数组名等。字符串末尾的字符"\0"不会被输入文件中。该函数操作成功,在返回 0;操作失败,则返回 EOF。

一般来说,C 语言操作文件时,需要注意以下问题:

(1)数据的存储方式

文本方式:数据以字符方式(ASCII 代码)存储到文件中。如整数 12,送到文件时占 2 个字节,而不是 4 个字节。以文本方式保存的数据便于阅读。

二进制方式:数据按在内存的存储状态原封不动地复制到文件。如整数 12,送到文件时和在内存中一样占 4 个字节。

(2)文件的分类

文本文件(ASCII 文件):文件中全部为 ASCII 字符。

二进制文件:按二进制方式把在内存中的数据复制到文件的文件称为二进制文件,即映像文件。

（3）文件的打开方式

文本方式：不带 b 的方式，读写文件时对换行符进行转换。

二进制方式：带 b 的方式，读写文件时对换行符不进行转换。

（4）文件读写函数

文本读写函数：用来向文本文件读写字符数据的函数［如 fgetc( )、fgets( )、fscanf( )等］。

二进制读写函数：用来向二进制文件读写二进制数据的函数［如 getw( )、fread( )、fwrite( )等］。

11.4 文件的定位

文件保存了较多的信息，对文件的读写必须首先明确读写的起始位置，也就是需要对文件读写位置进行定位，这通常是由一个位置指针来完成的。本节介绍文件定位的相关概念及操作函数。

11.4.1 基本概念

前面介绍的文件操作，是按照顺序读写的方式来进行的，无法对文件中随意位置的数据进行读写，也就是无法对文件进行随机访问。要实现文件的随机访问，C 语言中使用文件读写位置标记，简称为文件位置标记或文件标记，它表示接下来要读写的下一个字符的位置。

默认情况下，文件读写采用顺序读写的方式，也就是当文件打开的时候，文件位置标记指向文件头，当进行读写 1 个字符操作的时候，会对第 1 个字符进行操作，然后文件位置标记会后移一个位置，下一次读写的时候，则从这个新的位置开始，以此类推，直到遇到了文件尾，就无法再进行读写了，文件位置标记指向最后一个数据之后。通常使用 BOF 表示文件头，它代表文件位置标记指向文件第一个数据之前；使用 EOF 表示文件尾，它代表文件位置标记指向文件最后一个数据之后。它们之间的关系如图 11.6 所示。

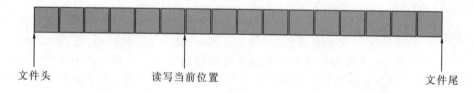

文件头 读写当前位置 文件尾

图 11.6　文件位置标记示意图

文件位置标记可以指示文件下一个要读写的字符起始位置，因此，若文件位置标记是按照顺序从 BOF 向 EOF 递增，则属于顺序读写。如果能够通过某种方式，在每次读写完成之后，可任意修改文件位置标记，从而使得下一次的读写位置不再按照顺序下移，而是跳转到程序所需位置，则就形成了所谓的随机读写。

11.4.2 rewind( )函数的使用

rewind( )函数可以将处于任意位置的文件位置标记返回到文件的开头位置，其函数原型如下：

```
rewind(文件指针);
```

这个函数没有返回值,其入口参数为指向需要操作的文件指针。

【例 11.6】 要求对文件 file1.dat 进行以下操作:首先将其全部内容输出到屏幕,然后把同该文件的内容全部复制到另外一个文件 file2.dat。

【编写程序】

```
#include <stdio.h>
int main()
{
  char ch;
  FILE *fp1, *fp2;
  fp1=fopen("file1.dat","r");          //打开输入文件
  fp2=fopen("file2.dat","w");          //打开输出文件
  ch=getc(fp1);                        //从 file1.dat 文件读入第一个字符
  while(! feof(fp1))                   //若未读取文件尾标志
  {
    putchar(ch);                       //在屏幕上输出一个字符
    ch=getc(fp1);                      //再从 file1.dat 文件读入一个字符
  }
  putchar(10);                         //在屏幕执行换行
  rewind(fp1);                         //使文件位置标记返回文件开头
  ch=getc(fp1);                        //从 file1.dat 文件读入第一个字符
  while(! feof(fp1))                   //若未读取文件尾标志
  {
    fputc(ch,fp2);                     //向 file2.dat 文件输出一个字符
    ch=fgetc(fp1);                     //再从 file1.dat 文件读入一个字符
  }
  fclose(fp1);
  fclose(fp2);
  return 0;
}
```

11.4.3　fseek()函数的使用

rewind()函数只能将文件位置标记调整到文件开头,而 fseek()函数则可以根据需要随意改变文件位置标记。fseek()函数一般用于二进制文件,它的函数原型如下:

fseek(文件类型指针,位移量,起始点);

其中,起始点可以用 0、1 或 2 代替,0 代表文件开始位置,1 为当前位置,2 为文件末尾位置。位移量是指以起始点为基点,向前移动的字节数。

例如:

```
fseek(fp,100L,0);        //将文件位置标记向前移到离文件开头 100 个字节处
fseek(fp,50L,1);         //将文件位置标记向前移到离当前位置 50 个字节处
fseek(fp,−10L,2);        //将文件位置标记从文件末尾处向后退 10 个字节
```

【例 11.7】 要求将保持在文件 stu. dat 中的部分学生数据在屏幕上显示出来,这些学生信息分别对应了文件中存放的顺序 1、3、5、7、9。

【编写程序】

```
#include <stdio.h>
#include <stdlib.h>
struct Student_type              //学生数据类型
{
  char name[10];
  int num;
  int age;
  char addr[15];
}stud[10];
int main()
{
  int i;
  FILE * fp;
  if((fp=fopen("stu.dat","rb"))== NULL)      //以只读方式打开二进制文件
  {
    printf("打开文件失败\n");
    exit(0);
  }
  for(i=0;i<10;i+=2)
  {
    fseek(fp,i * sizeof(struct Student_type),0);        //移动文件位置标记
    //读一个数据块到结构体变量
    fread(&stud[i],sizeof(struct Student_type),1,fp);
    printf("% −10s % 4d % 4d % −15s\n",stud[i].name,stud[i].num,stud[i].
    age,stud[i].addr);
    //在屏幕输出
  }
  fclose(fp);
  return 0;
}
```

11.4.4 ftell()函数的使用

ftell()函数的作用是测定流式文件中文件位置标记的当前位置,用相对于文件开头的

位移量来表示。如果调用函数时出错（如不存在 fp 指向的文件），ftell（）函数返回值为 −1L。

例如：

```
i＝ftell(fp);                        //变量 i 存放文件当前位置
if(i ＝＝ −1L)  printf("error\n");   //如果调用函数时出错,输出"error"
```

11.5　文件的出错检测

C 语言提供了一些可以用于检查文件操作出错的函数,本节将简要介绍这些函数。

▶ 11.5.1　ferror()函数的使用

ferror（）函数用于在完成各种文件函数[如 putc（）、getc（）、fread（）、fwrite（）等]调用之后,进行文件操作是否出错的监测。它的函数原型如下：

```
ferror(fp);
```

如果 ferror 返回值为 0（假）,则表示未出错;如果返回一个非零值,则表示出错。在执行 fopen（）函数时,ferror（）函数的初始值自动置为 0。

对同一个文件每一次调用文件操作函数,都会产生一个新的 ferror（）函数的值。因此,应当在调用完一个文件操作函数之后,立即检查 ferror（）函数的值,否则完成下一次文件操作后,前一个 ferror（）函数的信息将会丢失。

▶ 11.5.2　clearerr()函数的使用

clearerr（）函数的作用是清除文件出错标志和文件结束标志。它通常用在文件访问操作函数出错时,实现将 ferrot 值变成 0,以便再进行下一次监测。如果未见读写出错标志有效,它就将被一直保存,直到同一文件执行了 clearerr（）函数或 rewind（）函数,或任何其他文件访问函数。

11.6　文件操作小结

在 C 语言中,文件的操作涉及较多的函数,为了读者能够较好地掌握这些函数的功能,表 11.4 列出了这些函数的分类、名称及功能,以便使用时快速查看。

表 11.4　文件操作主要函数列表

分　类	函数名	功　　能
打开文件	fopen()	打开文件
关闭文件	fclose()	关闭文件
文件定位	fseek()	改变文件位置指针的位置
	Rewind()	使文件位置指针重新置于文件开头
	Ftell()	返回文件位置指针的当前值

续表 11.4

分类	函数名	功能
文件状态	feof()	若到文件末尾,函数值为真
	Ferror()	若对文件操作出错,函数值为真
	clearerr()	使 ferror 和 feof()函数值置零
文件读写	fgetc(),getc()	从指定文件取得一个字符
	fputc(),putc()	把字符输出到指定文件
	fgets()	从指定文件读取字符串
	fputs()	把字符串输出到指定文件
	getw()	从指定文件读取一个字(int 型)
	putw()	把一个字输出到指定文件
	fread()	从指定文件中读取数据项
	fwrite()	把数据项写到指定文件中
	fscanf()	从指定文件按格式输入数据
	fprintf()	按指定格式将数据写到指定文件中

练习题

一、选择题

1. 系统的标准输入文件是指(　　　)。

　A. 键盘 　　　　B. 显示器 　　　　C. 软盘 　　　　D. 硬盘

2. 若执行 fopen()函数时发生错误,则函数的返回值是(　　　)。

　A. 地址值 　　　B. 0 　　　　　　C. 1 　　　　　　D. EOF

3. 若要用 fopen()函数打开一个新的二进制文件,该文件要既能读也能写,则文件方式字符串应是(　　　)。

　A. "ab+" 　　　B. "wb+" 　　　C. "rb+" 　　　D. "ab"

4. fscanf()函数的正确调用形式是(　　　)。

　A. fscanf(fp,格式字符串,输出表列)

　B. fscanf(格式字符串,输出表列,fp);

　C. fscanf(格式字符串,文件指针,输出表列);

　D. fscanf(文件指针,格式字符串,输入表列);

5. fgetc()函数的作用是从指定文件读入一个字符,该文件的打开方式必须是(　　　)。

　A. 只写 　　　　B. 追加 　　　　C. 读或读写 　　D. 答案 B、C 都正确

6. 函数调用语句"fseek(fp,-20L,2);"的含义是(　　　)。

　A. 将文件位置指针移到距离文件头 20 个字节处

B. 将文件位置指针从当前位置向后移动 20 个字节

C. 将文件位置指针从文件末尾处后退 20 个字节

D. 将文件位置指针移到离当前位置 20 个字节处

7. 利用 fseek()函数可实现的操作(　　)。

A. fseek(文件类型指针,起始点,位移量);

B. fseek(fp,位移量,起始点);

C. fseek(位移量,起始点,fp);

D. fseek(起始点,位移量,文件类型指针);

8. 在 C 语言中,缓冲文件系统是指(　　)。

A. 缓冲区是由用户自己申请的

B. 缓冲区是由系统自动建立的

C. 缓冲区是存放复杂程序代码的空间

D. 缓冲区是在外部存储介质上开辟的

9. 如果要打开 C:盘下的 pro 文件夹下的名为 f1.dat 的二进制文件用于读取和追加写入,则正确的是(　　)。

A. fopen("C:\pro\f1.dat","r+w");

B. fopen("C:\pro\f1.dat","ab+");

C. fopen("C:\\pro\\f1.dat","r+w");

D. fopen("C:\\pro\\f1.dat","ab+");

10. 设文件 file.txt 已存在,则下列程序段的功能是(　　)。

```
FILE * fp1＝fopen("file.txt","r");
while(! feof(fp1))
putchar(getc(fp1));
```

A. 将文件 file.txt 的内容输出到文件　　　B. 将文件 file.txt 的内容输出到屏幕

C. 将文件 file.txt 的第一个字符输出到屏幕　　D. 程序有错

11. 设文件 stu1.dat 已存在,则以下代码的功能是(　　)。

```
FILE * fp1, * fp2;
fp1＝fopen("stu1.dat","r");
fp2＝fopen("stu2.txt","w+");
while(!feof(fp1))
putc(getc(fp1),fp2);
```

A. 读取两个文件内容

B. 屏幕输出 stu1.dat 的内容

C. 将文件 stu1.dat 的内容复制到文件 stu2.txt 中

D. 将文件 stu2.txt 的内容复制到文件 stu1.dat 中

12. 下列程序代码段的主要功能是(　　)。

```
FILE * fp;
long cnt＝0;
```

```
fp=foep("file.txt","r");
while(!feopf(fp))
{
    fgetc(fp);
    cnt++;
}
printf("cnt=%d",cnt);
fclose(fp);
```

A. 读取文件中的字符　　　　　　　　B. 统计文件中的字符数并输出

C. 打开文件并输出　　　　　　　　　D. 统计单词个数

二、编程题

1. 编写一个程序,从键盘上输入 10 个整数,将其保存到文件 file1.txt 中。

2. 在上一题的基础上,从 file1.txt 中读取出所有的整数,排序后写到 file2.txt 文件中。

3. 已知在文件 file1.txt 中存放了 100 个 3 位数的整数,写一个程序,将这些数全部读取出来,并转换成二进制数,并将二进制数(字符)写到文件 file2.txt 中。

第12章　编译预处理

本章主要内容：

① 编译预处理的概念与作用。

② 宏定义及使用方法。

③ 文件包含的概念及使用方法。

④ 条件编译的概念及使用方法。

⑤ 编译预处理的使用技巧。

12.1　编译预处理的基本概念

本节主要介绍编译预处理的基本概念及作用，对涉及的编译预处理指令进行简要介绍，以便读者能够在深入学习编译预处理之前，对其有全面了解。

12.1.1　编译预处理的作用

在第2章介绍C语言程序编译过程中，已经提到了编译预处理，它位于程序编译连接之前。程序编译实际上是将依据C语言语法编写的程序，"翻译"成能够被计算机识别的机器语言程序的过程。这个过程类似于将英文文档翻译成中文的过程。在翻译过程中，需要先将英文缩写扩展成其完整的单词。如对于缩写"CPU"，理论上讲，只要是以"C""P""U"开头的单词组成的特有词组，都可以缩写为"CPU"，那么在翻译的时候，就必须先根据实际情况，扩展这个缩写为其完整的单词，然后才能进行翻译，否则无法准确翻译。与此类似，编译预处理就是在实现程序编译之前，将宏定义、所包含的文件预先进行"替换"或"引入"，使程序变得完整、含义清楚，以便编译器完成"翻译"成机器语言程序的工作。

12.1.2　编译预处理指令简介

虽然ANSI C规定了预处理指令（Preprocessor Directives），但严格来说，预处理指令不属于C语言的组成部分，编译器是无法直接将其编译的，使用它们的目的主要是提高程序的阅读性及编程效率。因此，读者应将预处理指令和C语句区分开来。需要注意的是，拥有预处理指令及预处理能力，是C语言区别于其他高级语言的一个重要特征。

编译预处理指令均以"＃"开头，结束处不加分号，以此与C语句加以区分。它们可以放在程序任何需要的位置，作用域为出现点到程序的末尾。预编译指令可以分为3类：

① 宏定义：＃define、＃undef，用于给一串字符赋予一个有意义的名字。

② 文件包含：＃include，用于引入头文件等文件到程序源文件中，可实现代码复用。

③ 条件编译：＃if、＃ifdef、＃ifndef、＃else、＃endif，用于设定编译器编译代码的选择开关。

12.2 宏定义

本节主要介绍宏定义的概念及作用、宏定义的形式、宏定义与函数的区别、宏定义的使用方法及应用技巧等。

12.2.1 宏定义的引入

在编写程序的时候,可能会遇到这样的情况,就是需要在程序的多个地方使用相同的字符串。当程序编写完成进行调试时,如果需要修改这些字符串,那么就需要修改程序中每一处使用了该字符串的地方。当代码较长时,很容易遗漏一些地方,这样就会导致程序运行错误。那么可以用什么更方便的办法呢?宏定义就是一个简便的方法。

宏定义的作用在于使用一个标识符(即宏名)来代替一个字符串,只需要预先定义好宏名与具体字符串之间的对应关系,在程序中所有需要使用这个字符串的地方,均用宏名代替字符串;当需要修改的时候,仅修改宏定义就可以了;这样既可以减少重复书写量,也方便调试的时候修改。

12.2.2 不带参数的宏定义

不带参数宏定义的一般形式如下:

```
#define 标识符 字符串
```

标识符为符号常量,字符串的组成可以是字母、符号或数字等。

宏定义实现了使用一个简单的名字代替一个长的字符串的功能,这个简单的名字被称为宏名。在编译预处理的时候,宏名将被替换回其所定义的字符串,这个过程被称为宏展开。

宏的使用说明如下:

① 推荐宏名使用大写字母表示。这是为了让宏名与变量名加以区别,但这个不是强制规定。

② 宏定义仅完成宏名对字符串的替代,以简化字符串的书写,方便记忆和使用。在使用过程中,无论所替代的字符串是由字母、符号还是由数字组成的,均被看作字符,在做宏展开处理时,都将"原封不动"地被替换,不做任何计算或正确性检查。

③ 宏定义后面不能有分号。如果在宏定义后面加上了分号,则分号也会当成字符串的一部分。例如:

```
#define PI 3.14159;
circle_area = PI * radius * radius;
```

宏展开后为

```
circle_area = 3.14159; * radius * radius;
```

这样就存在语法错误了。

④ 宏定义的作用域。可以在程序的任何位置定义宏,其作用域为从定义点开始到文件的最后末尾。通常,将宏定义写到文件的最开始,或写到头文件中,再在源文件中使用文件包含引用该头文件。

⑤ 使用♯undef 终止宏定义作用域。

一般形式如下：

```
♯undef 宏名
```

宏定义之后开始起作用,在遇到了与之对应的♯undef 后终止作用。

⑥ 宏定义可以递归使用,也就是可以在定义新的宏时,使用已经定义过的宏,在进行宏展开时,将逐层替换,直到其值不再是一个宏为止。例如：

```
♯define R 3.0
♯define PI 3.1415926
♯define L 2 * PI * R          /*宏体是表达式*/
♯define S PI * R * R
void main()
{
    printf("L=%f\nS=%f\n",L,S);/*2*PI*R替换L,PI*R*R替换S*/
}
```

程序运行结果如下：

```
L=18.849556
```

【例 12.1】 不带参数宏定义的使用实例。

【编写程序】

```
♯include <stdio.h>
♯define PI 3.1415926
void main()
{
    float perimeter,area,radius;
    printf("请输入圆的半径:");
    scanf("%f",& radius);
    perimeter= 2.0 * PI * radius;
    area= PI * radius * radius;
    printf("perimeter = %f\n area = %f\n ",perimeter,area);
}
```

【运行结果】

```
请输入圆的半径:5↙
perimeter=25.1327
area=50.2655
```

12.2.3 带参数的宏定义

带参数宏定义的一般形式如下：

```
♯define 宏名(参数表)   字符串
```

注意,字符串中应当包含参数表中的参数。例如,有下面的定义:

> ♯define F(a,b)＝ a ＊ b

则该宏使用方法为 rectangle_area ＝ F(5,6);

在编译预处理时,宏展开为 rectangle_area ＝ 5 ＊ 6;

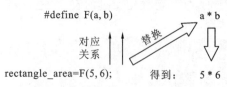

图 12.1 带参数宏的展开过程

因此,带参数的宏展开的置换方法是按照从左往右的方式,使用实参表[如 F(5,6)中的"5"和"6"]与形参表(如上例中的 a 和 b)建立对应关系,然后用这些实参代替字符串中的形参,而非形参字符将保留,其过程如图 12.1 所示。

带参数宏的使用说明:

① 带参数的宏展开不会进行运算,仅是将宏名后的括号内的实参代替♯define 定义时指定的形参。

② 在宏定义时,宏名和参数表外的括号之间不得有空格。如果使用了空格,则这个宏定义会被系统看成不带参数的宏定义,也就是将空格后面的所有字符看成是宏定义中的字符串。比如下面的宏定义:

> ♯define F (a,b)＝ a ＊ b

这里宏名为"F",字符串为"(a,b)＝ a ＊ b",如果程序中采用下面的方法使用宏:

> rectangle_area ＝ F(5,6);

则被宏展开之后,得到错误的结果:

> rectangle_area ＝(a,b)＝ a ＊ b(5,6);

【例 12.2】 带参数宏的使用实例。

【编写程序】

```c
♯include <stdio.h>
♯define PI 3.1415926
♯define S(r)PI ＊ r ＊ r
void main()
{
  float radius,area;
  radius ＝3.2;
  area＝S(radius);
  printf("radius ＝ ％ f\narea ＝ ％ f\n",radius,area);
}
```

【运行结果】

```
radius ＝3.200000
area ＝32.169908
```

12.2.4 带参数宏定义与函数的区别

带参数的宏与函数之间存在一定的类似性,比如都有使用形参定义、实参替代使用的特点,但两者之间是完全不同的,主要体现在以下几个方面:

① 处理时间不同。宏定义在编译预处理期间处理,占用编译时间,不占用运行时间;而函数是在编译期间处理的,在程序运行时被执行,占用运行时间。宏定义的展开没有调用开销,而函数则有较大的调用开销。

② 参数处理方式不同。带参数宏对于参数,仅完成字符的替换;函数则需要在调用的时候,先求出实参表达式的值,然后才代入形参之中。宏定义在编译之前就处理完成了,不会为参数分配内存单元,而函数是在程序运行时处理的,这样就会为参数分配临时内存单元。

③ 参数类型检查不同。对于函数来说,调用时提供的实参类型应与形参的类型一致,如果不一致,编译器将会报错;但对于宏来说,由于其本质是字符串的替换,故其参数就不存在类型的问题,仅是一个符号代表。例如:

```
#define VAR China
#define VAR 4.6
```

这两个宏定义均正确,不需要区别是字符还是数字,都当成字符串,宏展开式,只要遇到了"VAR",就使用"China"或"4.6"去替代。

④ 返回值不同。调用函数可以得到一个规定类型的返回值,而宏的时候不存在返回值,但可以实现同时获得多个结果。

【例12.3】 利用宏获得多个结果的实例。

【编写程序】

```
#include <stdio.h>
#define PI 3.1415926
#define CIRCLE(R,L,S,V)  L=2*PI*R;S=PI*R*R;V=4.0/3.0*PI*R*R*R
int main()
{
  float r,l,s,v;
  printf("请输入半径值:");
  scanf("%f",&r);
  CIRCLE(r,l,s,v);
  printf("r=%6.2f,l=%6.2f,s=%6.2f,v=%6.2f\n",r,l,s,v);
  return 0;
}
```

【运行结果】

```
请输入半径值:4.5↙
r=4.50,l=28.27,s=63.62,v=381.70
```

在该实例中,完成宏展开之后的 main() 函数如下:

```
int main()
{
  float r,l,s,v;
  printf("请输入半径值:");
  scanf("%f",&r);
  l=2*3.1415926*r;s=3.1415926*r*r;v=4.0/3.0*3.1415926*r*r*r
  printf("r=%6.2f,l=%6.2f,s=%6.2f,v=%6.2f\n",r,l,s,v);
  return 0;
}
```

可以看出,在完成宏展开之后,CIRCLE(r,l,s,v)中的实参 r、l、s、v,代替了宏定义所使用的 R、L、S、V,通过一次性替代,获得 3 个结果。

表 12.1 给出了带参数宏和函数的优缺点比较。

表 12.1　带参数宏和函数的优缺点比较

	带参数宏	函　数
优点	无调用开销;预处理阶段完成,不占用编译时间及运行时间;可一次性获得多个结果	编译时会对参数类型进行检查
缺点	无类型检查,多次宏展开后,会增加代码长度;如果定义宏时,参数没有正确处理号,可能产生错误结果,且较难发现	参数需要占用存储单元,函数调用时需要压栈、出栈等操作,系统开销较大,运行效率没有宏高

▶ 12.2.5　宏定义的应用技巧

在实际使用中,宏定义使用较为广泛,特别是给字符串或常量指定有意义的名称,以提高代码的阅读性,以及实现代码的方便修改。本小节介绍实际使用宏时会用到的一些技巧。

1. ♯define 与 typedef 之间的区别

宏定义 ♯define 和数据类型定义有相似之处,但应将两者的用法加以区分,比如下面的定义:

```
typedef unsigned int uint;
及
#define uint unsigned int
```

两个定义都是使用 unit 代表 unsigned int(无符号整形),但两者是完全不同的。使用 typedef 定义的数据类型,可以用于定义变量;而用 ♯define 定义的宏,只能在编译预处理的时候进行字符串的替换。

2. 带参数宏中括号的使用方法

由于宏定义的使用需要进行字符串替换的宏展开,而且宏展开会"忠实"地进行就地展开,所以,如果没有使用括号将相关内容括起来,就容易形成错误。比如有如下程序段:

```
#define F(a,b)  a+b
int main(void)
```

```
{
  int x=1;
  int y=2;
  int z=3 * F(x,y);
  return 0;
}
```

完成宏展开之后,z=3*x+y。

上述代码中,程序本来需要计算 z=3*(x+y),但由于宏定义没有使用括号,就使得计算变成了 z=3*x+y,计算结果肯定是错误的。那么就需要将宏定义进行修改。

```
#define F(a,b) ((a)+(b))
```

3.使用宏代替简短的表达式

在实际的编程中,如果代码比较多,可以使用函数,既可以实现功能的独立性,又不会影响效率;而对于只有少量代码,使用函数就开销太大了,就需要使用带参数的宏。比如:

```
#define MAX(x,y)(x)>(y)? (x):(y)
int main(void)
{
  int a,b,c,d,z;
  z = MAX(a+b,c+d);
}
```

经过宏展开之后,该句变成:

```
z =(a+b)>(c+d)? (a+b):(c+d);
```

4.只有宏名(没有宏所指定的字符串)的宏

在宏定义时,只定义宏名,而不给出对应的字符串(如#define DEBUG)。这种方法主要是用于条件编译中,区分不同的平台情况。

12.3 文件包含

本节主要介绍文件包含的概念、使用方法,头文件和源文件的区别和作用,文件包含的常见使用技巧等。

12.3.1 文件包含概述

文件包含是指将别的文件内容包含到本文件之中,其一般形式如下:

```
#include <文件名>
```

或

```
#include "文件名"
```

文件包含是非常有用的命令,可以实现代码复用,节省程序员的重复劳动。对于C语言来说,其程序可以分为两个部分,即声明和实现。声明部分主要是宏定义、文件包含、函数声明、自定义数据类型和全局变量定义等,由非执行语句构成;而实现部分则是函数代码的具体实现。为了提高代码的可读性,便于代码修改和共享,通常将声明部分和实现部分分离,分别存放在头文件(通常以.h为扩展名)和源文件(通常以.c为扩展名)中。由于通常会将函数声明存放在头文件中,故当程序需要使用已经存在的代码(如调用函数)时,只需要将声明了这个函数的头文件包含到本程序中即可,如函数 add()在头文件 mathfile.h 中声明了,函数代码在 mathfile.c 中实现了。那么当位于 calculat.c 文件中的函数 main()需要使用这个 add()函数时,在文件 calculat.c 前面写上♯include "mathfile.h"即可,具体含义如图 12.2 所示。

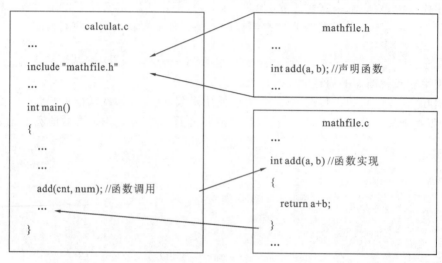

图 12.2　文件包含应用实例

这样在文件 calculat.c 中就无须再次编写 add()函数了,即降低了编程工作量。对于较为复杂的软件来说,所包含的头文件和源文件较多,而且存在不同的文件由不同的程序员开发完成,要将这些文件有机地整合在一起,就特别需要借助文件包含的功能来实现文件之间内部的逻辑关系。

12.3.2　文件包含的使用

本节通过一个应用实例说明使用文件包含的注意事项。

【例 12.4】　文件包含应用实例。

在本例中,使用头文件 definefile.h 定义了源文件所需的宏,代码如下:

```
♯define PR printf
♯define NL "\n"
♯define D "%d"
♯define D1 D NL
♯define D2 D D NL
♯define D3 D D D NL
♯define D4 D D D D NL
♯define S "%s"
```

而在源文件 sourcefile.c 中使用♯include "definefile.h"将该头文件包含进来,使得源文件中可以使用头文件定义的宏,其代码如下:

```
# include <stdio.h>
# include "definefile.h"
void main()
{
    int a,b,c,d;
    char string[]="CHINA";
    a=1;b=2;c=3;d=4;
    PR(D1,a);
    PR(D2,a,b);
    PR(D3,a,b,c);
    PR(D4,a,b,c,d);
    PR(S,string);
}
```

使用说明:

① 使用♯include 包含文件时,不能像定义变量那样在一行指令中定义多个变量,而必须是一个♯include 声明包含一个文件。

② 文件包含是可以嵌套的,也就是说在 file2.h 中有♯include "file3.h",而在 file1.h 中有♯include "file2.h",那么 file3.h 也被包含到了 file1.h 中,相应的关系如图 12.3 所示。

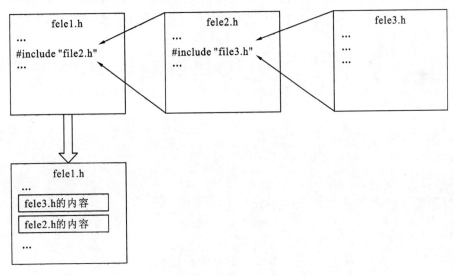

图 12.3 文件包含的嵌套关系实例

③ 从图 12.3 可以看出头文件 file3.h 和 file2.h 均被包含到 file1.h 中,如果在 file1.c 中包含了 file1.h,则 3 个头文件与 file1.c 将被编译成一个整体,那么 3 个头文件中定义的宏、全局变量均可被 file1.c 中的函数直接使用。

12.3.3 文件包含的应用技巧

文件包含在实际编程中使用非常广泛,需要注意以下应用技巧。

① 如果程序需要调用库函数,则必须预先将对应的头文件包含进来。

在源文件的代码中,如果需要调用库函数(如 printf()函数),应将库函数所对应的头文件(如 stdio.h)包含到源文件中,库函数才能被正常使用。这是因为,如果没有将对应的头文件包含进来,那么编译器在扫描代码的时候,就无法识别库函数,从而报错。

② ♯include < 文件名>及♯include "文件名"的区别。

在使用♯include 包含文件时,有两种方式,即标准方式和用户方式。其中,标准方式使用尖括号(如<stdio.h>),编译时会到存放 C 库函数头文件的目录中寻找所包含的文件;用户方式使用双撇号(如"file1.h"),编译器会首先到用户目录或文件所在目录下寻找所包含的文件,如果没有找到,则再按照标准方式处理。

因此,这两种方式使用的原则是,如果要包含的是用户自己编写的文件,那么就将该文件存放在用户目录,包含时使用双撇号;对于所包含的库函数对应的头文件,则使用尖括号。

12.4 条件编译

本节主要介绍条件编译的作用,介绍条件编译的 3 种形式及其相互之间的区别,应理解 3 种形式的使用场合,最后介绍条件编译的使用技巧。

12.4.1 条件编译的作用

在进行程序调试的时候,特别是一些与硬件相关的程序调试中,较难跟踪程序的运行状况,通常会在程序的适当位置插入 printf()函数调用,以便将程序的运行状态实时地显示出来,实现对程序运行状态的跟踪,如下面的程序段所示:

```
...
if(a>5 && b>10)
{
  printf("满足条件! \n");          //仅用于调试
  c = a+b;
}else
{
  printf("不满足条件! \n");        // 仅用于调试
  c = a - b;
}
printf("c = %d\n",c)              //正常打印语句
...
```

当程序调试完成之后,必须将这些为了调试而插入的 printf()函数调用删除。如果程序中这种情况较多,那么就可能存在漏删或者误删[如把"printf("c = %d\n",c)"也删除了]的情况。

要解决这个问题,可以引入条件编译。所谓条件编译,就是用于指示编译器在编译程序

时,根据条件是否满足来确定是否将该部分代码编译到最后的可执行程序之中。在上面的程序段中,就可以将调试阶段和发行阶段作为不同的条件,控制编译器是否去编译仅用于调试的那两个 printf() 函数调用。

12.4.2 条件编译的形式

条件编译有如下 3 种形式:

① 第一种形式:

```
#ifdef 标识符
  程序段 1
#endif
```

其含义:如果标识符被定义了(即"ifdef"相当于"if define"),那么程序段 1 将被编译到最终的可执行程序中。与 if 语句使用 else 类似,也可以在标识符未被定义时指定对另外一段程序进行编译,也就得到了以下的形式:

```
#ifdef 标识符
  程序段 1
#else
  程序段 2
#endif
```

在使用这种形式的条件编译时,标识符可以通过宏定义来定义,而且这个宏可以只有宏名,而无对应的字符串。可将前一小节的程序段使用条件编译来进行改写:

```
...
#define DEBUG
...
if(a>5 && b>10)
{
  #ifdef DEBUG
    printf("满足条件! \n");        // 仅用于调试
  #endif
  c = a+b;
}
else
{
  #ifdef DEBUG
    printf("不满足条件! \n");      // 仅用于调试
  #endif
  c = a - b;
}
printf("c = %d\n",c)            //正常打印语句
...
```

当程序处于调试阶段时,可在程序开始的地方定义 DEBUG 宏,这样程序内调试用的 printf()函数调用就将被编译;当程序调试完成之后进行程序发行时,可以将 DEBUG 宏定义删除或注释掉,这样一来,调试用的 printf()函数调用就不会被编译了。在这里,DEBUG 宏就跟一个开关一样,可以实现对调试和发行两个版本的程序进行方便的切换。

② 第二种形式:

```
#ifndef 标识符
  程序段1
#else
  程序段2
#endif
```

这种形式与第一种形式相比,就是将"#ifdef"改为"#ifndef"(相当于"if not define"),其含义是如果没有定义标识符,则编译程序段 1,否则编译程序段 2。从含义上看,第二种形式和第一种形式正好相反。

③ 第三种形式:

```
#if 表达式
  程序段1
#else
  程序段2
#endif
```

它的含义:当表达式的值为真(非零)时,就编译程序段 1,否则编译程序段 2。这种形式使得程序具有较大的灵活性,可以根据表达式的不同值,进行功能的选择。

【例 12.5】 输入一行字母字符,根据需要设置条件编译,使之能将字母全改为大写输出,或全改为小写字母输出。

【编写程序】

```
#include <stdio.h>
#define CHANGE 1
int main(void)
{
  char str[20]="Hello C World",c;
  int i;
  i=0;
  while((c=str[i])!=\0)
  {
    i++;
    #if CHANGE
    if(c>='a'&& c<='z')
    {
      c=c-32;
```

```
      }
    #else
      if(c>='A'&& c<='Z')
      {
        c=c+32;
      }
    #endif
    printf("%c",c);
    }
}
```

【运行结果】

HELLO C WORLD

在程序中,宏 CHANGE 被指定为1,也就是说 CHANGE 为真(非零),那么 #if 部分的代码被编译了,所有的字母被转换为大写字母。如果将 CHANGE 宏定义修改如下:

#define CHANGE 0

那么,#else 部分的代码会被编译,大写字母被转换为小写字母,即结果如下:

hello c world

要实现这个例子的功能,也可以使用 if…else 语句来完成,但它与条件编译的实现存在根本的区别。如果使用 if…else 语句,if 部分和 else 部分都会被编译到最终的可执行程序中,假如两种情况一定不会同时存现,那么这种方法就会增加代码量,使用条件编译就可以减少代码量,使程序更加简洁。

12.4.3 条件编译的应用技巧

在实际编程中,除了根据实际情况进行分条件的运用条件编译之外,还会用到以下一些技巧。

① 使用条件编译实现分阶段或分系统控制代码编译。

本章前面介绍的通过判断宏 DEBUG 是否被定义来实现条件编译,可以对调试阶段和发行阶段代码的不同进行编译,就属于分阶段条件编译的情况。

为了提高代码的通用性和可移植性,实现相同的代码可以在不同的处理器上运行,可以使用条件编译来实现分系统的条件编译。比如要考虑编写的代码可以在 32 位及 16 位的系统上运行,由于两种系统的字长不同,那么相同类型的变量其所占用存储空间的字节数是不同的,如 int 型变量,在 32 位系统中占用 4 个字节,在 16 位系统中占用 2 个字节。如果我们按照 32 位系统编写程序,然后将代码直接移植到 16 位系统中,由于 int 型变量是按照 4 字节来编程程序处理的,而在 16 位系统只能处理 2 个字节,那么还有 2 个字节将会丢失。

要解决这种情况,就可以使用条件编译来实现分系统地条件编译:

```
#ifdef SYSTEM_LONG
#define INTEGER_SIZE 32
#else
#define INTEGER_SIZE 16
```

这里只要定义了宏 SYSTEM_LONG,那么在程序中就可以使用宏 INTEGER_SIZE 表示 int 型数据长度为 32 位,否则长度为 16 位。

② 使用条件编译防止重复包含相同的头文件。

前面已经介绍过,可以通过包含头文件的方式实现代码的重复使用,但由于头文件存在嵌套的情况,那么就可能存在同一个头文件被多次重复包含的情况。当头文件被重复包含时,头文件中的宏定义或全局变量等就会被多次定义,编译器会对重复定义的地方进行报错,就需要进行修改。当这种情况出现很多的时候,修改起来就比较麻烦了,也容易出错。

要解决这样的问题,可以使用条件编译来防止头文件的重复包含。具体做法就是将每个头文件的内容都放到以下结构中(此处以头文件 file1.h 为例说明):

```
#ifndef _FILE_1_H_
#define _FILE_1_H_
//头文件 file1.h 内容
#endif
```

在这里,宏名通常是头文件的文件名大写字母与下划线的组合,比如头文件名称为 file1.h,那么这个宏名可以为_FILE_1_H_。

在上面的结构中,如果该头文件是第一次被编译,由于还没有定义宏_FILE_1_H_,那么条件"#ifndef _FILE_1_H_"是满足的,接下来就定义了该宏,然后可以编译头文件 file1.h 的内容,直到"#endif"。如果头文件 file1.h 在程序中被第二次包含,那么由于在第一次包含的时候已经完成了定义宏_FILE_1_H_的工作,就使得"#ifndef _FILE_1_H_"无法被满足,也就无法再次编译头文件 file1.h 内容,这样就避免了该头文件被重复包含。

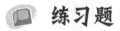 练习题

一、选择题

1. C 语言的编译系统对宏命令的处理是(　　)。

　　A. 在程序运行时进行的　　　　　B. 在对源程序中其他成分正式编译之前进行的

　　C. 在程序连接时进行的　　　　　D. 和 C 程序中的其他语句同时进行编译的

2. 以下叙述中正确的是(　　)。

　　A. 在程序的一行上可以出现多个有效的预处理命令

　　B. 使用带参数的宏时,参数的类型应与宏定义时的一致

　　C. 宏替换不占用运行时间,只占用编译时间

　　D. "C+R"可以作为宏名

3. 下列程序段的输出结果是(　　)。

```
#define F(X,Y) (X)*(Y)
main()
```

```
{
    int a=3,b=4;
    printf("%d",F(a++,b++));
}
```

A. 12   B. 15
C. 16   D. 20

4. 下列程序的输出结果是( )。

```
#define MAX(a,b) (a>b ? a : b)+1
main()
{
    int i=6,j=8,k;
    printf("%d",MAX(i,j));
}
```

A. 6   B. 7
C. 8   D. 9

二、填空题

1. 下列程序的输出结果是_____。

```
#define N 5
#define X(n) ((N+5)*n)
main()
{
    int z=3*(N+X(5));
    printf("%d",z);
}
```

2. 下列程序的输出结果是_____。

```
#define MAX(x,y) (x)>(y)? (x):(y)
main()
{
    int a=5,b=2,c=3,d=3,t;
    t=MAX(a+b,c+d)*10;
    printf("%d",t);
}
```

第13章 位 运 算

本章主要内容：

① 位运算的概念及作用。

② 常见位运算符及其运算规则。

③ 位段的概念及使用方法。

④ 位运算的应用技巧。

13.1 位运算符及其运算

本节首先对位运算的概念及位运算符进行简要介绍，然后详细介绍 6 个位运算符的作用及其运算规则。

13.1.1 概述

所谓位运算，是指将参与运算的数按照二进制的位进行运算。比如，在一些控制或检测的嵌入式系统中，可能要对硬件设备控制器中的寄存器按位进行置位或清零操作，就需要使用位运算。

位运算和指针一样，是 C 语言的重要特色，可以用于编写系统软件或驱动程序等。同时，位运算也很好地体现了 C 语言作为"中间语言"的特点。

在 C 语言中，位运算需要使用位运算符，常见的位运算符有 6 种，具体如图 13.1 所示。

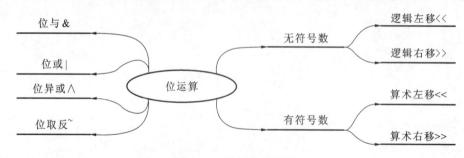

图 13.1 指针交换过程

说明：

① 除了"～"（按位取反）之外，位运算均属于二目（元）运算符，运算符的左右两边都必须有运算量。

② 参与位运算的运算量只能是整型或字符型的数据，不能是实型数据。

③ 逻辑移位针对无符号数，算术移位针对有符号数，其中有符号数的最高位是符号位，执行移位操作时保持不变。

13.1.2 按位与运算符(&)

按位与就是将两个运算量的各二进制位对应进行"与"运算，在计算过程中遵循以下准则：

$$0 \& 0 = 0; 0 \& 1 = 0; 1 \& 0 = 0, 1 \& 1 = 1$$

理解按位与运算:在 $A \& B$ 中,只有 A 与 B 同为 1,则结果为 1,也可以理解为只要 A 与 B 同时为"真",则结果为"真"。也可以使用表 13.1 的真值表来描述这一运算规则。

表 13.1　按位与运算规则真值表

&		A	
		0	1
B	0	0	0
	1	0	1

【例 13.1】　计算 $7 \& 9$ 的结果。

首先,将十进制数 7 和 9 转换为二进制数,即

$$(7)_{10} = (00000111)_2 \qquad (9)_{10} = (00001001)_2$$

然后,将两个二进制数按位与,即

$$
\begin{array}{r}
00000111 \\
(\&) \quad 00001001 \\
\hline
00000001
\end{array}
$$

最后,得到计算的结果为 $(00000001)_2$,即 $7 \& 9 = 1$。

需要注意的是,如果按位与的运算量为负数,那么就以补码的形式表示它们,然后按位与计算。

可将按位与的运算特点归纳为两个特点:

特点一:只有当两个运算量均为 1 时,结果才为 1。

特点二:当两个运算量任意一个为 0 时,结果为 0。

基于这两个特点,按位与可以有下面的一些特殊应用。

① 清零。

若某个单元(变量或寄存器)要清零,可以为其指定一个数,这个数的二进制按位与这个单元内的数二进制位是 1 的位置,均为 0,则根据按位与的特点二,两个数运算之后结果为 0。例如,有一个数为 $(00101101)_2$,则指定的数为 $(00010010)_2$,计算结果为 0。当然也可以指定 $(00000000)_2$,按位与后结果必为 0。

② 获取数中某些位。

例如有一个数 $(0100111000101101)_2$,需要获取其低字节数据,那么可以将其与 $(0000000011111111)_2$ 进行按位与运算,根据按位与的特点一,该数的低字节将保留其原来的数值,即结果为 $(0000000000101101)_2$。

③ 保留指定的二进制位。

例如需要将数 $(01010100)_2$ 中的左起第 3、4、5、7、8 各位保留下来,可以将其与 $(00111011)_2$ 进行按位与运算,可得到结果为 $(00010000)_2$。

13.1.3 按位或运算符(|)

按位或就是将两个运算量的各二进制位对应进行"或"运算,在计算过程中遵循以下准则:

$$0 \mid 0 = 0; 0 \mid 1 = 1; 1 \mid 0 = 1, 1 \mid 1 = 1$$

理解按位或运算：在 $A \mid B$ 中，当 A 或 B 为1，则结果为1，也可以理解为只要 A 或 B 任意一个为"真"，则结果为"真"。也可以使用表13.2的真值表来描述这一运算规则。

表13.1 按位与运算规则真值表

$\mid$		A	
		0	1
B	0	0	1
	1	1	1

【例13.2】 计算 87 | 65 的结果。

首先，将十进制数 87、65 转换为二进制数，即

$$(87)_{10} = (01010111)_2 \qquad (65)_{10} = (01000001)_2$$

然后，将两个二进制数按位与，即

$$
\begin{array}{r}
01010111 \\
(\mid) \quad 01000001 \\
\hline
01010111
\end{array}
$$

最后，得到计算的结果为 $(01010111)_2$，即 87 | 65 = 87。

根据按位或的运算特点，可以将其用于将某些二进制位"置1"的操作。例如，要将一个数 a 的低4位全部置1，则可以进行下面的计算：

$$a \mid 0x0F$$

由于 0x0F 转换为二进制位 $(00001111)_2$，其低4位全为1，与 a 的低四位按位或之后，结果也是全1。

13.1.4 按位异或运算符（∧）

按位异或简称为异或，其运算符 ∧ 也称为 XOR 运算符，它的运算规则如下：

$$0 \wedge 0 = 0; 0 \wedge 1 = 1; 1 \wedge 0 = 1; 1 \wedge 1 = 0$$

理解按位异或运算符：$A \wedge B$，只有当 A 和 B 不相同时，结果才为1，也就是说，A 和 B 不是同时为真或假时，结果为真。可以使用表13.3的真值表来描述按位异或运算规则。

表13.1 按位与运算规则真值表

$\wedge$		A	
		0	1
B	0	0	1
	1	1	0

【例13.3】 计算 49 ∧ 67 的结果。

首先，将十进制数 49、67 转换为二进制数，即

$$(49)_{10} = (00110001)_2 \qquad (67)_{10} = (01000011)_2$$

然后,将两个数进行按位异或运算,即

$$00110001$$
$$(\wedge)\quad 01000011$$
$$\overline{\qquad\qquad\qquad}$$
$$01110010$$

最后,得到计算结果为$(01110010)_2$,即 $49 \wedge 67 = 114$。

根据按位异或运算的特点,可以有下面的一些特殊应用。

① 实现特定位的翻转。

要将某个二进制位翻转,只需要将这个位的值与 1 进行按位异或运算即可。例如数$(00110101)_2$,要将其低 4 位翻转,可以进行下面的运算:

$$00110101$$
$$(\wedge)\quad 00001111$$
$$\overline{\qquad\qquad\qquad}$$
$$00111010$$

对于低 4 位中各位,如果是 0,则与 1 按位异或运算后,结果为 1;如果是 1,则与 1 按位异或运算后为 0,也就实现了翻转。

② 运算时保留原值。

当数与 0 进行按位异或运算时,将保留原值。例如:$15 \wedge 0 = 15$,即

$$00001110$$
$$(\wedge)\quad 00000000$$
$$\overline{\qquad\qquad\qquad}$$
$$00001110$$

③ 不借助临时变量实现数据交换。

例如:$a = 6, b = 7$,要实现 a 和 b 的数据交换,可以进行以下运算:

$$a = a \wedge b;$$
$$b = b \wedge a;$$
$$a = a \wedge b;$$

使用竖式可以表示为

$a=110$
$(\wedge)\quad b=111$

$a=001$ 第一步运算结果$a=1$
$(\wedge)\quad b=111$

$b=110$ 第二步运算结果$b=6$
$(\wedge)\quad a=001$

$a=111$ 第三步运算结果$a=7$

上面的运算可以分为以下 2 步:

a. 执行前两个语句:$a=a \wedge b$ 和 $b=b \wedge a$ 相当于 $b=b \wedge (a \wedge b)$。而 $b \wedge a \wedge b$ 等于 $a \wedge b \wedge b$。$b \wedge b$ 的结果为 0,因为同一个数与本身进行按位异或运算结果必为 0,因此 b 的值等于 $a \wedge 0$,即其值为 1。

b. 再执行第三个赋值语句:$a = a \wedge b$,由于 a 的值等于 $(a \wedge b)$,b 的值等于 $(b \wedge a \wedge b)$,因此,相当于 $a = a \wedge b \wedge b \wedge a \wedge b$,即 a 的值等于 $a \wedge a \wedge b \wedge b \wedge b$,等于 b。

a 得到 b 原来的值。

13.1.5 按位取反运算符

按位取反运算符为 $\sim$,是一个单目运算符,运算规则是将二进制位的值取相反值,即 $\sim 1 \rightarrow 0$;$\sim 0 \rightarrow 1$

例如,对于 $a = 34$,要求 $\sim a$。可将 34 转换为二进制数,即

$$(34)_{10} = (00100010)_2$$

将各位按位取反后,可得到 $(11011101)_2$,即 $\sim a = (221)_{10}$。

13.1.6 左移运算符

左移运算符的基本格式是 $a << n$,也就是把运算数 a 的各二进位全部左移 n 位,高位丢弃,低位补 0。对于无符号数,左移操作被称为逻辑左移;对于有符号数来说,左移操作被称为算术左移,两者的运算规则是一样的。例如:$a = 23 << 2$,即将二进制数 $(00010111)_2$ 左移 2 位,可以得到 $a = (01011100)_2 = (92)_{10}$。

左移 1 位相当于将该数乘以 2,左移 2 位相当于乘以 $2^2 = 4$,则左移 n 位,相当于乘以 2^n。例如上面的例子,将 23 左移 2 位,也就相当于 $23 \times 2^2 = 23 \times 4 = 92$。由于在计算机处理器中通常会有专门的用于移位的硬件,所以,移位计算速度会比乘法运算快很多,故在程序设计时,对于乘以 2 的幂次的计算,均采用左移来代替。此外,一些编译器也会自动将类似的运算转换为左移运算。

13.1.7 右移运算符

右移运算符的基本格式是 $a >> n$,也就是把运算数 a 的各二进位全部右移 n 位,低位丢弃,高位补 0 或 1。对于无符号数来说,高位补 0,被称为逻辑右移;对于有符号数来说,高位必须保持其符号值,即正数为 0、负数为 1,也就是说对于正数高位补 0,对于负数高位补 1,被称为算术右移。

右移 1 位相当于该数除以 2,右移 2 位相当于除以 $2^2 = 4$,则右移 n 位,相当于除以 2^n。与左移类似,在进行程序设计时,如果需要进行除以 2 的幂次的计算,均采用右移来代替。

13.1.8 位运算赋值运算符

与算术运算符和赋值运算可以复合相类似,位运算符也可以与赋值运算符复合,即 $\&=$、$|=$、$>>=$、$<<=$、$\wedge=$ 等

例如:$a \& = b$,相当于 $a = a \& b$。

13.1.9 不同长度的数据进行位运算的规则

对于长度不同的数进行位运算,系统会按照右端对齐的方式处理,即将短的数左侧补满 0 或者 1。对于有符号数来说,左侧补满符号值(正数补 0,负数补 1);对于无符号数来说,左侧补满 0。例如:

```
int a=25;
long b=35,c;
c = a & b;
```

上面 a=(0000000000011001)₂ 为 int 型,长度为 16 位,而 b 是 long 型,长度为 32 位,在做 a&b 的运算时,系统会将 a 扩展为 32 位,其中高 16 位补 0。

13.2 位运算应用实例及技巧

本节介绍位运算与逻辑运算的区别,帮助读者进一步认识两者的使用方法,还将介绍多个位运算的应用实例。

▶ 13.2.1 位运算与逻辑运算的区别

位运算的符号和逻辑运算的符号非常类似,如按位与的符号是 &,而逻辑与的符号为 &&。因此,对于初学者来说容易将两者弄混,本小节对这 2 类运算进行比较。

① 按位与 & 和逻辑与 && 的区别。

逻辑与 && 将参与运算的数看成一个整体,而且该数等于 0 就被定义为逻辑假,如果为非零就被定义为逻辑真,再根据逻辑与的运算规则判定最终的逻辑状态。例如:

5&&7=1(第一数 5 为非零,所以为"真";第二个数 7 为非零,所以为"真";则真 & 真=真,最终结果为 1(非零))。

3&&0=0(第一数 3 为非零,所以为"真";第二个数为 0,所以为"假";则真 & 假=假,最终结果为 0)。

按位与将参与运算的两个数"细化"为二进制位去考虑,对两个数对应的二进制位进行相对独立的运算。

② 按位或 | 和逻辑或 || 的区别。

逻辑或 || 也是将参与运算的数看成一个整体,而且该数等于 0 就被定义为逻辑假,如果为非零就被定义为逻辑真,再根据逻辑与的运算规则判定最终的逻辑状态。例如:

5||7=1(第一数 5 为非零,所以为"真";第二个数 7 为非零,所以为"真";则真 & 真=真,最终结果为 1(非零))。

0||0=0(第一数为 0,所以为"假";第二个数为 0,所以为"假";则假 & 假=假,最终结果为 0)。

按位或则将参与运算的两个数"细化"为二进制位去考虑,对两个数对应的二进制位进行相对独立的运算。

③ 按位取反 ～ 和非 ! 的区别。

非 ! 是将参与运算的数看成一个整体,当该数为 0 则被定义为假,当该数为非零则被定义为真。例如:

!8=0(数 8 为非零,即"真",进行"非"之后,结果为 0(假))。

!0=1(数 0 被定义为"假",进行"非"之后,结果为 1(真))。

按位取反 ～ 将参与运算的数"细化"为二进制位,将每一位取其相反的值,即 1 变为 0,0 变为 1。

▶ 13.2.2 位运算的应用

1.获取指定的二进制位

【例 13.4】 取一个整数 a 的 bit5 到 bit8 位。

【解题思路】

① 将整数 a 右移 5 位,可以将需要获取的位移到最右边,即 bit0～bit3 的位置上,如图 13.2 所示。这一操作可以通过这个计算获得:

$$a>>4$$

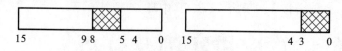

15   98 5 4   0   15   4 3   0

图 13.2　右移前后情况示意

② 设置一个低 4 位全 1,其余各位为 0 的数,实现方法为:

$$\sim(\sim0<<4)$$

它的计算过程如下:

$$0:\quad 0000000000000000$$

$$\sim0:\quad 1111111111111111$$

$$\sim0<<4:\quad 1111111111110000$$

$$\sim(\sim0<<4):\quad 0000000000001111$$

③ 将上面两步的结果进行按位与 & 运算即可:

$$(a>>4)\&\sim(\sim0<<4)$$

2. 特定位清 0、置 1 及按位取反

如果需要将一个数中的某些特定位清 0、置 1 或按位取反,可以使用位运算来完成。

(1)使用按位与 & 实现特定位清 0

需要将整数 a 中的 bit8～bit11 清 0,可以通过以下操作实现:

$$a\&=0xF0FF$$

十六进制数 0xF0FF 的二进制数为 $(1111000011111111)_2$,与 a 按位与运算之后,中间的 bit8～bit11 由于是与 0 进行的按位与运算,将被清 0,而其他各位由于是与 1 按位与则将被保留。

(2)使用按位或 | 实现特定位置 1

需要将整数 a 中的 bit8～bit11 置 1,可以通过以下操作实现:

$$a|=0x0F00$$

十六进制数 0x0F00 的二进制数为 $(0000111100000000)_2$,与 a 按位或运算之后,中间的 bit8～bit11 由于是与 1 进行的按位或运算,将被置 1,而其他各位由于是与 0 按位或则将被保留。

(3)使用按位异或 ∧ 实现特定位按位取反

需要将整数 a 中的 bit8～bit11 按位取反,可以通过以下操作实现:

$$a\wedge=0x0F00$$

十六进制数 0x0F00 的二进制数为 $(0000111100000000)_2$,与 a 按位异或运算之后,中间的 bit8～bit11,如果相应位的数是 1,则与 1 按位异或后得到 0,如果相应位的数是 0,与 1 按位异或后得到 1,这样就实现了这几个位的按位取反;而其他位均与 0 进行按位异或运算,对于数值为 1 的位,与 0 按位异或后得到 1,数值为 0 的位与 0 按位异或得到 0,没有改变原来的值。

3. 通过移位获得特定位为 1 的数

需要一个 bit3~bit7 为 1,且 bit10~bit12 为 1,其余各位为 0 的二进制数,可以使用以下方法获得:

$$0x1F<<3|0x07<<10$$

其计算过程如下:

$$0x1F: \quad 0000000000011111$$

$$0x1F<<3: \quad 0000000011111000$$

$$0x07: \quad 0000000000000111$$

$$0x07<<10: \quad 0001110000000000$$

$$0x1F<<3|0x07<<10: \quad 0001110011111000$$

在具体程序设计中,要获得符合上面要求的数,可以使用下面的 C 语言语句之一:

```
int a=0x1CF8;
int a=0x1F<<3|0x07<<10;
```

比较两种方法,均可以实现为 a 赋值一个符合要求的数,但显然第二种方法更为清晰,可读性很强,非常直观。

4. 循环移位

通常移位操作会将移出的位直接丢弃,而循环移位则将移出的位放回最前面(循环右移),或放回最后面(循环左移),其过程如图 13.3 所示。

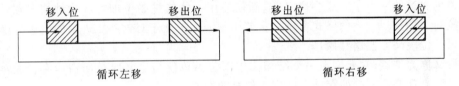

图 13.3 循环移位过程

【例 13.5】 要求对 16 位整数 a 进行循环右移 n 位操作。

【解题思路】

① 将 a 的右端 n 位,放到中间变量 b 的高 n 位:

$$b=a<<(16-n);$$

② 将 a 右移 n 位,其高 n 位将补 0:

$$c=a>>n;$$

③ 将 c 和 b 进行按位或运算,将两者合并:

$$c|=b;$$

【编写程序】

```
#include <stdio.h>
int main(void)
{
```

```
    unsigned a,b,c;
    int n;
    scanf("a=%o,n=%d",&a,&n);
    b=a<<(16-n);
    c=a>>n;
    c=c|b;
    printf("%o\n%o",a,c);
    return 0;
}
```

【运行结果】

运行时如果输入:a=157654,n=3,则结果如下:

```
a=157653,n=3✓
157653
75765
```

13.3 位段

13.3.1 位段的引入

在 C 语言中,变量通常是以字节为单位分配存储空间的,但实际上,有时存储一个变量不需要使用完整的一个字节或多个字节,而仅使用一些二进制位即可。这种情况在计算机的过程控制、状态表示、通信格式中是经常使用的。为了便于对这些二进制的位进行操作,C语言提供了位段来方便这些操作。

位段又称为位域,它允许在一个结构体中以位为单位指定其成员所占内存的长度。利用位段可以实现使用较少的存储空间完成信息的存储。

13.3.2 位段的定义及应用

1.位段的定义方法

典型的位段定义如下:

```
struct PackedData
{
    unsigned a:3;
    unsigned b:5;
    unsigned c:4;
    unsigned d:4;
    int n;
}data;
```

其中,a 占 3bit,b 占 5bit,c 占 4bit,d 占 4bit,它们对应的存储结构如图 13.4 所示。

a	b	c	d	n
3bit	5bit	4bit	4bit	16bit

图 13.4　位段存储空间示例图 1

在这个例子中,a、b 所占位数正好为 8bit,即 1 个字节;c、d 也正好占用了 1 个字节,而 n 则直接占用了 2 个字节。但要注意的是,并不强制要求按照整字节的方式存储字段,例如:

```
struct PackedData
{
  unsigned a:3;
  unsigned b:5;
  unsigned c:4;
  int n;
}data;
```

在这个定义中,a 和 b 占 1 个字节,c 仅占用了一个字节的 4bit,n 独立占用了 2 个字节,其存储结构如图 13.5 所示。

a	b	c		n
3bit	5bit	4bit		16bit

图 13.5　位段存储空间示例图 2

在图 13.5 中,带有花纹部分表示为未使用的闲置空间,不会被使用。另外需要注意的是,变量 c 存放的位置放在一个字节的高 4 位还是低 4 位,是由不同计算机系统所决定的,在计算机中一般按照从右向左的方式分配。

2. 位段的应用

使用位段的格式是变量名. 位段名;,例如:

```
data.a=5;
data.b=8;
data.c=11;
```

由于位段是有位长度的,故在对位段进行赋值时,其大小不能超过其取值范围。比如对于 data.a 段,其长度为 3bit,最大是 2^3,即 8,如果给其赋值 9,那么系统会自动取其低位数赋值给 data.a,也就是 9 的二进制数 $(1001)_2$ 中的低 3 位 $(001)_2$,使得 data.a=1。

位段在使用的过程中,还需要注意以下几点:

① 位段只能定义为 unsigned 或 int 类型。

② 可以指定一个位段从一个新的字节开始,其方法如下面的例子所示:

```
# unsigned a:1;
unsigned b:3;
unsigned :0;
unsigned c:4;
```

a、b 将存放在一个字节中,对于长度为 0 的字段,将不会占用存储空间,且可以使得下一个字段从下一个新的存储单元开始,即 c 将存放在一个新的单元中。a、b 存放后剩余的 4 个位将不再使用。

③ 一个位段必须存储在同一个存储单元中。如果一个位段 data.b 与其前一个位段 data.a 共用一个存储单元,若这个单元无法同时存放下两个位段,则系统会从下一个存储单元存放 data.b 位段。

④ 可以定义具有长度但没有名字的位段,只是这个位段是无法被使用的。

⑤ 根据系统不同,存储单元的长度有所差异,可能以 1 个字节为单位,也可能以多个字节为单位,无论怎样,位段的长度都不能超过存储单元长度。此外,也不能定义位段数组。

⑥ 位段可以使用%d、%u、%o、%x 等格式符输出,比如:

```
printf("%d,%d,%d",data.a,data.b,data.c);
```

⑦ 如果在表达式中引用位段,则系统会将其自动转换为整形数使用。

下面就位段的使用给出一个综合例子。

【例 13.6】 为了减少数据通信量,使用位段的方式将采集到的温度值、湿度值、光照强度值、气体浓度值等组合之后,发送给处理计算机,其中温度值占 4bit、湿度值占 4bit、光照强度值占 5bit、气体浓度值占 3bit。请编写对应的程序。

【解题思路】

① 定义位段:

```
struct para_data
{
  unsigned temp:4;
  unsigned humi:4;
  unsigned illum:5;
  unsigned gas:3;
}pdata;
```

② 调用数据采集函数,采集相应的数据,给位段赋值。

③ 调用发送函数,将数据帧发送出去。

【编写程序】

```
#include <stdio.h>
int main(void)
{
  struct para_data
  {
    unsigned temp:4;
    unsigned humi:4;
    unsigned illum:5;
    unsigned gas:3;
  }pdata;
```

```
//gettemp()函数可采集温度值,仅保留低 4bit
pdata.temp=gettemp()&(~(~0<<4));
//gethumi()函数可采集湿度值,仅保留低 4bit
pdata.humi=gethumi()&(~(~0<<4));
//getillum()函数可采集光照强度值,仅保留低 5bit
pdata.illum=getillum()&(~(~0<<5));
//getgas()函数可采集气体浓度值,仅保留低 3bit
pdata.gas=getgas()&(~(~0<<3));
senddata(pdata);        //调用 senddata()函数发送数据帧
return 0;
}
```

练习题

一、选择题

1. 以下程序段的输出结果是（   ）。

```
void main()
{
    unsigned char a,b;
    a=7^3;
    b=~4&3;
    printf("%d %d",a,b);
}
```

　A. 4 3　　　　　B. 7 3　　　　　C. 7 0　　　　　D. 4 0

2. 设有定义语句"char c1=92,c2=92;",则以下表达式中值为 0 的是（   ）。

　A. c1^c2　　　　B. c1&c2　　　　C. ~c2　　　　D. c1|c2

3. 下列程序段的输出结果是（   ）。

```
void main()
{
    unsigned char a=4|3,b=4&3;
    printf("%d   %d",a,b);
}
```

　A. 7 0　　　　　B. 0 7　　　　　C. 1 1　　　　　D. 43 0

4. 下列程序段的输出结果是（   ）。

```
void main()
{
    int x=3,y=2,z=1;
```

```
      printf("%d",x/y &~z);
   }
```

A. 3   B. 2   C. 1   D. 0

5. 设 char x＝0XA7,则表达式(2+x)^(~3)的值是(   )。

A.(10101001)2 B.(10101000)2 C.(11111101)2 D.(01010101)2

6. 下列程序段的输出结果是(   )。

```
   void main()
   {
      unsigned char a,b,c;
      a=0X3;b=a | 0X8;c=b<<1;
      printf("%d    %d",b,c);
   }
```

A.－11 12   B.－6 －13 C.12 24   D.11 22

7. 下列程序段的输出结果是(   )。

```
   void main()
   {
      char   x=040;
      printf("%o",x<<1);
   }
```

A. 100   B. 80   C. 64   D. 32

8. 下列程序段的输出结果是(   )。

```
   void main()
   {
      short int x=0.5;
      char z='a';
      printf("%d",(x & 1)&&(z<'z'));
   }
```

A. 0   B. 1   C. 2   D. 3

9. 设有"short int b=2;"表达式(b>>2)/(b>>1)的值是(   )。

A. 0   B. 2   C. 4   D. 8

10. 设有"short int x=1,y=－1;"则语句"printf("%d",(x-- &++y));"的输出结果是(   )。

A. 1   B. 0   C. －1   D. 2

11. 语句"printf("%d",12 & 012);"的输出结果是(   )。

A. 12   B. 8   C. 6   D. 012

12. 设有以下语句:

```
char  a=3,b=6,c;
c=a∧b<<2;
```

则 c 的二进制值是(   )。

A. 00011011   B. 00010100   C. 00011100   D. 00011000

13. 下列程序段的输出结果是(   )。

```
void main()
{
    int m=17;
    printf("%d  %d  %d",m<<2,m>>2,m<<2 || m>>2);
}
```

A. 34 8 17   B. 34 8.5 17 C. 68 4 17   D. 68 41

14. 下列程序段的输出结果是(   )。

```
void main()
{
    short m=10,n=6;
    printf("%d",(m&++n)||(n|=3));
}
```

A. 2   B. 1   C. 0   D. 无法确定

15. 下列程序段的输出结果是(   )。

```
void main()
{
    unsigned int a=3,b=10;
    printf("%d",a<<2 | b==1);
}
```

A. 13   B. 12   C. 8   D. 14

二、填空题

1. 位运算是对运算对象按二进制位进行操作的运算,运算的对象是_____数据。

2. 对于数值的移位运算,如果向左移动 2 位,相当于_____。

3. 设有"unsigned short int a=5,b=4;",则表达式 b&=a 的值为_____。

4. 设二进制数 m 为 $(00101010)_2$,若通过运算 $m∧n$,使 m 的高 4 位取反而低 4 位不变,则数果 n 的二进制值应该为_____。

5. 4 种运算符<<、sizeof、∧、&=中,按优先级由高到低排列为_____。

6. 设有"char a,b;",若要通过 a&b 运算,只保留 a 的第 1 和第 7 位(右起为第 0 位),而 a 的其他位均设为 0,则 b 的二进制数是_____。

7. 测试 char 型变量 a 的第五位是否为 1 的表达式是_____。

8. 若 x=0123,则表达式(5+(int)(x))&(~2)的值是_____。

三、编程题

1. 编写一个函数 int getBits(short int a, int start, int len)，保留 a 中从 start 开始的 len 位，其他位均设为 0，然后返回。例如调用 b＝getBits(0XAD35, 4, 10)。由于 a＝0XAD35＝$(1010\ 1101\ 0011\ 0101)_2$，则 b＝$(0000\ 0101\ 0011\ 0000)_2$＝0X530＝1328。

2. 写一个函数 int loopMove(int value, int n) 来实现左右循环移位。如果 n＞0，则表示将 value 循环右移 n 位后返回；如果 n＜0，则表示将 value 循环左移 n 位后返回。

附录 A ASCII 码表

ASCII 码表见表 A.1。

表 A.1 ASCII 码表

代码	字符	代码	字符	代码	字符	代码	字符
0	NULL(空字符)	32	空格	64	@	96	`
1	SOH(标题开始)	33	!	65	A	97	a
2	STX(正文开始)	34	"	66	B	98	b
3	ETX(正文结束)	35	#	67	C	99	c
4	EOT(传输结束)	36	$	68	D	100	d
5	ENQ(请求)	37	%	69	E	101	e
6	ACK(收到通知)	38	&	70	F	102	f
7	BEL(响铃)	39	'	71	G	103	g
8	BS(退格)	40	(	72	H	104	h
9	HT(水平制表符)	41	)	73	I	105	i
10	LF(换行键)	42	*	74	J	106	j
11	VT(垂直制表符)	43	+	75	K	107	k
12	FF(换页键)	44	,	76	L	108	l
13	CR(Enter 键)	45	—	77	M	109	m
14	SO(移位输出)	46	.	78	N	110	n
15	SI(移位输入)	47	/	79	O	111	o
16	DLE(数据链换码)	48	0	80	P	112	p
17	DC1(设备控制 1)	49	1	81	Q	113	q
18	DC2(设备控制 2)	50	2	82	R	114	r
19	DC3(设备控制 3)	51	3	83	S	115	s
20	DC4(设备控制 4)	52	4	84	T	116	t
21	NAK(拒绝接收)	53	5	85	U	117	u
22	SYN(同步空闲)	54	6	86	V	118	v
23	ETB(结束传输块)	55	7	87	W	119	w
24	CAN(取消)	56	8	88	X	120	x

代码	字符	代码	字符	代码	字符	代码	字符
25	EM(媒介结束)	57	9	89	Y	121	y
26	SUB 代替	58	:	90	Z	122	z
27	ESC(换码/溢出)	59	;	91	;	123	{
28	FS(文件分隔符)	60	<	92	\	124	|
29	GS(分组符)	61	=	93	]	125	}
30	RS(记录分隔符)	62	>	94	^	126	~
31	US(单元分隔符)	63	?	95	_	127	DEL

附录B 关键字

C语言中的关键字及其含义见表B.1。

表 B.1 关键字及其含义

序 号	关键字	含 义
1	auto	声明自动变量
2	break	跳出当前循环
3	case	开关语句分支
4	char	声明字符型变量或函数返回值类型
5	const	声明只读变量
6	continue	结束当前循环，开始下一轮循环
7	default	开关语句中的"其他"分支
8	do	循环语句的循环体
9	double	声明双精度浮点型变量或函数返回值类型
10	else	条件语句否定分支（与 if 连用）
11	enum	声明枚举类型
12	extern	声明变量或函数是在其他文件或本文件的其他位置定义
13	float	声明浮点型变量或函数返回值类型
14	for	一种循环语句
15	goto	无条件跳转语句
16	if	条件语句
17	int	声明整型变量或函数
18	long	声明长整型变量或函数返回值类型
19	register	声明寄存器变量
20	return	子程序返回语句（可以带参数，也可不带参数）
21	short	声明短整型变量或函数
22	signed	声明有符号类型变量或函数
23	sizeof	计算数据类型或变量长度（即所占字节数）
24	static	声明静态变量
25	struct	声明结构体类型

续表 B.1

序号	关键字	含义
26	switch	用于开关语句
27	typedef	用以给数据类型取别名
28	unsigned	声明无符号类型变量或函数
29	union	声明共用体类型
30	void	声明函数无返回值或无参数,声明无类型指针
31	volatile	说明变量在程序执行中可被隐含地改变
32	while	循环语句的循环条件

附录C 运算符的优先级和结合性

C语言中,运算符的优先级和结合性见表C.1。

表C.1 运算符的优先级和结合性

优先级	运算符	名称或含义	应用举例	结合方向
1	[]	数组下标	a[5]=123	自左到右
	()	小括号(圆括号)	3*(4+x);	
	.	成员选择(对象)	stu.sno=1001	
	→	成员选择(指针)	ps→sno=1001	
2	—	负号运算符	—5	自右到左
	(类型)	强制类型转换	(int)x	
	++	自增运算符	i++、++i	
	--	自减运算符	i-、--i	
	*	取值运算符	*p=123	
	&	取地址运算符	p=&a	
	!	逻辑非运算符	!(i%3==0)	
	~	按位取反运算符	x=~y	
	sizeof	长度运算符	n=sizeof(int)	
3	*	乘	3*x	自左到右
	/	除	15/4	
	%	余数(取模)	y=x%3	
4	+、—	算术运算加和减	x+y、x—y	自左到右
5	<<	左移	y=x<<2	自左到右
	>>	右移	y=x>>2	
6	>、>=、<、<=	大于、大于或等于、小于、小于或等于	x>y,x<=y	自左到右
7	==	等于	x==y	自左到右
	!=	不等于	x!=y	
8	&	按位与	z=x&y	自左到右
9	^	按位异或	z=x^y	自左到右

优先级	运算符	名称或含义	应用举例	结合方向
10	|	按位或	$z=x\|y$	自左到右
11	&&	逻辑与	$x>5\ \&\&\ y<-3$	自左到右
12	||	逻辑或	$x>5\ \|\|\ y<-3$	自左到右
13	? :	条件运算符	$z=x>5\ ?\ 1\ :\ -1$	自右到左
14	=	赋值运算符	$x=5$	自右到左
	$/=$、$*=$、$\%=$、$+=-=$、$<<=$、$>>=\&=$、$\hat{}=$、$\|=$	赋值运算符	$x/=5$、$x*=5$、$x\%=5$ $x+=5$、$x-=5$、$x<<=5$ $x>>=5$、$x\&=5$、$x\hat{}=5$ $x\|=5$	
15	,	逗号运算符	$z=(x=4,y=-7)$	自左到右

附录 D　常用函数库

1.数学函数

调用数学函数时,要求在源文件中包含以下命令行:

```
#include <math.h>
```

C 语言中,数学函数的说明见表 D.1。

表 D.1　数学函数的说明

函数原型说明	功能	返回值	说明
int abs(int x)	求整数 x 的绝对值	计算结果	
double fabs(double x)	求双精度实数 x 的绝对值	计算结果	
double acos(double x)	计算 $\cos^{-1}(x)$ 的值	计算结果	x 在 $-1\sim1$ 范围内
double asin(double x)	计算 $\sin^{-1}(x)$ 的值	计算结果	x 在 $-1\sim1$ 范围内
double atan(double x)	计算 $\tan^{-1}(x)$ 的值	计算结果	
double atan2(double x)	计算 $\tan^{-1}(x/y)$ 的值	计算结果	
double cos(double x)	计算 $\cos(x)$ 的值	计算结果	x 的单位为弧度
double cosh(double x)	计算双曲余弦 $\cosh(x)$ 的值	计算结果	
double exp(double x)	求 e^x 的值	计算结果	
double fabs(double x)	求双精度实数 x 的绝对值	计算结果	
double floor(double x)	求不大于双精度实数 x 的最大整数		
double fmod(double x,double y)	求 x/y 整除后的双精度余数		
double frexp (double val,int * exp)	把双精度 val 分解尾数和以 2 为底的指数 n,即 $val = x * 2^n$,n 存放在 exp 所指的变量中	返回位数 x $0.5\leqslant x<1$	
double log(double x)	求 lnx	计算结果	x>0
double log10(double x)	求 $\log_{10}x$	计算结果	x>0
double modf (double val,double * ip)	把双精度 val 分解成整数部分和小数部分,整数部分存放在 ip 所指的变量中	返回小数部分	

续表 D.1

函数原型说明	功能	返回值	说明
double pow(double x,double y)	计算 x^y 的值	计算结果	
double sin(double x)	计算 sin(x)的值	计算结果	x 的单位为弧度
double sinh(double x)	计算 x 的双曲正弦函数 sinh(x)的值	计算结果	
double sqrt(double x)	计算 x 的开方	计算结果	x≥0
double tan(double x)	计算 tan(x)	计算结果	x 的单位为弧度
double tanh(double x)	计算 x 的双曲正切函数 tanh(x)的值	计算结果	

2.字符函数

调用字符函数时,要求在源文件中包含以下命令行:

```
#include <ctype.h>
```

C 语言中,字符函数的说明见表 D.2。

表 D.2　字符函数的说明

函数原型说明	功能	返回值
int isalnum(int ch)	检查 ch 是否为字母或数字	是,返回 1;否则返回 0
int isalpha(int ch)	检查 ch 是否为字母	是,返回 1;否则返回 0
int iscntrl(int ch)	检查 ch 是否为控制字符	是,返回 1;否则返回 0
int isdigit(int ch)	检查 ch 是否为数字	是,返回 1;否则返回 0
int isgraph(int ch)	检查 ch 是否为 ASCII 码值在 ox21 到 ox7e 的可打印字符(即不包含空格字符)	是,返回 1;否则返回 0
int islower(int ch)	检查 ch 是否为小写字母	是,返回 1;否则返回 0
int isprint(int ch)	检查 ch 是否为包含空格符在内的可打印字符	是,返回 1;否则返回 0
int ispunct(int ch)	检查 ch 是否为除了空格、字母、数字之外的可打印字符	是,返回 1;否则返回 0
int isspace(int ch)	检查 ch 是否为空格、制表或换行符	是,返回 1;否则返回 0
int isupper(int ch)	检查 ch 是否为大写字母	是,返回 1;否则返回 0
int isxdigit(int ch)	检查 ch 是否为十六进制数	是,返回 1;否则返回 0
int tolower(int ch)	把 ch 中的字母转换成小写字母	返回对应的小写字母
int toupper(int ch)	把 ch 中的字母转换成大写字母	返回对应的大写字母

3.字符串函数

调用字符串函数时,要求在源文件中包含以下命令行:

♯ include ＜string.h＞

C语言中,字符串函数的说明见表D.3。

表 D.3 字符串函数的说明

函数原型说明	功能	返回值
char * strcat(char * s1,char * s2)	把字符串 s2 接到 s1 后面	s1 所指地址
char * strchr(char * s,int ch)	在 s 所指字符串中,找出第一次出现字符 ch 的位置	返回找到的字符的地址,找不到返回 NULL
int strcmp(char * s1,char * s2)	对 s1 和 s2 所指字符串进行比较	s1＜s2,返回负数;s1＝s2,返回 0;s1＞s2,返回正数
char * strcpy(char * s1,char * s2)	把 s2 指向的串复制到 s1 指向的空间	s1 所指地址
unsigned strlen(char * s)	求字符串 s 的长度	返回串中字符(不计最后的'\0')个数
char * strstr (char * s1,char * s2)	在 s1 所指字符串中,找出字符串 s2 第一次出现的位置	返回找到的字符串的地址,找不到返回 NULL

4.输入/输出函数

调用字符函数时,要求在源文件中包含以下命令行:

♯ include ＜stdio.h＞

C语言中,输入/输出函数的说明见表D.4。

表 D.4 输入/输出函数的说明

函数原型说明	功能	返回值
void clearer(FILE * fp)	清除与文件指针 fp 有关的所有出错信息	无
int fclose(FILE * fp)	关闭 fp 所指的文件,释放文件缓冲区	出错返回非 0,否则返回 0
int feof(FILE * fp)	检查文件是否结束	遇文件结束返回非 0,否则返回 0
int fgetc(FILE * fp)	从 fp 所指的文件中取得下一个字符	出错返回 EOF,否则返回所读字符
char * fgets (char * buf,int n,FILE * fp)	从 fp 所指的文件中读取一个长度为 n-1 的字符串,将其存入 buf 所指存储区	返回 buf 所指地址,若遇文件结束或出错返回 NULL

函数原型说明	功能	返回值
FILE * fopen (char * filename,char * mode)	以 mode 指定的方式打开名为 filename 的文件	成功,返回文件指针(文件信息区的起始地址),否则返回 NULL
int fprintf(FILE * fp, char * format,args,…)	把 args,…的值以 format 指定的格式输出到 fp 指定的文件中	实际输出的字符数
int fputc(char ch,FILE * fp)	把 ch 中字符输出到 fp 指定的文件中	成功返回该字符,否则返回 EOF
int fputs(char * str,FILE * fp)	把 str 所指字符串输出到 fp 所指文件	成功返回非负整数,否则返回 −1(EOF)
int fread(char * pt, unsigned size,unsigned n, FILE * fp)	从 fp 所指文件中读取长度 size 为 n 个数据项存到 pt 所指文件	读取的数据项个数
int fscanf(FILE * fp, char * format,args,…)	从 fp 所指的文件中按 format 指定的格式把输入数据存入到 args,…所指的内存中	已输入的数据个数,遇文件结束或出错返回 0
int fseek(FILE * fp, long offer,int base)	移动 fp 所指文件的位置指针	成功返回当前位置,否则返回非 0
long ftell(FILE * fp)	求出 fp 所指文件当前的读写位置	读写位置,出错返回 −1L
int fwrite(char * pt, unsigned size,unsigned n, FILE * fp)	把 pt 所指向的 n * size 个字节输入到 fp 所指文件	输出的数据项个数
int getc(FILE * fp)	从 fp 所指文件中读取一个字符	返回所读字符,若出错或文件结束返回 EOF
int getchar(void)	从标准输入设备读取下一个字符	返回所读字符,若出错或文件结束返回−1
char * gets(char * s)	从标准设备读取一行字符串放入 s 所指存储区,用\0替换读入的换行符	返回 s,出错返回 NULL
int printf (char * format,args,…)	把 args,…的值以 format 指定的格式输出到标准输出设备	输出字符的个数

续表 D.4

函数原型说明	功能	返回值
int putc(int ch,FILE * fp)	同 fputc	同 fputc
int putchar(char ch)	把 ch 输出到标准输出设备	返回输出的字符,若出错则返回 EOF
int puts(char * str)	把 str 所指字符串输出到标准设备,将\0转成回车换行符	返回换行符,若出错,返回 EOF
int rename(char * oldname, char * newname)	把 oldname 所指文件名改为 newname 所指文件名	成功返回 0,出错返回－1
void rewind(FILE * fp)	将文件位置指针置于文件开头	无
int scanf(char * format,args,…)	从标准输入设备按 format 指定的格式把输入数据存入到 args,…所指的内存中	已输入的数据的个数

5.动态分配函数和随机函数

调用字符函数时,要求在源文件中包含以下命令行:

```
#include <stdlib.h>
```

C 语言中,动态分配函数和随机函数的说明见表 D.5。

表 D.5 动态分配函数和随机函数的说明

函数原型说明	功能	返回值
void * calloc(unsigned n,unsigned size)	分配 n 个数据项的内存空间,每个数据项的大小为 size 个字节	分配内存单元的起始地址;如不成功,返回 0
void * free(void * p)	释放 p 所指的内存区	无
void * malloc(unsigned size)	分配 size 个字节的存储空间	分配内存空间的地址;如不成功,返回 0
void * realloc(void * p,unsigned size)	把 p 所指内存区的大小改为 size 个字节	新分配内存空间的地址;如不成功,返回 0
int rand(void)	产生 0～32767 的随机整数	返回一个随机整数
void exit(int state)	程序终止执行,返回调用过程,state 为 0 正常终止,非 0 非正常终止	无

参 考 文 献

[1] 谭浩强.C 程序设计[M].4 版.北京:清华大学出版社,2010.

[2] 传智播客高教产品研发部.C 语言程序设计教程[M].北京:中国铁道出版社,2015.

[3] 张连浩,覃晓虹,闫锴.C 语言程序设计[M].上海:同济大学出版社,2017.

[4] 王立武.C 语言程序设计习题集[M].北京:清华大学出版社,2009.